ESTILO DE VIDA E REPROGRAMAÇÃO EPIGENÉTICA

OS SEGREDOS NÃO REVELADOS DO DNA

Adriana Madeira Álvares da Silva
ORGANIZADORA

ESTILO DE VIDA E REPROGRAMAÇÃO EPIGENÉTICA

OS SEGREDOS NÃO REVELADOS DO DNA

manole
editora

Editora: Cristiana Gonzaga S. Corrêa
Projeto gráfico: Departamento Editorial da Editora Manole
Diagramação e ilustrações: Ilustrações: Luargraf Serviços Gráficos
Capa: Departamento de Arte da Editora Manole
Imagem da capa: freepik.com

CIP-BRASIL. CATALOGAÇÃO NA PUBLICAÇÃO
SINDICATO NACIONAL DOS EDITORES DE LIVROS, RJ

E84

Estilo de vida e reprogramação epigenética : os segredos não revelados do DNA / organização Adriana Madeira Álvares da Silva. - 1. ed. - Barueri [SP] : Manole, 2025.

Inclui bibliografia
ISBN 9788520466582

1. Epigenética. 2. Genética molecular. 3. DNA. I. Silva, Adriana Madeira Álvares da.

CDD: 572.865
25-99283.0 CDU: 577.21

Carla Rosa Martins Gonçalves - Bibliotecária - CRB-7/4782

Edição – 2025

Editora Manole Ltda.
Alameda Rio Negro, 967 – cj. 717 – Alphaville
06454-000 – Barueri – SP – Brasil
Fone: (11) 4196-6000
www.manole.com.br | https://atendimento.manole.com.br/

Impresso no Brasil
Printed in Brazil

Sobre a Organizadora

Adriana Madeira Álvares da Silva

A organizadora da obra, Adriana Madeira Álvares da Silva, é bióloga pela UNESP de São José do Rio Preto, possui Mestrado em Genética e Doutorado em Ciências pela UNIFESP. Nascida em 1967 em Bebedouro, no interior do Estado de São Paulo. Filha de José Vicente e de Maria Lígia, casada com Massimo e com três filhos, Luísa (*in memoriam*), Gabriel e Sofia.

Durante sua trajetória participou do projeto Genoma Clínico do Câncer de Cabeça e Pescoço no Hospital Heliópolis, em São Paulo, sob a supervisão de um humanista, o Dr. Marcos Brasilino de Carvalho. No Hospital Heliópolis, que fica dentro da maior comunidade de São Paulo, teve como parte de sua formação o olhar multidimensional para o ser humano – os pacientes com câncer de cabeça e pescoço.

Autores

Adriana Madeira Álvares da Silva

Bióloga licenciada pela Universidade Estadual Paulista Júlio de Mesquita Filho (Unesp) de São José do Rio Preto. Mestre em Genética e Doutora em Biologia Molecular pela Universidade Federal de São Paulo (Unifesp). Pós-Doutora no Projeto Genoma Clínico da Cabeça e Pescoço pelo Hospital Heliópolis. Docente da Pós-Graduação em Biotecnologia e Renorbio da Universidade Federal do Espírito Santo (UFES). Docente da UFES no Departamento de Morfologia. Pesquisadora da área da Epigenética e Biologia Molecular do Câncer.

Aline Ribeiro Borçoi

Farmacêutica. Mestre em Psicobiologia pela Universidade Federal de São Paulo (Unifesp). Doutora e Pós-Doutora em Biotecnologia pela Universidade Federal do Espírito Santo (UFES). Pesquisadora do Grupo Epigene em Epigenética, Qualidade de Vida, Saúde Mental e Câncer.

Alysson Sgrancio do Nascimento

Fisioterapeuta pela Universidade Federal do Espírito Santos (UFES). Mestre em Ciências Fisiológicas pela UFES. Colaborador do Grupo de Pesquisa Epigene.

Amanda Sgrancio Olinda

Bióloga. Mestre em Biotecnologia pela Universidade Federal do Espírito Santo (UFES). Doutoranda do Laboratório de Biotecnologia e Biologia Molecular da UFES. Integrante do Grupo de Pesquisa Epigene.

Bárbara Risse Quaioto

Bióloga. Mestre em Biotecnologia pela Universidade Federal do Espírito Santo (UFES). Doutoranda do Laboratório de Biotecnologia e Biologia Molecular da UFES. Integrante do Grupo de Pesquisa Epigene.

Bruna Aparecida Borges Dutra

Farmacêutica pela Universidade Federal do Espírito Santo (UFES). Pós-graduada em Farmácia Hospitalar pela Facuminas e em Homeopatia pela UFES. Doutorado em Biotecnologia pela UFES. Pesquisadora do Laboratório de Biotecnologia e Biologia Molecular da UFES e do Grupo de Pesquisa Epigene. Pesquisadora nas áreas de Neurociências, Epigenética, Saúde Mental, Estresse e Qualidade de Vida.

Carlos Henrique Pagani Corrêa

Graduado em Farmácia pela Universidade Federal do Espírito Santo (UFES) e Técnico em Biotecnologia pelo Instituto Federal do Espírito Santo (IFES). Atua na área de Biologia Molecular e Epigenética, com participação em diversos projetos de pesquisa e extensão voltados à saúde pública, estudos sobre estresse, consumo de álcool, metilação gênica e síndromes hereditárias em agentes da segurança pública. É coautor de publicações científicas e anais de congressos, além de ter recebido menções honrosas por trabalhos acadêmicos.

Carolina Falcão Ximenes

Graduada em Enfermagem. Mestre e Doutora em Ciências Fisiológicas pela Universidade Federal do Espírito Santo (UFES). Especialista em Enfermagem em UTI pela Universidade Cândido Mendes. Pós-Doutora na área de Biotecnologia em Saúde Humana pela UFES. Atua nas áreas de Fisiologia Cardiovascular, Estresse Oxidativo, Toxicologia Ambiental e Práticas Integrativas e

Complementares em Saúde e Biotecnologia Aplicada à Saúde. Docente no ensino superior e técnico. Também atuou como enfermeira intensivista e no Serviço de Controle de Infecção Hospitalar.

Ester Ribeiro Cunha Acacio

Licenciada em Ciências Biológicas pela Universidade Federal do Espírito Santo (UFES). Pesquisadora em Biotecnologia em Saúde em nível de Doutorado pela Renorbio/UFES. Integrante do Grupo de Pesquisa Epigene e colaboradora do Laboratório de Biotecnologia e Biologia Molecular (Labiotec) da UFES. Desenvolve pesquisas nas áreas de Epigenética e Saúde Mental. Experiência em Biotecnologia, Epigenética e Biologia Molecular (extração de DNA humano, extração de RNA humano, cDNA, entre outras).

Geanderson Sampaio de Oliveira

Graduado em Nutrição pela Universidade Federal do Espírito Santo (UFES). Mestre em Educação Física pelo CEFD/UFES. Mestrando em Nutrição e Saúde pelo Programa de Pós-Graduação em Nutrição da UFES. Especialista em Nutrição Clínica. Membro dos Grupos de Pesquisa em Epigenética (CCS/UFES), Fisiologia Translacional Aplicada à Saúde, Esporte e Desempenho Humano (UTFPR/UFES) e do TFESP. Atua nas áreas de Nutrição Aplicada à Saúde, Epigenética Nutricional e Fisiologia do Exercício, com ênfase na promoção da saúde e desempenho humano.

Ivana Alece Arantes Moreno

Bióloga pela Universidade Federal do Espírito Santo (UFES). Mestre e Doutoranda em Biotecnologia pela UFES. Pesquisadora do Laboratório de Biotecnologia e Biologia Molecular (UFES) e do Grupo de Pesquisa Epigene. Desenvolve pesquisas nas áreas de Neurociências, Epigenética, Saúde Mental, Estresse e Qualidade de Vida.

Jones Bernardes Graceli

Laboratório de Endocrinologia e Toxicologia Celular, Departamento de Morfologia/CCS, Universidade Federal do Espírito Santo (UFES). PhD em *Repro-*

ductive Endocrinology pela Johns Hopkins University School of Medicine, EUA. Investiga os efeitos dos contaminantes emergentes nas funções metabólicas e reprodutivas.

Luciane Daniele Cardoso

Graduada em Nutrição pela Universidade Federal de Ouro Preto (UFOP). Mestre em Ciências Biológicas (área de concentração: Biologia Molecular) pela UFOP. Doutora em Saúde da Criança e do Adolescente pela Faculdade de Medicina da Universidade Federal de Minas Gerais (UFMG). Professora Associada na Universidade Federal do Espírito Santo (UFES). Pesquisadora nas áreas de Avaliação Nutricional de Coletividades, Ambientes Alimentares e Nutrição e Epigenética.

Luiz Cláudio Barreto Silva Neto

Doutorando em Saúde Coletiva pelo Programa de Pós-Graduação em Saúde Coletiva da Universidade Federal do Espírito Santo (PPGSC/UFES). Mestre em Nutrição e Saúde pela UFES. Graduado em Nutrição. Membro do Grupo de Estudos e Pesquisa em Oncologia (GEPONC/UFES), atuando em pesquisas voltadas à avaliação nutricional de pacientes oncológicos, epidemiologia do câncer, biomarcadores prognósticos em saúde e análise de dados clínicos e epidemiológicos.

Marcelo dos Santos

Mestre em Ciências pela Santa Casa de Misericórdia de São Paulo. Doutor em Biotecnologia pela Universidade Federal do Espírito Santo (UFES). Docente da Universidade Federal do Rio Grande do Norte (UFRN).

Marcele Lorentz Mattos de Souza

Fisioterapeuta. Mestre em Bioquímica e Farmacologia pela Universidade Federal do Espírito Santo (UFES). Doutora e Pós-Doutora em Biotecnologia pela UFES. Especialização na área de Educação e Docência. Desenvolve pesquisas na área de Sinalização Celular, Câncer, Epigenética e Estilo de Vida.

Nathália Maria da Silva Campos

Graduada em Licenciatura em Biologia pelo Instituto Federal Fluminense. Mestranda em Biotecnologia no Laboratório de Biotecnologia e Biologia Molecular Epigene, Departamento de Morfologia da Universidade Federal do Espírito Santo (UFES).

Pierre Augusto Victor da Silva

Fisioterapeuta pela Universidade Iguaçu (UNIG). Teólogo pela FABAD. Mestre em Ciências da Reabilitação pela Universidade Federal de Juiz de Fora (UFJF). Doutorando em Ciências Fisiológicas (Neurociências) e em Biotecnologia pela Universidade Federal do Espírito Santo (UFES). Pesquisador nos Laboratórios de Biotecnologia e Biologia Molecular, e de Neurotoxicologia e Psicofarmacologia da UFES. Integra os Grupos de Pesquisa Epigene e Lanep. Desenvolve estudos nas áreas de Fisiologia, Neurociência, Epigenética, Saúde Mental e Espiritualidade e Saúde.

Polyana Lima Meireles Dalpiaz

Fisioterapeuta. Mestre e Doutora em Ciências Fisiológicas pelo Programa de Pós-Graduação em Ciências Fisiológicas da Universidade Federal do Espírito Santo (UFES), com especialização em Neurociências do Comportamento pela Pontifícia Universidade Católica do Rio Grande do Sul (PUCRS). Professora Adjunta no Departamento de Morfologia do Centro de Ciências da Saúde da UFES, atuando nas disciplinas de Anatomia, Neuroanatomia e Integração Básico-Clínica I. Desenvolve atividades de pesquisa como colaboradora no Laboratório de Fisiologia Cardiovascular. Coordena projetos de extensão voltados à divulgação científica e inovação no ensino, como a Mostra Anatômica Integrativa e o Projeto Neuro On.

Rafaela de Araujo Fernandes Corrêa

Graduada em Farmácia e Bioquímica pela Universidade Federal de Minas Gerais (UFMG). Mestre em Bioquímica e Farmacologia pela Universidade Federal do Espírito Santo (UFES). Farmacêutica-bioquímica da UFES, com atuação no Laboratório de Biotecnologia e Biologia Molecular Epigene. Experiência na área de Farmácia, com ênfase em Análises Clínicas.

Raimundo Luiz Inocêncio dos Santos

Mestre em Políticas Públicas e Desenvolvimento Local pela Escola Superior de Ciências da Santa Casa de Misericórdia de Vitória (Emescam). Residência Médica em Cirurgia Plástica pela Policlínica Geral do Rio de Janeiro/Sociedade Brasileira de Cirurgia Plástica (SBCP). Residência Médica em Cirurgia Geral pela Emescan. Graduado em Medicina pela Emescan. Cirurgião Plástico no Hospital da Santa Casa de Misericórdia de Vitória. Perito Médico Federal. Coordenador do Centro de Tratamento de Queimados do Hospital Estadual Jayme dos Santos Neves. Membro Titular da Sociedade Brasileira de Cirurgia Plástica (SBCP). Coordenador do Grupo de Estudos do Ectoplasma da Associação Médico-Espírita do Estado do Espírito Santo.

Ruy Rocha Gusman

Graduado em Medicina e Biologia pela Universidade Federal do Espírito Santo (UFES). Mestre em Biotecnologia pela UFES. Professor de Anatomia Humana do Departamento de Morfologia do Centro de Ciências da Saúde (CCS) da UFES. Colaborador do Laboratório de Ultraestrutura Celular Carlos Alberto Redins (LUCCAR) da UFES. Pesquisador na área de matriz óssea.

Suzanny Oliveira Mendes

Bacharel e Licenciada em Ciências Biológicas pela Universidade Federal do Espírito Santo (UFES). Mestre, Doutora e Pós-Doutorado em Biotecnologia pela UFES. Especializações na área da Docência. Docente na graduação e pós-graduação em disciplinas na área da Saúde na UFES. Professora no Instituto Federal do Espírito Santo. Desenvolve trabalhos na área de epigenética e regulação de expressão gênica de acordo com saúde, estresse e hábitos de vida e câncer.

Tamires dos Santos Vieira

Bacharel em Nutrição pela Universidade Federal do Espírito Santo (UFES). Mestre em Ciência e Tecnologia de Alimentos e Doutorado em Biotecnologia em Saúde pela UFES. Especializações em Gestão Pública e em Comportamento Alimentar e Coaching Nutricional. Docente em cursos de graduação e pós-graduação na área da Saúde. Consultora de projetos no Instituto Desiderata. Técnica de Nível Superior no Laboratório Central da Secretaria de Saúde do Espírito Santo (Lacen-ES). Desenvolve trabalhos voltados à saúde pública, consumo alimentar, biomarcadores e políticas de regulação alimentar, com ênfase na análise de dados, escrita técnica e articulação interinstitucional.

Weverton Pereira de Medeiros

Nutricionista e Cientista Agrário, com especialização em Biotecnologia e Nutrição Clínica. Mestre em Sistemas Agroindustriais e Biotecnológicos. Doutorando no Programa de Pós-Graduação em Biotecnologia pela Universidade Federal do Espírito Santo (UFES). Pesquisador no Laboratório de Biologia Molecular Epigene. Professor na Universidade Estadual do Tocantins (Unitins). Desenvolve pesquisas nas áreas de Biotecnologia, Biologia Molecular e Qualidade de Vida.

Autores colaboradores

Amanda Schwanz Turra

Graduação em Medicina pela Universidade Federal do Espírito Santo (UFES). Iniciação científica do Laboratório de Biotecnologia e Biologia Molecular Epigene, Departamento de Morfologia, da UFES.

Ana Paula Stofel Fernandes

Graduação em Medicina pela Universidade Federal do Espírito Santo (UFES). Iniciação científica do Laboratório de Biotecnologia e Biologia Molecular Epigene, Departamento de Morfologia, da UFES.

Anita Vargas de Castro

Graduação em Medicina pela Universidade Federal do Espírito Santo (UFES). Iniciação científica do Laboratório de Biotecnologia e Biologia Molecular Epigene, Departamento de Morfologia, da UFES.

Anna Karolyna da Silva Moreira

Graduação em Medicina pela Universidade Federal do Espírito Santo (UFES). Colaboradora do Laboratório Epigene de Pesquisa em Epigenética.

Bianca Alves Cabral

Graduação em Medicina pela Universidade Federal do Espírito Santo (UFES). Iniciação científica no Ambulatório de Oftalmologia, Departamento de Medicina Especializada do Hospital Universitário Cassiano Antonio de Moraes. Extensionista do projeto Ação pelo Diabetes. Integrante do Núcleo Avançado de Retina e Pesquisa em Oftalmologia.

Bruna Bernardino Ferreira Alves Grazziotti

Graduação em Medicina pela Universidade Federal do Espírito Santo (UFES). Colaboradora do Laboratório Epigene de Pesquisa em Epigenética.

Brunella Curto Cristianes Lacerda

Graduação em Medicina pela Universidade Federal do Espírito Santo (UFES). Graduada em Direito pela Faculdade de Direito de Vitória (FDV). Colaboradora do Laboratório Epigene de Pesquisa em Epigenética.

Caio Effigen Bortolini

Graduação em Medicina pela Universidade Federal do Espírito Santo (UFES). Iniciação científica no Ambulatório de Neurologia, Departamento de Clínica Médica do Hospital Universitário Cassiano Antonio de Moraes da UFES.

Caroline Franco Inocêncio

Graduação em Medicina pela Universidade Federal do Espírito Santo (UFES). Participação no Programa de Autogerenciamento do Bem-Estar a partir da Análise do Estresse de Agentes da Segurança Pública do Espírito Santo.

Davi Bonella Lopes

Graduação em Medicina pela Universidade Federal do Espírito Santo (UFES). Colaborador do Laboratório Epigene de Pesquisa em Epigenética.

Dowglas Barros Pereira

Graduação em Medicina pela Universidade Federal do Espírito Santo (UFES). Colaborador do Laboratório Epigene de Pesquisa em Epigenética.

Eder Cunha de Moura

Graduação em Medicina pela Universidade Federal do Espírito Santo (UFES). Colaborador do Laboratório Epigene de Pesquisa em Epigenética.

Elisa Favalessa de Freitas

Graduação em Medicina pela Universidade Federal do Espírito Santo (UFES). Iniciação científica do Laboratório de Biotecnologia e Biologia Molecular Epigene, Departamento de Morfologia, da UFES.

Elisa Soares Fassarella

Graduação em Medicina pela Universidade Federal do Espírito Santo (UFES). Colaboradora do Laboratório Epigene de Pesquisa em Epigenética.

Ester de Souza Inocencio

Graduação em Medicina pela Universidade Federal do Espírito Santo (UFES). Colaboradora do Laboratório Epigene de Pesquisa em Epigenética. Desenvolvimento dos projetos Salvando Vidas e Café com Ciência.

Giovanna Dal Secco Silveira Amorim

Graduação em Medicina pela Universidade Federal do Espírito Santo (UFES). Colaborador do Grupo de Pesquisa Epigene em Epigenética.

Isabela de Abreu Barbosa

Graduação em Medicina pela Universidade Federal do Espírito Santo (UFES). Colaborador do Grupo Epigene de Pesquisa em Epigenética.

Isabela de Sousa Bianchini Marins

Graduação em Medicina pela Universidade Federal do Espírito Santo (UFES). Iniciação científica do Laboratório de Biotecnologia e Biologia Molecular Epigene na área de Epigenética, Departamento de Morfologia, UFES.

Jamili Pessinali Sperandio

Graduação em Medicina pela Universidade Federal do Espírito Santo (UFES). Iniciação científica no Laboratório de Biotecnologia e Biologia Molecular Epigene, Departamento de Morfologia, da UFES.

João Victor Heringer Rosa

Graduação em Medicina pela Universidade Federal do Espírito Santo (UFES). Técnico em Mecatrônica pelo Instituto Federal do Espírito Santo (IFES). Pesquisador no projeto Avaliação das famílias com síndromes hereditárias de câncer e Síndrome de Li-Fraumeni e efeito do fundador na região do Caparaó Capixaba. Colaborador do Grupo de Pesquisa Epigene.

Juliana Carvalho Passos

Graduação em Medicina pela Universidade Federal do Espírito Santo (UFES). Colaboradora do Grupo Epigene de Pesquisa em Epigenética.

Juliana Ribeiro de Oliveira

Graduação em Medicina e em Direito pela Universidade Federal do Espírito Santo (UFES). Iniciação científica nos ensaios clínicos Plus booster e Safer Coorte Brasileira – Estudo de Segurança, Efetividade e Duração da Imunidade após Vacinação contra SARS-CoV-2 em Pacientes com Doenças Imunomediadas Inflamatórias Crônicas. Colaboradora do Grupo Epigene de Pesquisa em Epigenética.

Julia Toneto Neves

Graduação em Medicina pela Universidade Federal do Espírito Santo (UFES). Colaborador do Grupo de Pesquisa Epigene na área da Epigenética.

Kaio Castoldi Alves

Graduação em Medicina pela Universidade Federal do Espírito Santo (UFES). Projeto de extensão Salvando Vidas. Colaborador do Grupo Epigene de Pesquisa em Epigenética.

Lívia Segnini Senra

Graduação em Medicina pela Universidade Federal do Espírito Santo (UFES). Colaborador do Grupo Epigene de Pesquisa em Epigenética.

Manuela Schade da Mota

Graduação em Ciências Farmacêuticas pela Universidade Federal do Espírito Santo (UFES). Iniciação científica do Laboratório de Biotecnologia e Biologia Molecular Epigene, Departamento de Morfologia, da UFES.

Marco Antônio Urbano Nogarol

Graduação em Medicina pela Universidade Federal do Espírito Santo (UFES). Colaborador do Grupo de Pesquisa Epigene na área da Epigenética.

Maria Clara de Castro e Caetano

Graduação em Medicina na Universidade Federal do Espírito Santo (UFES). Iniciação científica no Hospital Universitário Cassiano Antônio Moraes em pesquisas clínicas de vacinação em crianças e profissionais da saúde durante a pandemia da covid-19: Projetos Curumim, SevaCovPRO e Salve uma Vida, da Sociedade Brasileira de Anestesiologia (SBA).

Mariana Regattieri Poltronieri

Graduação em Medicina pela Universidade Federal do Espírito Santo (UFES). Coordenadora do Projeto de Extensão em Cirurgia Otológica.

Marlon Ramos Rosado Machado

Graduação em Medicina pela Universidade Federal do Espírito Santo (UFES). Iniciação científica do Laboratório de Fisiologia Cardiovascular da UFES (LEMC). Projetos: Programa de Orientação de Primeiros Socorros, Medicina na Rua, um Olhar Ampliado e Urgência em Oftalmologia.

Matheus do Nascimento Freitas

Graduação em Medicina pela Universidade Federal do Espírito Santo (UFES). Colaborador do Grupo de Pesquisa Epigene na área da Epigenética.

Matheus Rodrigues Viana

Graduação em Medicina pela Universidade Federal do Espírito Santo (UFES). Colaborador do Grupo de Pesquisa Epigene.

Paulo Bastos Machado Neto

Graduação em Medicina pela Universidade Federal do Espírito Santo (UFES). Colaborador do Laboratório de Biotecnologia e Biologia Molecular Epigene, Departamento de Morfologia, da UFES.

Pedro Carrilho Rego

Graduação em Medicina pela Universidade Federal do Espírito Santo (UFES). Projeto de extensão Promental. Pesquisador no projeto de iniciação científica "Identificação de transtornos mentais comuns e abuso de álcool no âmbito da atenção primária à saúde: instrumentos de rastreio e avaliação diagnóstica".

Pedro Lucas Alves Pereira

Graduação em Medicina pela Universidade Federal do Espírito Santo (UFES). Técnico em Edificações pelo Instituto Federal do Espírito Santo (IFES). Extensão em Técnicas Anatômicas. Colaborador em pesquisa do Laboratório Epigene.

Rafael Hortencio Zago Gomes

Graduação em Medicina pela Universidade Federal do Espírito Santo (UFES). Projeto de Atendimento integrado ao Trauma e à Emergência (Laite). Projeto Liga Acadêmica de Medicina de Família e Comunidade da Universidade Federal do Espírito Santo – Lamfac UFES.

Renato do Nascimento de Martine

Graduação em Medicina pela Universidade Federal do Espírito Santo (UFES). Iniciação científica do Laboratório de Biotecnologia e Biologia Molecular Epigene, Departamento de Morfologia, da UFES. Intercâmbio em Choudrant High School, na Louisiana, Estados Unidos.

Ruan de Oliveira Ribeiro

Graduação em Medicina pela Universidade Federal do Espírito Santo (UFES). Colaborador do Grupo de Pesquisa Epigene.

Thamyris da Silva Ribeiro Firmino

Graduação em Medicina pela Universidade Federal do Espírito Santo (UFES). Colaboradora do Grupo de Pesquisa Epigene. Participante do Projeto de Extensão em Cirurgia Otológica.

Vinícius de Pádua Sanders Medeiros

Graduação em Medicina pela Universidade Federal do Espírito Santo (UFES). Projetos Informa Hanseníase e Medicina na Rua. Iniciação científica dos ensaios clínicos Projeto Curumim – Eficácia, Imunogenicidade e Segurança da Vacina Inativada (Coronavac) contra SARS-CoV-2 em Crianças e Adolescentes e Safer Coorte Brasileira – Estudo de Segurança, Efetividade e Duração da Imunidade após Vacinação contra SARS-CoV-2 em Pacientes com Doenças Imunomediadas Inflamatórias Crônicas.

Sumário

Prefácio

A epigenética revolucionou a forma como compreendemos a relação entre o ambiente e nossos genes. Por décadas, a genética foi considerada um mapa imutável do destino biológico humano, mas os avanços da ciência revelaram um paradigma dinâmico: as interações entre o meio ambiente, o estilo de vida e os mecanismos epigenéticos moldam a expressão gênica de forma reversível. A epigenética não altera a sequência do DNA, mas modula sua expressão, possibilitando adaptações que podem atravessar gerações. Assim, emerge como a grande ponte entre a biologia, a saúde, a ciência social e a medicina de precisão.

Neste livro, *Estilo de vida e reprogramação epigenética: os segredos não revelados do DNA*, a Dra. Adriana Madeira Álvares da Silva e sua equipe reúnem um compêndio rico e interdisciplinar sobre os mecanismos epigenéticos e sua influência sobre a saúde humana. Como cientista e pesquisadora renomada na área, ela nos conduz a uma jornada que transcende os limites da biologia molecular, integrando evidências de diversas disciplinas, como a medicina, a bioquímica, a neurociência, a psicologia e a ecologia, com especial atenção à saúde mental e seu papel na regulação epigenética.

A obra não apenas apresenta os fundamentos da epigenética, mas também traduz suas implicações para o mundo real: como nossos hábitos, emoções, exposições ambientais e experiências de vida afetam profundamente nossa saúde e a de futuras gerações. Desde o impacto da nutrição materna sobre o desenvolvimento fetal até a influência do estresse crônico sobre doenças metabólicas, neurodegenerativas, cardiovasculares e cancerígenas, esta obra evidencia o papel modulador da epigenética na promoção da saúde e na prevenção de doenças.

A epigenética, com sua etimologia derivada do grego "epi" (além) e "genética" (criação), carrega consigo a capacidade de transcender os limites genéticos fixos, trazendo uma mensagem de esperança e possibilidades. Ao contrário da genética tradicional, que reforçava a ideia de destino biológico fixo, a epigenética nos mostra que temos poder sobre nossa saúde. O que comemos, como vivemos, como nos relacionamos com o ambiente e como cuidamos do nosso bem-estar emocional são fatores determinantes para a expressão dos genes e, consequentemente, para a prevenção e a reversão de diversas condições crônicas. Essa nova perspectiva ressignifica a medicina e abre espaço para abordagens terapêuticas mais humanas, integrativas e personalizadas.

Além de um compêndio científico, este livro é também um instrumento de pacificação e consciência coletiva, pois, ao desvendar os mecanismos epigenéticos e sua relação com o ambiente, proporciona um entendimento mais amplo sobre como nossas escolhas impactam a saúde global. A partir desse conhecimento, é possível fomentar práticas de vida mais equilibradas, políticas públicas mais inclusivas e um olhar mais humano sobre a medicina, promovendo um mundo mais justo e sustentável. O conhecimento, quando compartilhado com empatia, torna-se uma ponte entre o saber e a transformação real da vida. Ele ilumina caminhos, facilita a compreensão e permite tomadas de decisão mais justas e equilibradas, especialmente quando se trata de um assunto tão complexo e abrangente como a epigenética.

Cada capítulo deste livro é estruturado para guiar o leitor em uma jornada de aprendizado, começando com um diálogo na seção "Conversa com o leitor", que estimula a reflexão inicial. Em seguida, as "Bases científicas" aprofundam o embasamento teórico, e, por fim, as "Perspectivas" ampliam a compreensão e conectam o conhecimento à prática.

Dessa forma, esta obra conduz o leitor por uma jornada segura e enriquecedora, desvendando, com clareza e acessibilidade, os "segredos, agora revelados, da epigenética". Cada capítulo é estruturado para proporcionar um aprendizado sólido e perene, ao mesmo tempo que torna compreensível e aplicável um conhecimento antes restrito ao meio acadêmico. Em tempos de desafios globais, compreender a epigenética e sua interação com fatores sociais e ambientais nos permite refletir sobre a construção de um mundo mais saudável e harmonioso. Dessa forma, esta obra também se insere na promoção da cultura da paz, pois nos ensina que mudanças individuais impactam a saúde coletiva e as futuras gerações.

E quero, enfim, expressar minha profunda gratidão por ter sido convidado para prefaciar um livro tão significativo. Sinto-me honrado por esta oportunidade concedida pela Dra. Adriana, cuja parceria ao longo dos anos tem sido marcada pelo compromisso mútuo com a disseminação do conhecimento epigenético e a interseção entre ciência e humanização da medicina. Sua dedicação à pesquisa e ao avanço da epigenética tem sido essencial para ampliar a compreensão da saúde humana, promovendo novas possibilidades terapêuticas e um olhar mais integrado sobre a medicina. Ler e saborear cada página desta obra foi um privilégio, pois, mais do que um tratado científico, este livro reflete o compromisso genuíno com a humanização do conhecimento e a empatia na compreensão dos sofrimentos humanos.

Em um mundo marcado por doenças crônicas, estresse e desafios ambientais, compreender os mecanismos epigenéticos torna-se fundamental para redesenhar o futuro da saúde global. Essa é uma leitura essencial para cientistas, médicos, profissionais da saúde, formuladores de políticas públicas e para todos aqueles que buscam uma visão mais ampla e integrada sobre a vida e a saúde humana.

Que este livro inspire reflexões, debates e a construção de um novo olhar sobre a medicina, a ciência e a relação entre seres humanos e ambiente.

Prof. Dr. Rubens Harb Bollos
Médico, pesquisador e mentor.
Presidente-fundador da Associação Brasileira de Medicina Personalizada e de Precisão

Capítulo **1**

Epigenética – uma história repleta de novidades

Adriana Madeira Álvares da Silva
Amanda Sgrancio Olinda
Carlos Henrique Pagani Correia
Rafaela de Araujo Fernandes Corrêa
Raimundo Luiz Inocêncio dos Santos
Geanderson Sampaio de Oliveira
Ana Paula Stofel Fernandes
Manuela Schade da Mota
Paulo Bastos Machado Neto

> *"Se queres prever o futuro, estuda o passado."*
> *Confúcio*

CONVERSA COM O LEITOR

Durante décadas, acreditamos que nossos genes eram um roteiro definitivo para a "viagem da vida". O DNA, a molécula da vida, parecia conter todas as respostas sobre quem somos, quais características teremos ou até mesmo quais doenças nos afetarão. No entanto, com o avanço da ciência, descobrimos que essa história é muito mais complexa e surpreendente do que esperávamos.

Nesse contexto surge a epigenética, como uma revolução silenciosa e reveladora, que nos mostra que nossos genes são apenas parte da "equação vida". As experiências, o ambiente, as emoções e o estilo de vida se somam à genética e podem ocasionar marcas adaptativas invisíveis que moldam nossa saúde, nossa mente e até mesmo o que passamos para as próximas gerações.

Pare um instante e pense: até que ponto você acredita que está no controle de sua própria biologia? Você já se perguntou por que pessoas com o mesmo diagnóstico reagem de forma tão diferente ao mesmo tratamento? Ou, ainda, por que gêmeos idênticos, criados no mesmo ambiente, podem seguir trajetórias de vida tão distintas?

A epigenética nos convida a refletir sobre essas questões e desafia uma das ideias mais enraizadas da biologia: a de que somos determinados pelo que herdamos geneticamente de nossos pais. Essa nova ciência nos leva a um terreno no qual a natureza e o ambiente se entrelaçam em um ritmo constante de influência mútua.

Convidamos você a manter a mente aberta, pois este livro não pretende apenas informar; ele busca provocar, questionar e, acima de tudo, ampliar o olhar sobre o que significa ser humano.

BASES CIENTÍFICAS

Apesar de os conceitos de hereditariedade serem muito antigos, a sistematização da genética teve início em 1865, quando Gregor Mendel publicou seu estudo sobre a hibridação de plantas, no qual foram identificados padrões regulares na herança de características – as leis de Mendel. Embora revolucionário, seu trabalho foi ignorado por décadas, sendo redescoberto em 1900 por Hugo de Vries, Carl Correns e Erich von Tschermak. Pouco depois, William Bateson propôs o termo "genética" para essa nova ciência da hereditariedade, e Wilhelm Johannsen introduziu os conceitos de "gene", "genótipo" e "fenótipo".

Na década de 1910, a genética mendeliana foi integrada à teoria cromossômica da herança por Thomas Hunt Morgan, que demonstrou, por meio do uso da mosca *Drosophila*, que os genes estavam localizados nos cromossomos. Assim, surgiu a genética clássica, e, com isso, o gene passou a ser visto como unidade de função, de recombinação e de mutação, com o protagonismo das características herdáveis.

Apesar disso, ainda não se sabia qual era a substância responsável pelas características hereditárias. Muitos, porém, acreditavam que fossem proteínas. Isso mudou em 1952, quando Rosalind Franklin, por meio de seus trabalhos com difração de raio X, obteve a inovadora Fotografia 51, uma imagem de alta qualidade do DNA cristalizado, tridimensional, que revelava padrões cruciais sobre sua forma helicoidal, permitindo que, um ano depois, James Watson e Francis Crick formulassem o modelo dupla hélice do DNA. A história da descoberta do DNA é bem mais complexa do que a descrita aqui e envolve o protagonismo de Rosalind Franklin, uma mulher da ciência.

Na mesma época, a epigenética começava a ser compreendida. O termo "epigenética" (*epi*, do grego, significa "além de") foi primeiramente formulado por Conrad Waddington, na década de 1940, em uma tentativa de descrever os processos que conectam os genes a seu resultado final – o fenótipo. Em 1957, Waddington propôs o famoso termo "paisagem epigenética", em que uma bola, simbolizando uma célula, poderia seguir diferentes caminhos devido à irregularidade da superfície, uma representação das influências ambientais intra e extracelulares. Com os avanços da biologia molecular, ocorridos nas décadas seguintes, foram descobertos mecanismos que regulam quais genes são ativados ou silenciados, sem alteração da sequência do DNA. Entre os principais mecanismos epigenéticos descritos, estão a metilação do DNA, as modificações nas histonas e a atuação de RNA não codificantes.

Os mecanismos epigenéticos funcionam como interruptores biológicos da expressão dos genes. Eles dizem às células quando expressar ou silenciar certos genes (Figura 1), moldando o comportamento celular em diferentes tecidos e fases da vida. O mais interessante é que essas marcas epigenéticas podem ser moldadas por fatores ambientais, como nutrição, estresse, atividade física, exposição a toxinas e até mesmo interações sociais e experiências psicológicas. Além disso, algumas dessas mudanças podem ser passadas de uma geração para outra, o que chamamos de "epigenética transgeracional".

Um dos estudos mais importantes sobre epigenética em humanos foi decorrente de um evento trágico da história europeia, a fome holandesa, que aconteceu durante o inverno de 1944-1945, também conhecido como o "Inverno da Fome". Durante a ocupação nazista nos Países Baixos, houve bloqueio de suprimentos, o que levou à escassez extrema de alimentos. Assim, muitos indivíduos sobreviviam com menos de 800 calorias ao dia, sendo que um adulto médio demanda cerca de 2 mil calorias diárias.

Décadas depois, estudos realizados com os filhos das mulheres grávidas durante aquele período descobriram que esses indivíduos apresentavam taxas

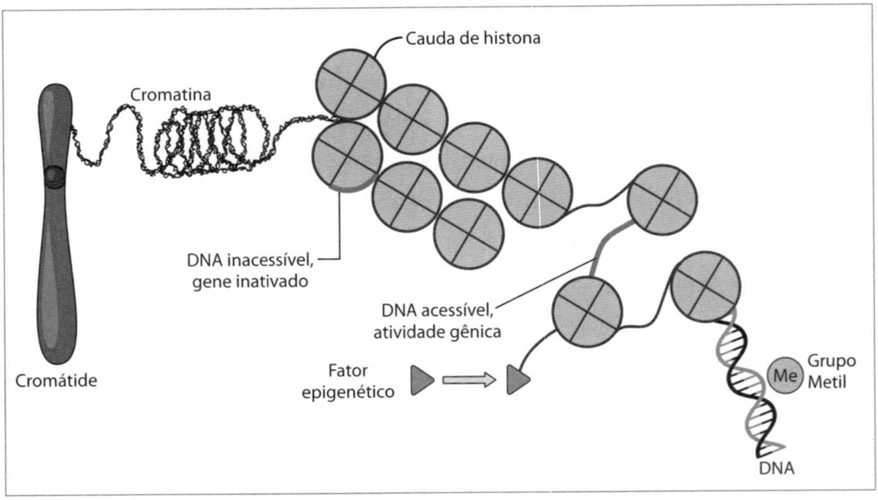

Figura 1 Modulação epigenética e regulação do DNA. A figura mostra os níveis de empacotamento do cromossomo, desde o DNA (à direita) até a cromátide na formação do cromossomo (à esquerda). Os fatores epigenéticos podem auxiliar no empacotamento do DNA, quando este fica mais aderido às histonas (DNA inacessível – em destaque) ou quando fica mais solto e distendido, expondo áreas de reconhecimento aos fatores de transcrição (DNA acessível – em destaque).

significativamente maiores de obesidade, doenças cardiovasculares (DCV), diabetes tipo 2 e até de transtornos psiquiátricos ao longo da vida. Porém, o mais surpreendente foi que essas condições ocorriam mesmo na presença de condições alimentares normais após o nascimento.

Um dos pontos mais intrigantes da avaliação dos indivíduos nascidos do "Inverno da Fome" foi apontado após análises moleculares, que mostraram padrões anormais de metilação do gene *IGF2* (fator de crescimento semelhante à insulina 2), que está envolvido no crescimento fetal. Esses padrões epigenéticos foram associados à subnutrição materna durante a gravidez e mantidos por toda a vida nos indivíduos que viveram a "fome gestacional", com associação ao risco de doenças. Esse estudo forneceu uma das primeiras e mais fortes evidências de que o ambiente intrauterino pode deixar "marcas" epigenéticas duradouras na biologia humana.

Esse caso não só demonstrou a plasticidade do genoma funcional como inaugurou uma nova compreensão da herança: nossos corpos carregam cicatrizes bioquímicas de experiências que nem sequer vivenciamos diretamente.

Além disso, durante o desenvolvimento da criança, experiências adversas mostram associações com distúrbios na idade adulta, incluindo diabetes, câncer e DCV. Uma fonte constante de adversidade e problemas crônicos como o estresse de residir em bairros urbanos pobres, caracterizados por recursos limitados e desordem na vizinhança, tanto físicos – por exemplo, casas abandonadas, pichações, lixo – quanto sociais, como tráfico de drogas, brigas e outras atividades criminosas, podem produzir impactos na saúde. A adversidade constante provoca um efeito consistentemente associado a vários problemas na vida adulta, e o mecanismo desses efeitos é a incorporação biológica da infância contra o epigenoma pela metilação do DNA, contribuindo, assim, para várias doenças.

No entanto, pouco se sabe sobre os fatores de proteção que podem amortecer a incorporação de marcas relacionadas à adversidade no epigenoma. Porém estudos recentes mostram que um amplo espectro de metabólitos de plantas, como epicatequina, genisteína, resveratrol, catequina e curcumina, presentes no cominho, chá verde, soja, uvas vermelhas, cacau e cúrcuma, são capazes de modular a atividade de enzimas modificadoras da cromatina.

Além disso, outras substâncias, como os metabólitos intermediários do metabolismo energético, como alfa-cetoglutarato, nicotinamida adenina dinucleotídeo (NAD+), dinucleotídeo de adenina flavina (FAD), acetil-CoA, S-adenosil-L-metionina (SAM), UDP-N-acetilglucosamina ou adenosina trifosfato (ATP), atuam como cofatores ou substratos de enzimas modificadoras da cromatina. É importante ressaltar que o estado *redox* de uma célula depende dos níveis da forma oxidada ou reduzida do cofator NAD, ou seja, a relação NAD+/NADH, que é inversamente proporcional à energia do estado de uma célula. Como as histonas desacetilases (HDAC) da família das sirtuínas (SIRT) usam NAD+ como cofator e sua atividade enzimática e impacto no epigenoma aumentam durante o jejum, um grande programador epigenético do metabolismo energético. Compostos nutricionais específicos, bem como o *status* energético da célula, afetam o epigenoma de várias maneiras e induzem mudança de eucromatina (ativa), para heterocromatina facultativa e inativa ou vice-versa.

Os mecanismos da epigenética nutricional, algumas vezes referida como nutriepigenômica, fornecem uma explicação de como a exposição aos estímulos ambientais, sendo um dos maiores provenientes da dieta, traduzem-se em mudanças no epigenoma.

Em termos de pressão evolutiva e adaptativa, a epigenética é capaz de responder mais rapidamente do que a genética e, portanto, pode explicar a maioria das doenças não herdadas geneticamente.

Enquanto observamos as possibilidades e perspectivas do epigenoma, somos levados a compreender a delicada harmonia entre a genética e as marcas epigenéticas, que ditam os destinos celulares e, por conseguinte, a própria essência da vida. Dessa forma, durante a gestação, uma célula precursora endotelial epigeneticamente modificada pode influenciar tanto a morfogênese normal das células endoteliais no útero quanto na capacidade de reparo vascular pós-natal, contribuindo assim para o risco de DCV na prole.

As mudanças epigenéticas também desempenham papéis importantes nos processos de envelhecimento vascular e disfunções nos vasos sanguíneos, o que inclui senescência celular, remodelação vascular, desequilíbrio da homeostasia vascular, inflamação, fibrose, calcificação e declínio no fornecimento de oxigênio e nutrientes. O envelhecimento vascular fornece instruções para expressão gênica seletiva e está intimamente relacionado a uma variedade de doenças, como hipertensão, diabetes, aterosclerose e hiperlipidemia. A desregulação nesses sistemas afeta modificações no DNA, estrutura da cromatina e expressão gênica, sendo parcialmente responsável pela ocorrência e desenvolvimento do envelhecimento vascular e aparecimento de doenças relacionadas à idade no sistema cardiovascular.

Além do envelhecimento celular, a epigenética também está associada ao câncer. Há um número considerável de fatores de risco para o câncer, que incluem fatores modificáveis e não modificáveis. Fatores de risco modificáveis incluem atributos de estilo de vida, como obesidade, sedentarismo, consumo de álcool, tabagismo e exposição a agentes carcinogênicos. Fatores não modificáveis incluem fatores de risco reprodutivos e hormonais, como sexo feminino, idade avançada, densidade do tecido mamário, histórico familiar de câncer de mama e de ovário, na qual existem mutações germinativas de genes de alta penetrância, chamados de genes de predisposição genética. Dessa forma, desvendar os padrões genéticos e epigenéticos que governam o destino das células tumorais submetidas à disseminação metastática, dormência e recidiva das células tumorais, detecção precoce de recorrência, é importante para projetar terapias eficazes e direcionadas para prevenir o aparecimento de metástase.

Diante da profundidade dos mecanismos da epigenética e da complexidade dos caminhos traçados pelos diferentes fatores ambientais que moldam o epigenoma, como as toxinas, contaminantes ambientais, condição nutricional e a microbiota intestinal, esses fatores emergem como protagonistas nessa narrativa científica, submetendo-se a investigações ao longo dos anos.

O corpo humano renova quase toda a sua composição corporal durante a vida. Os códigos genéticos e epigenéticos regem a condução harmoniosa dessa renovação utilizando os elementos nutricionais absorvidos através dos alimentos a fim de moldar essa reformulação estrutural e funcional das células regeneradas. Contudo, podem acontecer desvios nessa condução em decorrência de interferências ambientais de toxinas, contaminantes ou mutações relacionadas à idade, bem como pela desnutrição, que pode comprometer irreversivelmente esse processo tão complexo.

Enquanto os códigos genéticos permanecem relativamente estáveis ao longo da existência, a epigenética, por sua vez, tem plasticidade e é sensível às modificações provocadas pela pressão ambiental. A interação entre o microbioma intestinal, a composição dos alimentos ingeridos e as exposições ambientais aos poluentes interferem de maneira ativa nas modificações epigenéticas.

PERSPECTIVAS

Ainda existem muitas lacunas no entendimento entre a genética e a epigenética na expressão dos fenótipos e no aparecimento de doenças. Nesse sentido, não se pode pensar em perspectivas sem considerar o uso da inteligência artificial (IA). As análises múltiplas e integradas promovidas pela IA poderão alterar a forma como interpretamos os exames e as condições de saúde. Um ponto importante é a dificuldade de acesso aos exames específicos relacionados à análise do epigenoma e sua integração na rotina de acompanhamentos e avaliações de saúde, que são de alto custo. A perspectiva de um futuro próximo é a oferta de novos exames, mais acessíveis e com menor custo e interpretados com ajuda da IA.

Uma perspectiva importante da epigenética é na prevenção do envelhecimento. Essa área se apresenta como uma grande promessa de longevidade e redução de custos com a saúde. A longevidade saudável é uma promessa da ação de modificação de fatores inflamatórios e fatores endógenos metabólicos, um tema ainda muito incipiente da medicina.

A epigenética abre um horizonte de possibilidades práticas. Ela sugere, por exemplo, que intervenções no estilo de vida – como dieta, período de descanso, exercício físico, interação social e saúde mental (Figura 2) – não apenas promovem o bem-estar imediato, mas também podem deixar marcas benéficas duradouras em nosso genoma funcional. Na medicina, já se fala em terapias epigenéticas que visam reverter padrões de expressão gênica associados a doenças, como câncer, distúrbios neurológicos e transtornos psiquiátricos.

Em face do quadro apresentado, a epigenética dialoga com as várias áreas do conhecimento. No âmbito da psicologia, por exemplo, ela reforça a importância de como experiências precoces moldam regiões do cérebro voltadas para o comportamento e o processamento de emoções. No contexto da sociologia, ela nos motiva a dimensionar o impacto das desigualdades sociais, apontando como o ambiente determina epigeneticamente as oportunidades da vida.

Com isso, a epigenética não apenas reescreve a biologia, mas também oferece uma nova lente para enxergarmos a vida humana – mais plástica, mais adaptável, mais sensível, portanto, mais responsável. Porque, embora não possamos mudar os genes que herdamos, podemos influenciar profundamente a maneira como eles se expressam. A programação epigenética desempenha um papel em todas as fases da vida e está presente desde o início da embriogênese até os últimos momentos da vida, ou seja, diz respeito aos conceptos, embriões, fetos, crianças, adultos e idosos. Assim, tanto os fatores de transcrição, as enzimas modificadoras da cromatina, quanto os pontos finais da transdução de sinal são cascatas desencadeadas por sinais ambientais, para os quais as moléculas dietéticas, a atividade física e o sono têm uma contribuição importante.

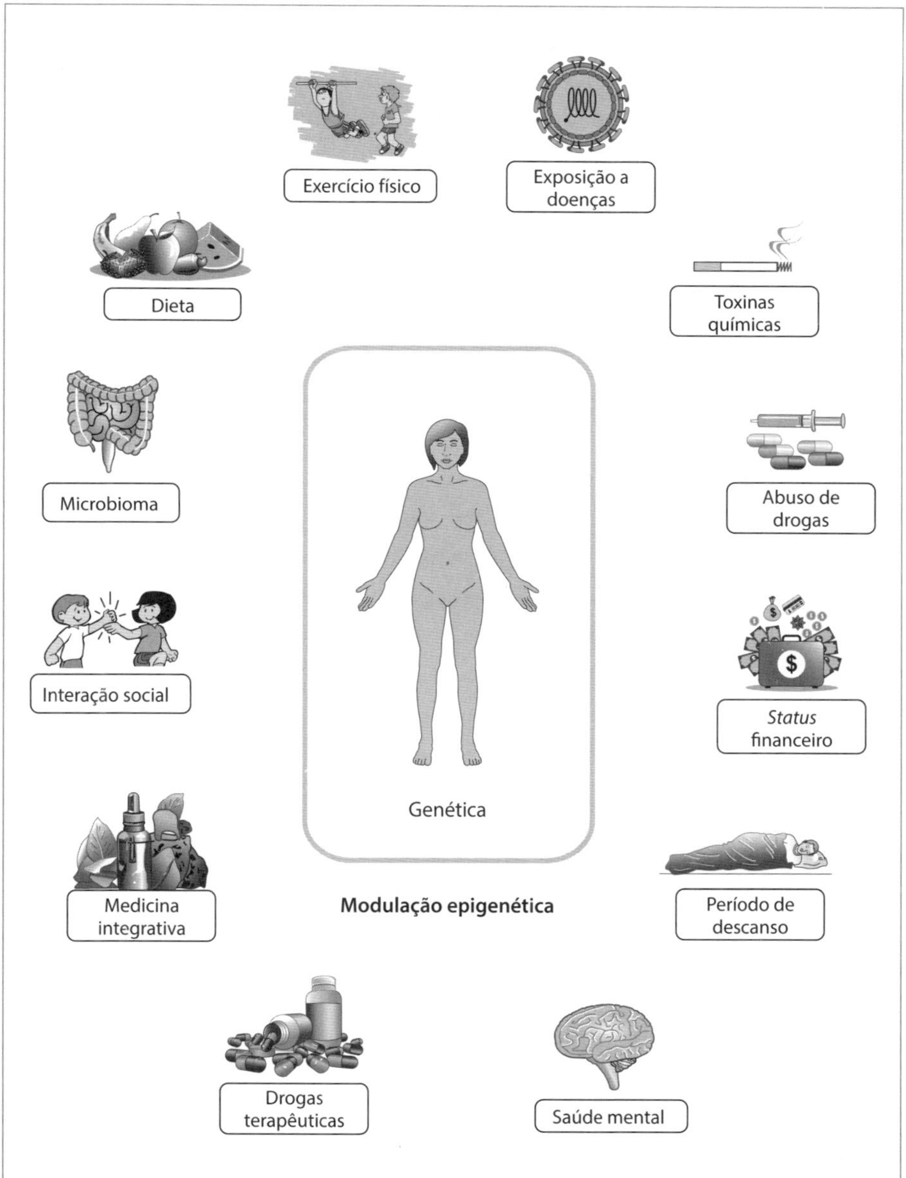

Figura 2 Interação entre a genética, o meio ambiente e a modulação epigenética. A figura mostra o indivíduo com sua genética e fatores de exposição endógenos e exógenos, como alimentação, uso de substâncias, interação com o microbioma e doenças. Os fatores apontados são modificadores do epigenoma.

Embora a ação dos fatores de transcrição seja apenas transitória e restrita ao momento de seu contato com o DNA, enzimas modificadoras da cromatina deixam marcas em ambas as partes da cromatina, DNA genômico e proteínas histonas, que podem durar horas, dias ou mesmo décadas. Dessa forma, a programação epigenética, que é feita pela ação de enzimas modificadoras da cromatina, não tem apenas uma função sinalizadora, mas também a de criação de memória epigenética de curto a longo prazo ou até transgeracional, como será visto nos próximos capítulos.

Existem evidências consideráveis de que a atividade física está associada à redução do risco de câncer, e a epigenética tem mecanismos que desempenham um papel central nessa conexão. Atualmente, novas hipóteses de reprogramação epigenética para a retirada de "marcas" vividas por antepassados surgiram, até mesmo com o oferecimento de "serviços" de reprogramação e modulação do DNA por modificações epigenéticas, muitos destes que nos trouxeram dúvidas de até onde se tem o controle dessas condições. Dessa forma, dentre os desafios enfrentados, pode-se citar a segurança, regulação, controle da modulação epigenética e eficiência desses serviços prestados. Além disso, alguns aspectos éticos saltam aos olhos, pois novamente humanos mais e menos aptos e eficientes poderão surgir eugenicamente a partir desses processos.

Nesse sentido, a questão colocada aqui é: Para quem se destina a reprogramação epigenética? Qual a finalidade dela? Teremos pessoas com habilidades distintas e vantagens sociais a partir desses processos? Parece que já vimos essa história sendo contada antes. Ela parece, por um lado, um conto de fadas, mas com possibilidade de uma "virada" para um conto de terror.

Pode-se considerar como um desafio importante o educacional, já que grande parte das doenças é sabidamente provocada por fatores modificáveis no nível individual, como os modificáveis pela cessação do tabagismo, etilismo, ou ainda no nível de políticas públicas, que poderão favorecer às populações o acesso aos alimentos frescos e livres de agrotóxicos e o acesso a água limpa. No entanto, a ideia de promoção de saúde baseada no tratamento de sintomas e doenças ainda é a principal nas ações de políticas públicas no mundo inteiro. Ainda dentro da questão educacional, a maioria dos profissionais de saúde desconhece as relações entre epigenoma, epigenética e saúde integral. Assim, o desafio do adoecimento mundial permanece um caminho inexorável a ser seguido, e as questões de saúde integrativa permanecem como um caminho não convencional da medicina, ou ainda uma medicina para poucos.

Quando olhamos para as populações na sociedade moderna, o que vemos é a programação para a doença como uma regra. Um trilho que sabemos onde vai dar, construído a partir de nosso alimento, do nosso modo de viver, do trabalho que temos, na forma como constituímos a família, nos desejos de consumo e no modo estressante e ansioso que vivemos. Nesse modelo, tudo nos leva ao adoecimento. Assim, o adoecimento não é casual, mas construído pelo estilo de vida e pela programação metabólica da doença.

Então, pensamos: "Já que sei disso, vou fazer diferente!". Ao tentar fazer de outra forma, provamos quão difícil é sair desse sistema, sentimos na pele que depende muito mais de uma educação diferente e de uma política voltada para o bem-estar do ser do que das próprias pessoas em suas caminhadas individuais.

REFERÊNCIAS

1. Deichmann U. Epigenetics: the origins and evolution of a fashionable topic. Dev Biol. 2016;416(1):249-54.
2. Duempelmann L, Skribbe M, Bühler M. Small RNAs in the transgenerational inheritance of epigenetic information. Trends Genet. 2020;36(3):203-14.
3. Gigliotti G, Joshi R, Khalid A, Widmer D, Boccellino M, Viggiano D. Epigenetics, microbiome and personalized medicine: focus on kidney disease. Int J Mol Sci. 2024;25(16):8592.
4. Jia H, Miyoshi M, Li X, Furukawa K, Otani L, Shirahige K, et al. The epigenetic legacy of maternal protein restriction: renal ptger1 DNA methylation changes in hypertensive rat offspring. Nutrients. 2023;15(18):3957.
5. Klotz LO, Carlberg C. Nutrigenomics and redox regulation: concepts relating to the special issue on nutrigenomics. Redox Biol. 2023;68:102920.
6. Levine P. A vida depois do trauma. Lisboa: Alma dos Livros; 2025.
7. Lin Z, Ding Q, Li X, Feng Y, Ele H, Huang C, Zhu Y. Targeting epigenetic mechanisms in vascular aging. Front Cardiovasc Med. 2022;4(8):806-88.
8. Mrug S, Barker-Kamps M, Goering M, Patki A, Tiwari HK. Neighborhood disadvantage and parenting in early adolescence predict epigenetic aging and mortality risk in adulthood. J Youth Adolesc. 2023;53(2):258-72.
9. Nicoglou A, Merlin F. Epigenetics: a way to bridge the gap between biological fields. Stud Hist Philos Biol Biomed Sci. 2017;66:73-82.
10. Nohesara S, Abdolmaleky HM, Thiagalingam S. Epigenetic aberrations in major psychiatric diseases related to diet and gut microbiome alterations. Genes (Basel). 2023;14(7):1506.

11. Peixoto P, Cartron PF, Serandour AA, Hervouet E. From 1957 to nowadays: a brief history of epigenetics. Int J Mol Sci. 2020;21(20):7571.
12. Ospelt C. A brief history of epigenetics. Immunol Lett. 2022;249:1-4.
13. Santos Neto OP, Umeno GMC, Santos KPM, Martins JCV. Epigenética do desempenho cognitivo humano. Aracê. 2025;7(1):3733-46.
14. Thakur C, Qiu Y, Pawar A, Chen F. Epigenetic regulation of breast cancer metastasis. Cancer Metastasis Rev. 2024 Jun;43(2):597-619.

Capítulo **2**

Epigenética e programação fetal

Adriana Madeira Álvares da Silva
Pierre Augusto Victor da Silva
Tamires dos Santos Vieira
Raimundo Luiz Inocêncio dos Santos
Weverton Pereira de Medeiros
Carolina Falcão Ximenes
Marcele Lorentz Mattos de Souza
Bruna Bernardino Ferreira Alves Grazziotti
Jamili Pessinali Sperandio
Kaio Castoldi Alves
Lívia Segnini Senra
Matheus Rodrigues Viana
Elisa Soares Fassarella
Amanda Schwanz Turra

"Todos estamos matriculados na escola da vida,
onde o mestre é o tempo."
Cora Coralina

CONVERSA COM O LEITOR

Há algum tempo, a epigenética era conhecida apenas como a responsável pela determinação, diferenciação de tecidos e órgãos ou pela regulação da expressão de genes do desenvolvimento, mas recentemente as pesquisas científicas mostraram que o epigenoma tem plasticidade e pode ser modificável mediante fatores ambientais extrínsecos e intrínsecos ao indivíduo, como nutrição, poluição, violência, estresse, uso de medicamentos, hormônios endógenos, interferentes endócrinos e até mesmo sentimentos, como amor, empatia materna no cuidado com a prole, ou sentimentos negativos, como medo, sofrimento ou estresse.

Os padrões epigenéticos são sensíveis às modificações ambientais que podem causar mudanças fenotípicas e que poderão ser transmitidas aos descendentes por gerações. Nesse contexto, entende-se que os genes e até mesmo as marcações epigenéticas transmitidas de geração em geração dão a suscetibilidade de serem ligados e/ou desligados na dependência dos fatores epigenético-ambiental-dependentes. Na atualidade, esse termo pode ser utilizado para se referir às alterações herdáveis que não são devidas a mudanças na sequência do ácido desoxirribonucleico (DNA).

Também é novo o conceito de herança epigenética transgeracional, ou seja, o que recebemos além da genética de nossos pais. Hoje sabemos que recebemos também as marcas das "experiências" de nossos antepassados, as marcas epigenéticas. Porém, deve ficar claro que nem toda marcação epigenética tem essa plasticidade e reversibilidade, pois existem genes altamente reguláveis pela epigenética, mas que são estáveis. Nesses não existe ação do meio nem dos antepassados; esses genes regulam a diferenciação tecidual, a polaridade do embrião, e normalmente não há reversão de expressão em decorrência da regulação epigenética. Porém, para alguns outros genes é possível modificar a expressão ou "marcas" por meio do estilo de vida e de hábitos.

Dos eventos epigenéticos conhecidos, temos três tipos:

1. O evento epigenético direto, decorrente do estilo de vida e das experiências diretas atuais do indivíduo.
2. O evento epigenético indireto, relacionado com a experiência dos antepassados e transmitidas para o indivíduo.
3. O evento epigenético indireto, relacionado com as experiências intraútero, sendo este último o momento de maior suscetibilidade a mudanças epigenéticas. Este ocorre durante o desenvolvimento embrionário e fetal.

Outro momento fundamental, que depende dos cuidados recebidos e da proteção de políticas públicas, é a infância, reconhecida como a fase mais importante na programação e reprogramação epigenética do indivíduo após o nascimento. Isso quer dizer que, em muitas situações, além da diferenciação de tecidos, órgãos do bebê em desenvolvimento também estão sendo programados no desenvolvimento. Eles são determinantes para a condição de saúde ou de doença para a vida adulta e dependerão do estilo de vida a ser vivenciado pelo ser.

Há dois momentos importantes na vida do indivíduo, caracterizados por grande regulação epigenética. O primeiro deles ocorre durante a gestação, e o segundo acontece durante a primeira infância, até os 2 mil dias de vida. Nesse período o epigenoma é bastante suscetível às modificações do meio ambiente. Em outras fases da vida essas alterações também ocorrem, mas a gestação e a infância são caracterizadas por maior plasticidade molecular do epigenoma.

Esses achados nos levam a pensar que todos nós somos suscetíveis às repercussões do passado e que isso afeta nossas vidas. A expressão fenotípica de cada um é fortemente influenciada pelas dificuldades passadas, pelas vitórias conquistadas e aprendizados obtidos, tudo isso influindo também em nossa reflexão sobre a própria existência, os problemas sociais e até mesmo sobre como as políticas públicas do nosso país nos afetam. Até que ponto somos nós que governamos nossos destinos?

Esses achados nos levam a pensar que todos nós, invariavelmente, temos de lidar com a suscetibilidade das consequências do passado e sua influência sobre nossas vidas. As intempéries passadas, as conquistas alcançadas e as lições aprendidas, que moldam nossa expressão fenotípica e nos fazem, por vezes, refletir sobre a própria existência, sobre as questões sociais e até mesmo sobre as políticas públicas nas quais estamos inseridos. Até que ponto somos donos dos nossos destinos?

Parafraseando Confúcio, "Se queres prever o futuro, estuda o passado". O "eu de ontem" é peça-chave para analisar o "eu de hoje", especialmente do ponto de vista populacional: todas as suas experiências, armazenadas consciente ou inconscientemente, promovem ações, decisões, comportamentos e saúde. No entanto, essas informações e experiências de nosso passado, para além da questão psíquica, podem e terão sua ação também repercutida nos comportamentos dos sistemas bioquímicos de nosso organismo, envolvendo não apenas as sensações e a tomada de decisão no presente, mas, como veremos adiante, todo o funcionamento do corpo, a máquina de funcionamento, também no futuro.

A epigenética é responsável por modular a expressão de genes por meio de sistemas moleculares, e essa regulação é quem define nossa resposta aos estímulos externos.

Quando a questão é a epigenética e a mudança ocasionada por ela, há que considerar um fato interessante: que nosso passado perpassa o nascimento, e, ainda mais que isso, relacionado às experiências vividas por pais, avós e bisavós, e principalmente quando ainda na fase embrionária e fetal, na qual a plasticidade dos sistemas é maior. Nosso presente repercute as consequências de fatos passados e históricos.

Dessa forma, fica a pergunta: O que condiciona o meu eu de hoje, se não foram apenas minhas próprias experiências? O que mais pode estar modulando meu organismo? Qual o controle que tenho sobre essas situações? Tenho algum controle? Estaria meu metabolismo se tornando refém indeterminadamente de um passado sobre o qual posso nem ter tido notícia?

Embora essas questões mostrem alto nível de complexidade e necessitem de estudos mais detalhados, o avanço da ciência e a simples possibilidade de formulá-las já mostram que existe uma direção a ser seguida.

Algumas respostas poderão ser encontradas até o fim dos capítulos desta obra, e, o mais importante, mais dúvidas poderão ser levantadas, para incrementar as que tomam forma na mente do leitor ao longo da leitura.

Este capítulo trata principalmente de aspectos relacionados à programação fetal, e de como a epigenética pode modular a expressão de genes responsáveis pela manutenção e desenvolvimento desse sistema. Embora ainda incipiente, um novo horizonte de conhecimentos começa a ser delineado, e a possibilidade de reprogramação epigenética do ser, independentemente das experiências negativas e positivas vivenciadas por seus antecessores, pode, pouco a pouco, ser estudada e construída, a fim de que as experiências do passado se tornem uma possibilidade de mudança.

BASES CIENTÍFICAS

Programação fetal

Quando se fala em epigenética, programação e desenvolvimento embrionário/fetal, logo se pensa em polaridade embrionária, diferenciação de tecidos e órgãos, a chamada manutenção da estabilidade do fenótipo tecidual ou determinação. Esses conhecimentos foram estabelecidos nos últimos anos, e preconizavam que cada linhagem celular era estabelecida a partir de "ondas epigenéticas" de metilação, responsáveis pela determinação do tipo celular, silenciamento de genes específicos e ativação de outros. A epigenética controla uma série de processos celulares, incluindo diferenciação celular, expressão gênica, inativação do cromossomo X, embriogênese e impressão genômica.

De fato, praticamente todo o desenvolvimento embrionário e fetal é baseado em sinalização celular, programação epigenética, expressão gênica diferencial e manutenção da estabilidade de fenótipos celulares. No entanto, mais recentemente os estudos científicos trouxeram conhecimentos referentes ao papel da programação fetal na relação entre a pressão dos fatores ambientais na determinação dos fenótipos, e a metilação aberrante aparece como manifestação comum nas patologias com relação epigenética. Diante disso, a questão da possibilidade de reversão fenotípica epigenética ou reprogramação cresceu em termos de ciência, e muitos grupos de pesquisa se dedicam ao entendimento do tema.

A reprogramação epigenética fetal não é válida para todos os genes, e a maioria deles não pode ser alterada pela intervenção humana ou pela modificação das pressões ambientais. Nesse sentido, é importante compreender e diferenciar eventos da programação que acontecem precocemente na embriogênese, de maneira estável e sincronizada, de outros que acontecem mais tardiamente, em decorrência de pressões ambientais e devido à plasticidade epigenética da programação. Esse segundo grupo é de grande interesse nas ciências médicas, pois oferece a possibilidade de modificar marcas, programar ou reprogramar o feto para que venhamos a ter melhor desempenho do corpo, gerando saúde e qualidade de vida.

Dentro dessa proposta de programação fetal, é ético dizer que não é possível reescrever toda a programação, ou alterar todas as marcas epigenéticas, ou controlar totalmente os efeitos fenotípicos. É também importante destacar o papel da genética, e enfatizar que esta não é passível de modificações em sua sequência do DNA.

É correto dizer ainda que, por se tratar de uma ciência muito nova e ainda pouco conhecida, é possível atuar positivamente ou negativamente na programação fetal por meio de variadas ações direcionadas principalmente ao estilo de vida da mãe e da criança. Os estudos mostram que os principais modificadores epigenéticos capazes de influenciar a plasticidade epigenética são, entre outros:

- Alimentação.
- Suplementação.
- Estresse.
- Atividade física.
- Meditação.
- Atividades de corpo e mente.
- Qualidade do sono.
- Uso de drogas e medicamentos.
- Aumento da espiritualidade.

Os fatores ambientais epigenéticos intrínsecos e extrínsecos, promotores da exposição, podem ocorrer desde a vida intrauterina até a morte e podem alterar o fenótipo pela modificação da expressão gênica do indivíduo e até mesmo de sua descendência, o que confere herdabilidade à epigenética – a epigenética transgeracional.

Contrapondo-se ao paradigma do determinismo genético predominante no século passado, a epigenética apresenta-se como possibilidade de explicação de interface até mesmo com as manifestações de respostas à resiliência e com práticas de espiritualidade. Essa afirmativa se apoia nas evidências sobre alteração de padrões epigenéticos e da expressão gênica em face do estresse e de modificações após práticas de meditação. Contudo, o mecanismo por meio do qual as práticas de meditação, de corpo e mente, ou simplesmente de espiritualidade, se expressam no epigenoma e com desfechos clínicos favoráveis ainda não é conhecido totalmente, apesar de evidências que apontam influência da espiritualidade sobre a dinâmica neuroendócrina, na produção de fatores anti-inflamatórios, inibição da expressão do fator nuclear kappa B (NFκB) e neurotransmissores. Portanto, torna-se relevante uma melhor compreensão da interface entre epigenética, expressão gênica, o bem-estar e atividades que englobam a meditação, atividades de corpo e mente, ioga ou práticas de espiritualidade.

A região promotora dos genes que sofrem regulação epigenética normalmente é conservada do ponto de vista evolutivo, e mantém os padrões de metilação através das gerações. Quando há perturbação desse equilíbrio pode ocorrer uma condição epigenética diferente ou aberrante, com consequente alteração nas condições de expressão gênica e silenciamento gênico. Essas modificações nos promotores de genes importantes podem contribuir para o aparecimento de doenças.

A chamada programação celular depende principalmente dos mecanismos epigenéticos. A epigenética refere-se a padrões estáveis e hereditários de expressão gênica que não envolvem modificações na sequência do DNA. Após a programação, as células filhas mantêm o padrão da célula "mãe". Na fase fetal, os mecanismos epigenéticos desempenham um papel primordial na regulação da expressão dos genes e são necessários para alcançar a repressão estável para a determinação dos tipos celulares dos tecidos e da expressão de genes em estágios de desenvolvimento definidos. O desenvolvimento embrionário e fetal depende dos mecanismos moleculares desencadeados pelo controle dos genes.

Uma das marcas epigenéticas mais compreendidas é a metilação do DNA. Ela ocorre em resíduos de citosina de dinucleotídeos C e G (CpG) em regiões reguladoras (promotoras) dos genes, regiões responsáveis pelo controle da expressão gênica, e na maioria dos casos está associada à repressão ou diminuição da expressão gênica. Outra marca é a modificação das histonas, como metilação e acetilação, que afetam sua cauda N-terminal. Esses dois tipos de modificações epigenéticas estão mecanicamente ligados e regulam a conformação da cromatina, regulando também a atividade transcricional ou o silenciamento de regiões genômicas específicas. A influência de pequenas moléculas reguladoras de RNA é outro campo emergente dos estudos da regulação epigenética de genes. Essas modificações epigenéticas constituem a ligação entre genótipo e fenótipo e são chamadas de epigenótipo.

Os padrões epigenéticos são mantidos ao longo de cada ciclo celular por muitos fatores, incluindo DNA metiltransferases, proteínas de ligação metil-CpG e proteínas isolantes (como CTCF) e enzimas modificadoras de histonas, tornando possível recrutar complexos de remodelação da cromatina para o DNA.

O *imprinting* genômico do cromossomo X é um dos modelos mais estudados de regulação epigenética. Na mesma célula, um dos dois alelos parentais é reprimido de forma estável por modificações epigenéticas, enquanto o outro alelo é mantido em estado ativo. A inativação do cromossomo X nas mulheres ou em indivíduos com mais de um X, como nos casos de XX, XXY, XXX, mosaicos e outros, são exemplos de como mecanismos de metilação podem "imprimir" ou marcar aquele X amplamente metilado para toda a sua descendência celular. Isso é chamado de origem clonal do X, na qual todo descendente daquele X metilado manterá o mesmo padrão de metilação nas células filhas.

A programação fetal é um conceito relativamente novo, articulado primeiramente pelo Dr. David Barker, em 1990, que utilizou evidências epidemiológicas em humanos a fim de relatar a origem de doenças em adultos a partir das experiências nas crianças por meio de seu estudo visionário "The fetal and infant origins of adult disease". A associação entre eventos no início da vida, como a desnutrição em particular, foi associada a eventos mais tarde na vida, por exemplo, aparecimento de doença cardiovascular (DCV). Essa associação foi reconhecida em várias ocasiões, a primeira já em 1934.

A programação fetal relaciona-se com a ocorrência de eventos no desenvolvimento inicial que causam uma impressão a longo prazo para o indivíduo, uma programação. Nas fases iniciais do desenvolvimento, os indivíduos têm alta capacidade de adaptação ao meio ambiente e alta plasticidade epigenética, que a curto prazo definem o desenvolvimento imediato, enquanto a médio e longo prazo representam "sinais preditivos" do ambiente biológico em que viverão. A sinergia entre o meio ambiente e o material genético do organismo promove um conjunto de respostas epigenéticas a "eventos prováveis" para apresentar melhor adaptação ao ambiente, enquanto restringe a plasticidade inicial.

Em 1962, Neel, na tentativa de explicar a relação entre falta de alimento em uma geração ancestral e obesidade e diabetes nas atuais, propôs a hipótese do *thrifty genotype* para explicar a fisiopatologia desse tipo de associação, colocando os indivíduos em alto risco de resistência à insulina em períodos posteriores, quando os alimentos se tornam mais abundantes.

Essa hipótese foi reforçada em 1992, quando Hales e Barker destacaram a existência de associações entre padrões de crescimento precoce e doenças crônicas do adulto, por meio da hipótese *thrifty phenotype* ou fenótipo de economia, associando o baixo peso ao nascer ao desenvolvimento de doenças mais tarde na vida.

Com o modelo de "incompatibilidade" do estilo de vida com o da programação fetal, Gluckman et al. (2004) sugeriram que a programação fetal não é uma manifestação de processos fisiopatológicos. Em vez disso, ela envolve adaptações feitas durante a vida fetal para garantir a adaptação à vida pós-natal, maximizando assim a saúde subsequente. No entanto, essa adaptação pode colocar o indivíduo em risco de doenças mais tarde na vida, se houver incompatibilidade entre o ambiente fetal e o pós-natal, por exemplo, nos ambientes vistos antes e depois de guerras.

Isso pode ser observado nos estudos com desenvolvimento e nutrição, nos quais uma geração mal nutrida pode ser precedida por outra com maior abundância, porém apresentando doenças metabólicas. Ou seja, o feto foi preparado para a vida em um ambiente, mas encontrou outro após o nascimento.

Marcas de impressão preexistentes, como a metilação do DNA, são apagadas nas células germinativas primordiais e restabelecidas durante a espermatogênese ou ovogênese, a depender do sexo. Muitos genes impressos desempenham papéis importantes no crescimento e comportamento fetal e placentário. No caso da expressão de genes no nível placentário, eles podem determinar a restrição de crescimento intrauterino (RCIU).

Em geral, os genes expressos paternalmente aumentam o crescimento, enquanto os genes expressos maternalmente o restringem. Nas células germinativas primordiais, o genoma sofre extensa desmetilação, incluindo a remoção de marcas anteriores de metilação específicas dos pais que regulam a expressão gênica impressa. Há, portanto, dois períodos críticos na reprogramação epigenética: o período da gametogênese, momento de formação e desenvolvimento das células germinativas, ovócitos/espermatozoides, e o do desenvolvimento precoce, que vai da fecundação até os estados precoces do embrião. Além disso, longos períodos de crescimento do cérebro e outros órgãos demandam grandes quantidades de energia e nutrientes.

Os genes impressos com "marcas" epigenéticas também são importantes para determinar o crescimento e a capacidade de transferência da placenta no controle do suprimento de nutrientes para o crescimento fetal. O gene *IGF2* (fator de crescimento semelhante à insulina tipo 2), regulado epigeneticamente de forma correta (*imprinted*), é particularmente importante para o crescimento placentário e transferência de nutrientes para o bebê. Estudos no modelo animal nocaute de *IGF2* P0 e em outros modelos de nocaute de genes impressos (Ipl, H19, Igf2R, Slc38a4) sugerem que a demanda de crescimento fetal é um fator determinante importante no suprimento de nutrientes pela placenta e que sua transferência pode ser ajustada para atender às necessidades do feto. Esses estudos contribuíram para melhor compreensão da epigenética fetal e placentária e do desenvolvimento intrauterino.

Em diversos estudos em animais, a maioria envolvendo manipulação nutricional ou hormonal, foi possível demonstrar efeitos intergeracionais da programação fetal. Por exemplo, manipulações dietéticas de restrição de proteínas e verificação do peso ao nascimento em ratos evidenciaram que a má nutrição materna continuada produz efeitos amplificados sobre o peso ao nascer por várias gerações. Esses efeitos transgeracionais permanecem por aproximadamente três gerações, apesar do retorno à nutrição normal.

Essa herança intergeracional pode ser mediada, pelo menos em parte, por mecanismos epigenéticos envolvendo a regulação de genes impressos e não impressos. Para que ocorra a herança epigenética transgeracional, as marcas epigenéticas devem ser ocasionalmente apagadas de forma ineficiente em um dos dois períodos críticos de desprogramação, como na gametogênese e no desenvolvimento pré-implantacional inicial.

Da mesma forma, a exposição do feto a concentrações excessivas de glicocorticoides, como o cortisol, resulta em baixo peso ao nascer e posterior hiperinsulinemia e hiperglicemia na idade adulta. A relação foi descrita como devida a um aumento na atividade da fosfoenolpiruvato carboxicinase hepática (PEPCK), uma enzima limitante da taxa na gliconeogênese na via da produção metabólica da glicose. Esses efeitos adversos serão regularizados apenas na terceira geração.

Um estudo realizado com a primeira geração de ratas expostas à dexametasona, um medicamento glicocorticoide, durante a última semana de gravidez demonstrou baixo peso da prole ao nascer, associado a um aumento permanente na atividade hepática da fosfoenolpiruvato carboxicinase hepática. Posteriormente, analisando a segunda geração, foi verificado que os descendentes machos também apresentaram baixo peso ao nascer e aumento da atividade hepática de PEPCK. Já na terceira geração, as consequências apresentadas pelo medicamento à prole não persistiram.

Em relação à exposição a corticoides na gestação, esse é um assunto bastante importante do ponto de vista fisiológico e de saúde, pois seu uso permitiu a sobrevivência de bebês com desconforto respiratório adversos ao nascer. Essa condição decorre da falta de maturidade pulmonar e da baixa produção de surfactante, substância produzida no final da gestação. Durante a gestação existe uma enzima placentária, a 11-beta-hidroxiesteroide desidrogenase tipo 2, que reduz a entrada do cortisol materno pela placenta, protegendo o feto da ação do cortisol. Essa enzima perde gradualmente a atividade placentária no final da gestação, o que ajuda na promoção do amadurecimento pulmonar fetal pela produção de surfactantes pulmonares. Do ponto de vista clínico, a administração de corticoide para a gestante é preconizada em caso de possibilidade de parto prematuro e com a finalidade de promover a produção de surfactantes pulmonares e evitar a síndrome da angústia respiratória do recém-nascido. No entanto, é sabido que a dose administrada é suprafisiológica e muitas vezes a administração não obedece aos critérios estabelecidos, como iminência de parto no tempo gestacional correto, sempre com avaliação da relação custo-benefício.

Assim, fica a questão: a administração de corticoides em altas doses pode alterar o epigenoma? Estudos em animais evidenciam que os corticoides administrados à mãe durante a gestação atravessam a barreira placentária, alterando a função do eixo hipotálamo-pituitária-adrenal (HPA). Essas alterações podem persistir ao longo da vida e até mesmo por gerações e são provavelmente de cunho epigenético. As alterações descritas são comportamentais e na locomoção. Dados humanos emergentes estão indicando sintomas semelhantes aos do transtorno de déficit de atenção e hiperatividade (TDAH) em crianças expostas a cursos repetidos de corticoides no intraútero.

Programação fetal, nutrição e suplementação

Quando se fala de nutrição e expressão gênica, não se pode perder de vista as vitaminas A e D, que são verdadeiros fatores nucleares de transcrição e fazem a regulação direta da expressão gênica, após a ligação com os receptores específicos citoplasmáticos, a migração para o núcleo e a ligação em genes específicos nos motivos de ligação (regiões de reconhecimento desses ligantes).

Porém, no que se refere à nutrição na regulação epigenética, vários estudos avaliam os padrões de genes impressos e não impressos nas situações de saúde e de doença em análises de metilação do DNA. Os estudos indicam que a nutrição precoce, até mesmo no intraútero, pode influenciar a metilação do DNA, uma vez que vários metabólitos dos alimentos e suplementos são fundamentais para a regulação dos genes e do *imprinting* genético dos tecidos e órgãos.

O metabolismo de um carbono é o principal exemplo da maneira como os nutrientes regulam a embriogênese. Esse metabolismo é o responsável pela produção de metil e depende de doadores e cofatores de metila da dieta, incluindo metionina, colina, metilfolato e vitamina B12. Quando se fala em metabolismo de um carbono, refere-se à via da metionina, que é convertida em homocisteína com o fornecimento de um CH_3 (metil) – componente da metilação.

Os componentes da dieta materna são fundamentais na via metabólica de um carbono responsável pela sustentação e manutenção da metilação do DNA do filho. Portanto, disrupções dietéticas e, consequentemente, do processo de metilação do DNA durante a gravidez têm o potencial de modificar a reprogramação epigenética fetal. Essas alterações podem levar à desprogramação de padrões em diferentes níveis, como na organização cerebral e metabólica, que culminará em doenças do neurodesenvolvimento e em doenças metabólicas e cardíacas desde a infância até a idade adulta.

Ao avaliar o metabolismo de um carbono em diferentes momentos da gestação em associação à concentração de metilação do DNA no cordão umbilical, foi encontrada uma correlação significativa entre o metabólito SAH (S-adenosil-L-homocisteína) e a metilação do DNA tanto global quanto localizada associada com vias relacionadas ao metabolismo e à sinalização celular em padrões específicos. Essas informações são importantes, pois sinalizam a possibilidade de aparecimento de doenças, já que os padrões estão muito sedimentados e estabelecidos durante a evolução, como padrões de doença relacionados às mudanças epigenéticas aberrantes.

Do ponto de vista clínico, tais alterações epigenéticas relacionadas à nutrição deficitária materna durante a gestação indicam maior risco do aparecimento de patologias como obesidade, diabetes tipo 2 e DCV. A gravidez representa um período de adaptação fisiológica visando à transferência de nutrientes e metabólitos da gestante para o bebê em crescimento. Dessa forma, a concentração de metilação do DNA em estruturas de transferência, como a placenta, desempenha um papel muito importante na modificação do epigenoma infantil.

Interrupções no metabolismo materno de metionina, presente na alimentação *in natura*, como brócolis, vegetais folhosos verde-escuros, frutas, e elevação na homocisteína plasmática, um aminoácido produzido a partir da metionina e associado a DCV, relacionam-se a distúrbios como pré-eclâmpsia, aborto espontâneo e parto prematuro. Algumas evidências mostram ainda uma associação de prejuízos ao neurodesenvolvimento e cognição, além de, "classicamente", os defeitos de fechamento de tubo neural, doenças e anomalias cardíacas e fechamentos faciais e desenvolvimento cerebral e eritropoiese. Além disso, a metionina é descrita como protetora contra a asma infantil.

A via do folato é muito estudada também em decorrência do envolvimento na disponibilização de grupos metil, utilizados nos processos de re-

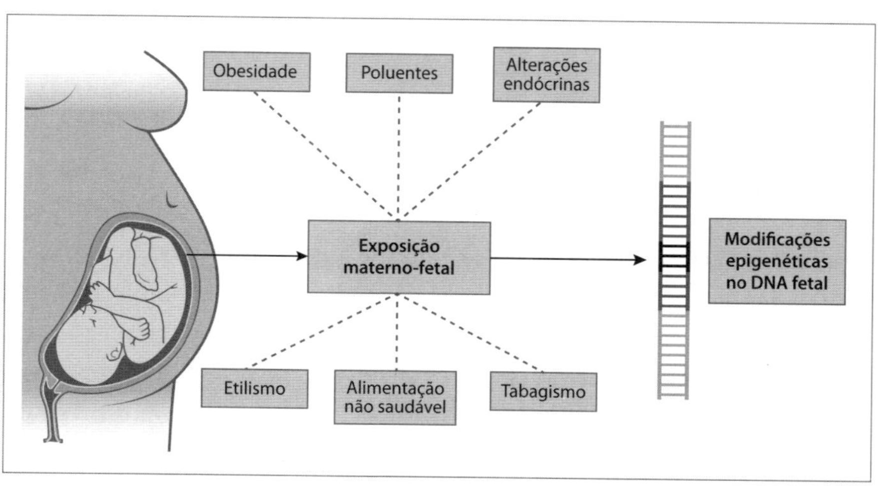

Figura 1 Estilo de vida dos pais e programação epigenética fetal. Os fatores de exposição para a programação fetal estão mostrados na figura.

gulação epigenética da expressão gênica e na síntese de purinas e do timidilato sintase, essenciais para a produção de DNA e RNA.

A suplementação de metilfolato durante a gestação pode ter efeitos benéficos significativos tanto na saúde materna como na fetal, e no desenvolvimento infantil. Assim, a suplementação durante a gravidez pode influenciar na programação fetal e nos desfechos de saúde relacionados a um papel duradouro na saúde da criança, no adulto e até mesmo nas futuras gerações. A suplementação é indicada antes da gestação, durante todo o período gestacional, na lactação e para a criança em desenvolvimento, pois a fase gestacional e os primeiros anos de vida da criança são os períodos de maior sensibilidade à programação epigenética.

No caso da suplementação do ácido fólico, existe uma questão a ser avaliada: as variantes alélicas de sua via de metabolização. Essas variantes alélicas são polimórficas, frequentes nas populações, geneticamente herdadas dos pais e com influência direta na metabolização dos componentes da via. Assim, a via do folato tem várias enzimas polimórficas que modificam a biodisponibilidade dos produtos intermediários e finais. São exemplos de enzimas polimórficas a MTHFR (metilenotetraidrofolato redutase), que converte a 5,10-metilenotetraidrofolato em 5-metiltetraidrofolato, e a MTHFD1, da mesma via.

Da mesma forma, a suplementação do metilfolato unicamente, sem considerar outros elementos, como B12, B6, B2 colina, não resultará no bom funcionamento da "via do folato", que é dependente das vitaminas do complexo B para sua função (Figura 2). A MTHFR é dependente de B2, a degradação da homocisteína é catalisada pela B6 e a B12 está presente em outras partes da via.

Outros nutrientes importantes que devem ser suplementados em caso de necessidade são principalmente ferro, vitamina D, magnésio, vitamina A e ômega 3. A suplementação de vitamina D altera a programação fetal em genes relacionados não só ao sistema ósseo, mas sua falta pode causar alterações no sistema imune, na regulação de doenças metabólicas e na manifestação de diabetes na vida adulta. A deficiência de ômega 3 durante a gestação pode levar a alterações epigenéticas em genes envolvidos no desenvolvimento neural, na regulação da inflamação e na resposta ao estresse. Baixos níveis de ômega 3 podem aumentar o risco de transtornos neuropsiquiátricos, obesidade, diabetes e outras doenças crônicas na vida adulta.

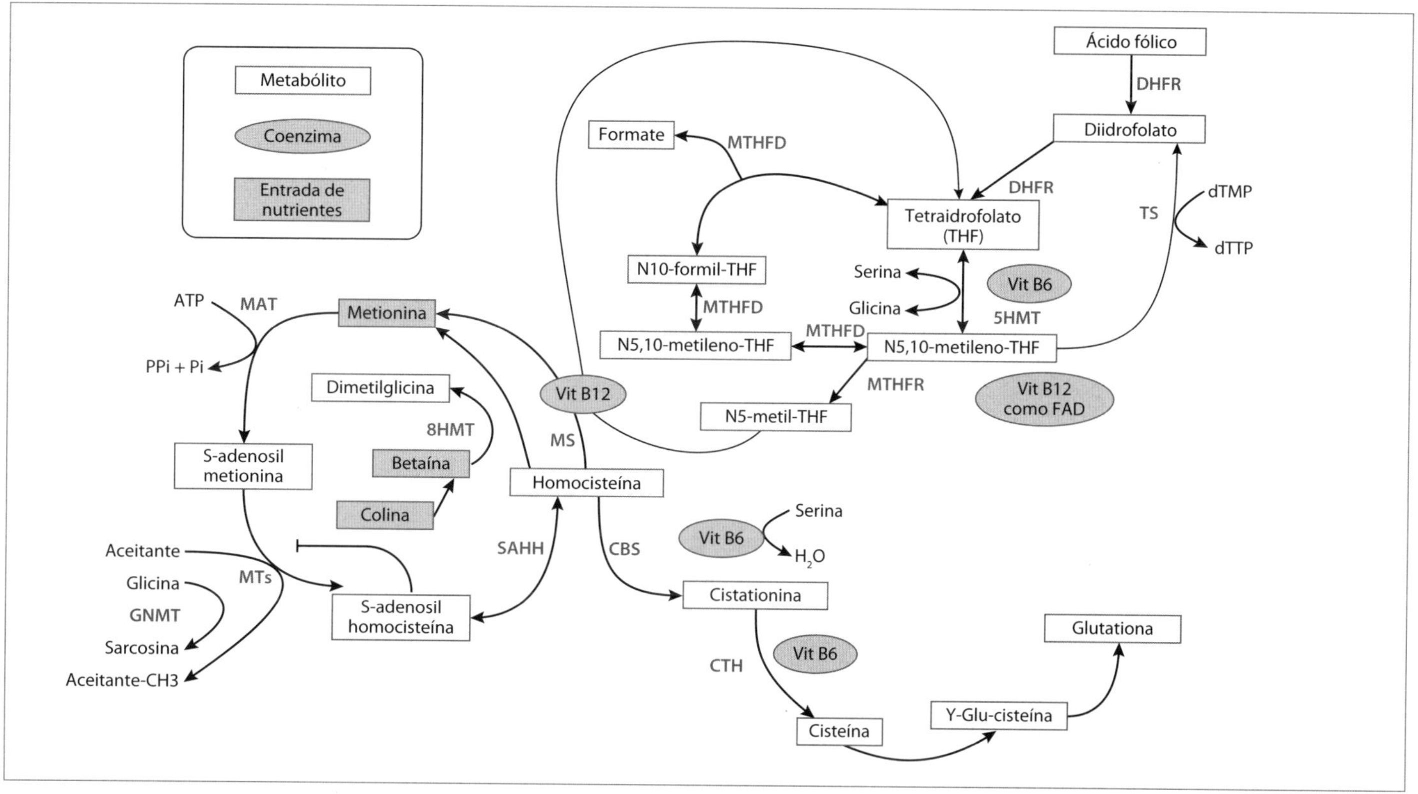

Figura 2 Metabolismo de um carbono (CH_3 ou metil) e de dTTP (timina do DNA), que mostra a ação sincronizada de várias vitaminas do complexo B associadas à via.

Fonte: adaptada de James et al. (2018).

Alterações aberrantes na metilação do DNA de genes importantes para a programação fetal, como no gene do receptor de glicocorticoide (*NR3C1*) ou no gene fator de crescimento semelhante à insulina 2 (*IGF2*), são causadas por dieta de restrição de proteína, e algumas dessas modificações podem ser evitadas pela suplementação dietética com cofatores.

Um oligoelemento importante e que deve ser considerado na suplementação é o zinco. Ele é um dos sais minerais mais relevantes e de maior concentração no organismo humano, sendo precedido apenas pelo ferro. Está envolvido no controle da replicação e transcrição do DNA, metabolismo de proteínas, divisão celular, regulação epigenética devido a sua influência sobre as reações enzimáticas e controle da transdução de sinal durante a ativação das células T. A deficiência desse mineral durante a gravidez é um fator de risco para complicações de naturezas diversas, como malformação fetal, modificações da organogênese, retardo do crescimento intrauterino e dificuldade no parto. Além disso, deficiência maternal de zinco apresenta consequências morfofuncionais no decorrer da vida do indivíduo, podendo ocasionar, durante a infância, maiores riscos de problemas comportamentais, deficiência do sistema imune e, na vida adulta, problemas cardiovasculares e metabólicos, como hipertensão, diabetes, obesidade, insuficiência renal e maiores chances do desenvolvimento de síndrome metabólica.

Tais consequências relacionadas à deficiência materna de zinco estão relacionadas à metilação do DNA e acetilação das histonas do epigenoma fetal. Apesar de não haver clareza quanto à ação do zinco na metilação do material genético, estudos como o de Rerkasem et al. (2022) apontam que a carência desse nutriente apresenta efeitos de longo termo às crianças nascidas a partir dessas condições intrauterinas. Portanto, vale ressaltar a importância da suplementação do zinco durante o período gestacional, conforme recomendado pela Organização Mundial da Saúde (OMS) e pelo Fundo das Nações Unidas para a Infância (Unicef).

Dessa forma, pode-se considerar que um dos fatores mais importantes na programação fetal é a relação entre a alimentação materna e a saúde intraútero de sua prole, e essa relação foi mencionada no estudo de Cropley et al. (2006). A pesquisa analisou a modificação epigenética da linhagem germinativa do alelo murino por suplementação nutricional e chegou à conclusão de que a herdabilidade da exposição ambiental pela epigenética introduz um grau adicional de complexidade nas tentativas de desembaraçar as chamadas "interações gene-ambiente", que se acreditava erroneamente ser puramente de manifestação genética, fixa e imutável.

No entanto, a suplementação excessiva de certos nutrientes pode ter efeitos negativos no feto e na criança. Por exemplo, a administração em altas doses pelo uso de medicamentos com vitamina A (não se refere à suplementação) no período gestacional relaciona-se a defeitos congênitos. Portanto, é importante que a suplementação seja baseada em evidências científicas e orientada por profissionais qualificados, já que a falta de vitamina A pode levar a efeitos nocivos ao feto e deve ser suplementada, pois é considerada fundamental para o desenvolvimento no intraútero.

Além desses fatores durante a gestação, o estresse, a exposição a toxinas ambientais e outras condições médicas também podem afetar a programação fetal e a saúde infantil. Portanto, a suplementação não é uma solução isolada, mas parte de um conjunto mais amplo de estratégias para melhorar a saúde materna, infantil e das próximas gerações.

Comportamento e programação fetal

Além da nutrição, o comportamento materno e as condições sociais de pressão ambiental estão envolvidos no programa da regulação epigenética na prole. Isso ocorre, por exemplo, na regulação do gene do receptor de glicocorticoide no hipocampo. Essa regulação determina as respostas ao estresse da prole e inclusive a condição de saúde física, mental e social na vida adulta.

Para os humanos, um exemplo que ilustra a maneira como eventos estressantes podem interferir na programação fetal foi o episódio da "Fome na Holanda", em 1944. Um evento trágico da Segunda Guerra Mundial, que propiciou ao ambiente científico a compreensão de que a falta de nutrientes está relacionada aos fatores epigenéticos. Nesse caso, não se trata apenas de uma carência nutricional, mas de fome e insegurança alimentar e nutricional, um gatilho muito forte para o desencadeamento de estresse e medo. Durante esse período, a ocupação nazista restringiu o suprimento de alimentos para regiões do território holandês e, com isso, cerca de 4,5 milhões de pessoas passaram por situação de fome extrema. Apesar de o "Inverno da Fome na Holanda" ter acabado em 1945, hoje ainda são evidenciados seus danos no metabolismo dos descendentes. Estudos com os descendentes das gestantes que vivenciaram esse período de escassez demonstraram o aumento de esquizofrenia e doenças cardiometabólicas nos filhos e a relação com a fome durante a gestação. Nesses casos, a análise do epigenoma dos descendentes mostrou haver marcas de metilação nos genes.

A cidade de Överkalix, no norte da Suécia, abriga uma história muito ilustrativa que se desenrola no decorrer de gerações. A história mostra que condições ambientais extremas podem deixar marcas profundas no DNA das pessoas. Situada em uma região fria e sujeita a alterações drásticas de clima e colheitas, a comunidade de Överkalix enfrentou períodos cíclicos de fartura e fome ao longo dos séculos XIX e XX. Nas épocas em que os alimentos eram escassos, a população era obrigada a lidar com as consequências graves da fome, resultando em alta taxa de mortalidade e dificuldades de sobrevivência. Em outros períodos, a abundância temporária trazia alívio, mas também a dúvida sobre quanto tempo duraria a fartura. Esses extremos alimentares criaram um cenário no qual o medo da fome era quase constante, e onde viver significava enfrentar a incerteza sobre o próprio sustento.

Décadas mais tarde, pesquisadores liderados por Lars Olov Bygren começaram a investigar como essas condições adversas impactam não apenas as pessoas diretamente expostas, mas também as gerações seguintes. Em um estudo marcante, Bygren et al. examinaram registros detalhados de saúde e nutrição da cidade, descobrindo que os efeitos dos períodos de fome e fartura não estavam limitados aos indivíduos diretamente expostos a eles. As consequências biológicas desses eventos pareciam se manifestar nas gerações subsequentes, especialmente entre netos e bisnetos. Em um dos achados mais surpreendentes, Bygren et al. (2001) mostraram que homens expostos a condições de fome durante a puberdade tinham netos que viviam mais, enquanto os que cresceram em períodos de abundância transmitiam uma expectativa de vida mais curta aos descendentes.

Esses estudos trouxeram à luz o conceito de herança epigenética transgeracional, na qual modificações epigenéticas – mudanças na expressão dos genes sem alterar a sequência de DNA – podem ser induzidas por fatores ambientais e passadas de geração em geração. Na pesquisa, os cientistas identificaram que certos mecanismos epigenéticos, por exemplo, a metilação do DNA, podem ser sensíveis ao estado nutricional durante períodos críticos de desenvolvimento, especialmente em jovens na fase da puberdade. Os achados de Överkalix foram pioneiros na compreensão de que fatores ambientais podem ter efeitos de longo prazo na saúde de descendentes, moldando a resistência a doenças, longevidade e até a mortalidade das gerações futuras. Em um mundo onde mudanças climáticas e desigualdades alimentares são cada vez mais prevalentes, o legado de Överkalix serve como um lembrete poderoso do impacto duradouro que o ambiente pode exercer sobre as gerações humanas.

Outros estudos feitos em animais mostraram ainda a relação entre nutrição precoce abaixo do ideal e baixo crescimento intrauterino, com o risco de hipercolesterolemia, hipertensão, diabetes tipo 2 e obesidade durante a fase adulta, ressaltando a importância da nutrição materna. Esses trabalhos demonstram que a alimentação é um dos mais relevantes fatores de modulação do epigenoma, um estressor ambiental muito poderoso, sendo fator de risco ou de proteção para doenças.

De acordo com Cianfarani et al. (1999), Nobili et al. (2008) e Calkins e Devaskar (2011), o fator baixo peso ao nascer combinado ao rápido ganho de peso após as 2 semanas pós-natais são fortes indicadores da predisposição à obesidade. Essa combinação de fatores tem uma causa endógena, e o CRH (hormônio liberador de corticotrofina) é considerado uma delas: elevados níveis de CRH foram associados com a diminuição do peso ao nascer, e, consequentemente, predisposição à obesidade. Uma das explicações para a predisposição à obesidade é sua relação com alterações relacionadas ao eixo HPA, que muda drasticamente durante o período pré-natal e que é modulado pelo hormônio liberador de corticotrofina placentária (pCRH). O excesso de cortisol liberado como consequência da alteração do funcionamento do eixo HPA está relacionado com aumento de gordura visceral.

Outra questão relacionada ao estresse materno e à ação do cortisol é a diminuição da ação da enzima placentária 11-beta-hidroxilase 2 a partir da 24ª semana de gestação. A 11-beta converte o cortisol ativo na molécula inativa, a cortisona, para proteger o feto, porém essa inativação enzimática não é totalmente eficiente, e assim o cortisol pode acabar atravessando a barreira materno-fetal. A pressão ambiental exercida pelo estresse materno leva a uma regulação diferencial de genes relacionados ao eixo HPA, o que possivelmente contribui para os efeitos do estresse materno na prole.

Outra explicação possível para a predisposição à obesidade é o *thrifty phenotype*, citado anteriormente neste capítulo, que está relacionado à ação preparatória da modulação epigenética no organismo do feto para o ambiente na qual este supostamente se desenvolveria (nesse caso, hostil). No entanto, a discrepância entre o ambiente suposto e o real ambiente a que ele será submetido (com abundância de nutrientes) leva a uma retenção nutricional excessiva, o que desencadeia a obesidade.

Do ponto de vista fisiológico, o estresse pré-natal crônico pode aumentar a exposição do feto a níveis elevados de glicocorticoides endógenos, que impactam o funcionamento do eixo HPA e os comportamentos envolvidos a ele. O nível elevado de cortisol quando presente na resposta ao estresse em crianças foi relacionado ao estresse crônico durante a última metade do período gestacional das mães.

Pesquisas recentes sugerem que a metilação do DNA pode ser a principal causa das alterações fisiológicas no feto, ocasionado pelo estresse materno. Essa alteração epigenética seria a principal mediadora para a mudança do eixo hipófise-pituitária-adrenal, contribuindo para o maior risco de doenças no período pós-natal.

Em contraste, o estresse materno nos últimos períodos de gestação está associado com uma redução da resposta ao estresse em lactentes com 1 ano de idade e adolescentes com 15 anos. Isso demonstra que a exposição ao estresse materno durante a gestação está relacionada a consequências na vida de seus descendentes e tem relação com o período em que a gestante passa por estresse, além da complexidade do estudo acerca das funções e consequências do eixo HPA.

Do ponto de vista social e cognitivo, os estudos evidenciaram impactos do estresse materno no neurodesenvolvimento do feto, associados com a redução do aprendizado, da capacidade de memorização, atenção e inteligência durante a infância. Também foi relatado que o estresse materno nas fases finais de gestação foi associado ao aumento do risco de transtorno do déficit de atenção e hiperatividade aos 2 anos e redução da inteligência aos 7 anos.

Pessoas do sexo feminino parecem estar mais suscetíveis aos efeitos negativos do estresse pré-natal no que se refere ao aprendizado, memória e estado emocional. Além do estresse, a ansiedade pré-natal especificada ao sexo está relacionada com a redução da densidade de substância cinzenta e do volume da amígdala direita em meninas. Essas mudanças estruturais estão ligadas à maior incidência de distúrbios afetivos em meninas, enquanto o volume da amígdala não foi afetado nos meninos, mas eles apresentaram um déficit na memória de trabalho visuoespacial.

As alterações epigenéticas mais conhecidas relacionadas ao estresse materno estão associadas ao gene *NR3C1*, que é o responsável pela transcrição do receptor do glicocorticoide. Esse gene é importante no controle ou supressão da produção de cortisol, protegendo o feto da exposição excessiva ao cortisol e mantendo o funcionamento adequado do ciclo de *feedback* negativo do eixo HPA.

Apesar de as pesquisas apontarem esse gene como principal fator de mudança no eixo HPA, outros genes também podem afetar o funcionamento desse eixo, contribuindo para o distúrbio da homeostase. Dentre esses genes, pode-se citar os do grupo da 11-beta-HSD (11-beta-hidroxiesteroide desidrogenase 1 e 2), que codificam enzimas catalisadoras de cortisol em cortisona (forma inativa), expressos na placenta e responsáveis, assim como o gene *NR3C1*, por proteger o feto da exposição excessiva do cortisol. Outro gene, o *FKBP5* (proteína 5 de ligação ao FK506), que codifica uma proteína importante para os processos de imunorregulação e regulação do eixo HPA, e o CRH (hormônio liberador de corticotropina), que auxilia na síntese do hormônio adrenocorticotrófico (ACTH), responsável por estimular a produção e liberação de cortisol pela glândula pituitária.

Além disso, é importante ressaltar que o embrião tem baixa resistência a agentes oxidantes. Dessa forma, doenças maternas e o uso de drogas como o tabaco são capazes de potencializar o estresse oxidativo nas células, que já é alto durante o período gestacional. Além de induzir a expressão de vários genes, como *HIF1-alfa*, *CREB1* e *NF-kappa-B1*, interagindo diretamente com o DNA e provocando alterações epigenéticas ou mediante mudanças na metilação do DNA e modificações nas histonas.

Uma doença que pode servir como exemplo de complicações derivadas do estresse oxidativo intraútero é o diabetes, uma vez que o pâncreas fetal,

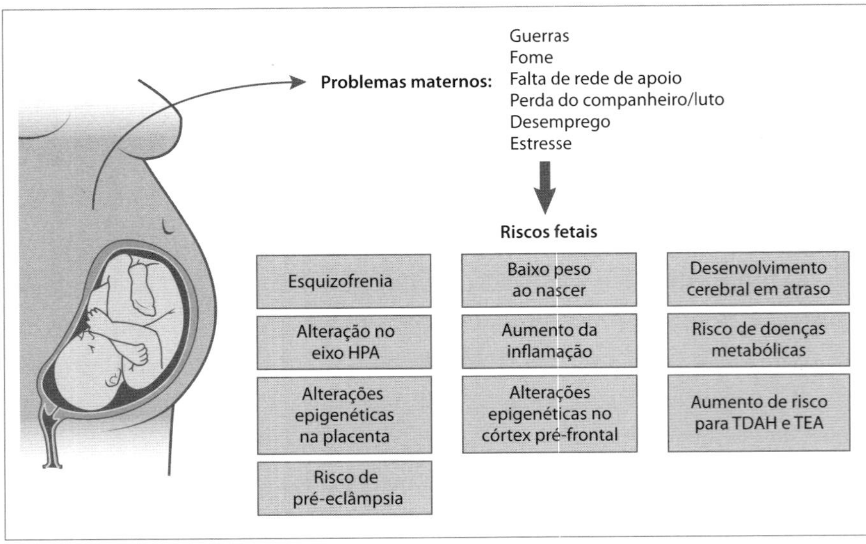

Figura 3 Principais alterações já descritas no gene *NR3C1* e relacionadas ao estresse gestacional. Estão descritas alterações no nível placentário e no nível fetal. As alterações podem levar a nascimento prematuro, baixo peso, risco de pré-eclâmpsia e eclâmpsia, déficit cognitivo, esquizofrenia, transtorno de déficit de atenção com hiperatividade (TDAH) e transtorno do espectro autista (TEA).

HPA: hipotálamo-hipófise-adrenal.

vulnerável aos reativos de oxigênio, como mostram os estudos de Thompson e Al-Hasan (2012), tem, ao entrar em contato com reagentes oxidantes, redução da expressão do gene homeobox *Pdx1* (genes *homeobox* são um grupo de genes relacionados ao controle da divisão e diferenciação celular). Esse gene é responsável pelo desenvolvimento pancreático e pela produção de insulina, por meio de sua ação sobre o desenvolvimento das células beta. A metilação do gene *Pdx1* pode, então, resultar em silenciamento das células beta, e em um futuro desenvolvimento de fenótipo diabético.

Nos últimos anos, estudos em animais e humanos relacionam o estilo de vida com mudanças epigenéticas, demonstrando a exposição no início de vida como fator preponderante para o surgimento de doenças nos filhos. Dessa forma, gestantes estão expostas a diversos fatores que as tornam suscetíveis às alterações epigenéticas. Essa exposição não está relacionada somente à nutrição, mas também à falta de exercícios físicos, poluentes, estresse, uso do tabaco, consumo de álcool, dentre outros fatores relacionados ao estilo de vida.

Epigenética e meio ambiente

A exposição a eventos traumáticos como guerras também tem o potencial de influenciar significativamente na programação fetal e na forma como os indivíduos lidarão futuramente com o estresse. Os estudos conduzidos por Perroud et al. (2014), que analisaram grávidas expostas ao genocídio da etnia Tutsi, em Ruanda, em comparação com grávidas da mesma etnia que não foram expostas ao evento, mostraram que as crianças nascidas de mães que foram expostas ao genocídio apresentaram uma taxa significativamente maior de transtorno de estresse pós-traumático e depressão do que as nascidas de mães que não passaram por essa experiência traumática.

Essas crianças, filhas de mães expostas ao genocídio, apresentaram também maior metilação do gene *NR3C1,* que está diretamente envolvido em respostas inflamatórias, proliferação celular e diferenciação em tecidos-alvo. A hipermetilação do gene *NR3C1* está relacionada, em crianças, com níveis mais altos de subcontrole do ego, níveis mais altos de labilidade emocional, negatividade, maiores sintomas de comportamento externalizante (conjunto de reações impulsivas que, exteriorizadas por crianças ou adolescentes, produzem conflitos e, em padrão repetitivo e persistente, são associados a síndromes psicopatológicas e transtornos e sintomas depressivos mais elevados).

Quanto à privação física e emocional precoce, será que esta prejudicaria a capacidade cognitiva, física e a saúde mental a longo prazo? Um conjunto único, natural e trágico de circunstâncias na década de 1990 permitiu algumas respostas. Após um duro regime político de aumento de natalidade, na Romênia, 170 mil crianças órfãs viviam em 700 instituições precárias, superlotadas e isoladas do resto da sociedade, frequentemente negligenciadas, vítimas de castigos físicos, abusos sexuais, desnutrição e abandono. Algumas dessas crianças puderam ser adotadas por famílias britânicas, e iniciaram-se estudos longitudinais prospectivos para compará-las com grupos controles, crianças do Reino Unido, nascidas na mesma época e que não sofreram privação.

Os resultados desses trabalhos demonstraram que a privação prolongada, mesmo que limitada aos primeiros anos de vida, está associada a alterações profundas e duradouras no volume e estrutura do cérebro na idade adulta, além de aumento das taxas de transtornos do neurodesenvolvimento, os quais são em grande parte de natureza grave e persistente.

Os adotados romenos expostos a mais de 6 meses em uma instituição apresentaram taxas persistentemente mais altas de sintomas de transtorno do espectro autista, envolvimento social desinibido, desatenção e hiperatividade, com manifestações até a idade adulta jovem. Nesse sentido, quanto maior a duração da institucionalização, maior o impacto, tanto no nível adaptativo quanto no estado de metilação do DNA das crianças institucionalizadas.

O trabalho de Kumsta et al. (2016) sugere que insultos ambientais de grande impacto biológico, e que ocorrem durante o desenvolvimento gestacional inicial, estão associados a alterações epigenéticas duradouras, refletindo potencialmente um mecanismo biológico que relaciona os efeitos da adversidade no início da vida aos fenótipos cognitivos e neurobiológicos.

O momento da fome gestacional, se no início da gestação ou mais ao final, por exemplo, foi estudado nos descendentes do inverno da fome holandesa, estudo de coorte de nascimentos, que destacou o impacto significativo do pré-natal em situação de desnutrição. Os resultados mostraram efeitos duradouros nos efeitos na saúde, sendo associados a efeitos de menor estatura e menor taxa de obesidade no adulto. No entanto, a desnutrição no início da gestação foi associada ao peso normal ao nascer, mas taxas de obesidade mais altas na idade adulta. Essas descobertas afirmam o papel crítico dos primeiros períodos de desenvolvimento humano e na definição das trajetórias futuras de saúde e sugerem que tais períodos pré-natais podem levar a efeitos hereditários e transgeracionais devido a fatores epigenéticos.

Os paralelos traçados entre os achados oriundos do Inverno de Fome na Holanda e a situação atual em Gaza foram descritas recentemente por Khoodoruth et al. (2024), que destacaram uma situação crítica na região e a necessidade de intervenções de saúde pública e elaboração de políticas em regiões afetadas por conflitos. Espera-se que, em decorrência da fome em Gaza, gerações de pessoas tenham modificações metabólicas e de saúde forjadas pela "epigenética da fome".

Imagine um corpo diante da escassez, tentando sobreviver a uma ausência prolongada de nutrientes. Mas seria a fome propriamente dita ou o medo da fome que modifica o epigenoma? A ciência nos diz que, em resposta a essa situação, o corpo ativa um mecanismo chamado autofagia, um processo no qual ele se recicla internamente, destruindo componentes celulares danificados para gerar a energia e reconstruir o essencial. Esse processo foi profundamente estudado pelo biólogo Yoshinori Ohsumi, que em 2016 conquistou o Prêmio Nobel em Fisiologia por suas descobertas sobre como a autofagia contribui para a saúde e a longevidade.

Hoje, sabemos que práticas como o jejum intermitente – um intervalo controlado de fome – desencadeiam esse mesmo mecanismo, com benefícios que vão desde a melhora do *status* metabólico até o fortalecimento celular. Assim, o corpo usa a escassez não apenas como resposta à necessidade, mas como uma maneira de se fortalecer, nos ensinando de forma fascinante sobre como a sobrevivência molda nossos genes e, possivelmente, prolonga a nossa existência. Então qual é a razão de o jejum intermitente promover a longevidade e o fortalecimento do organismo, enquanto a fome e a insegurança alimentar e nutricional (Insan) seriam promotoras da morte prematura e das alterações metabólicas nas próximas gerações? Qual seria o papel do medo nessas situações? Afinal, quando se tem fome ou Insan se tem medo, mas quando se faz jejum este não vem acompanhado do medo.

Nesse sentido, o questionamento é verdadeiro quando se observam marcas químicas no DNA em decorrência da Insan. As pessoas nessas condições não necessariamente passam fome, mas são igualmente pressionadas por um ambiente de medo da fome que modula o epigenoma. Estudos de Barbosa et al. (2022) e de Borçoi et al. (2021) mostraram a relação entre a Insan com a metilação nos genes *BDNF* e *NR3C1* e depressão. Esses dados mostram a importância de estudar com mais empenho essas adversidades para que se possa lidar com mais exatidão com a prevenção e o entendimento dos desfechos clínicos.

Além do estresse, outros fatores ambientais, como poluentes, interferentes endócrinos, metais pesados e medicamentos, também podem sinalizar ao organismo para a aquisição de alterações epigenéticas. Essa relação já é bem estabelecida com o consumo do ácido valproico durante a gestação e a manifestação de transtorno do espectro autista (TEA). O ácido valproico (VPA), ou ácido 2-propil pentanoico, é um ácido graxo utilizado como droga antiepiléptica e estabilizadora do humor. A droga atua na regulação da expressão gênica por meio da remodelação (epigenética) da cromatina por meio da inibição da atividade da histona desacetilase (HDAC). Estudos clínicos demonstraram que o consumo de VPA durante a gestação está associado ao aumento do risco de defeitos do tubo neural, atraso no desenvolvimento, deficiências cognitivas e autismo, conforme descrito em "The valproic acid-induced rodent model of autism" de Nicolini e Fahnestock (2018).

No TEA, alterações epigenéticas são apontadas como possíveis mediadoras da relação entre a genética e o meio ambiente. Fatores ambientais, em associação com a genética, podem causar desregulação da sinalização glutamatérgica, bem como desequilíbrio nas vias excitatórias e inibitórias, resultando na ativação das células gliais, com liberação de mediadores inflamatórios, responsáveis pelo comportamento social observado em indivíduos com TEA.

PERSPECTIVAS

A epigenética da programação fetal é uma área muito nova e, com isso, muitas descobertas estão por vir. Porém, a literatura é clara no que se refere ao papel da nutrição, do uso de medicamentos, poluentes e do estresse psicossocial na regulação aberrante do epigenoma embriofetal e no surgimento de doenças após o nascimento até a idade adulta.

Dessa forma, os desafios enfrentados na área da programação fetal são muitos, principalmente no que se refere a gestação, formação embrionária e fetal, já que grande parte das gestantes não é bem nutrida e nem sequer bem acompanhada durante o período gestacional. Em alguns países, um pouco menos que a metade delas dispõe de um companheiro para suporte e a insegurança social e nutricional é grande. Mudanças nesse sentido passam pela necessidade de novas políticas públicas e reformas sociais de proteção à mulher, mesmo antes da gestação, pois proteger a mulher é proteger as próximas gerações.

Outro ponto importante é a reprogramação epigenética fetal. Apesar de ser uma promessa que todos esperam, ainda há clareza de até que ponto se pode caminhar nessa área, tanto do ponto de vista fisiológico quanto do ético. Questiona-se quais as promessas da ciência e até onde elas podem ser cumpridas eticamente, quais serviços de reprogramação epigenética fetal podem ser verdadeiramente oferecidos e cumpridos e para quem eles estão disponíveis, pois, novamente, do ponto de vista social o mundo parece ser um local mais acessível entre os que podem dispor de serviços, alimentos e assistência do que para aqueles que não podem ser beneficiados por esses serviços.

Além disso, existe a necessidade de maior divulgação das novas descobertas da ciência aos profissionais de saúde, já que a maioria não foi formada com os conhecimentos de hoje. Desse modo, existe uma visão muito conservadora por parte de médicos e outros profissionais de saúde a respeito da prevenção de doenças, acompanhamento gestacional, nutrição e suplementação na gestação. Em se tratando de gestação, a regra geral é "menos é mais". Porém, a conta nem sempre é essa, e o menos pode ser menos e o mais também pode ser mais do ponto de vista da regulação epigenética.

Quanto à epigenética, o desconhecimento a esse respeito é quase que total. Apesar de existirem diversas evidências científicas a respeito do tema, grande parte da comunidade médica não se sente segura na alteração de condutas que foram aprendidas e são seguidas à risca mesmo que haja indicação para outras condutas, como na suplementação de vitaminas, minerais e indicação de suporte efetivo, atividade física e controle dos fatores ambientais causadores de estresse.

Outro ponto importante que surge como um desafio é a relação do uso de medicamentos e até mesmo a contaminação ambiental relacionada com desregulação epigenética. Pouco se sabe sobre as inúmeras substâncias a que estamos expostos, especialmente durante a gestação. Com isso, poluentes, cosméticos, medicamentos e até mesmo alimentos precisam ser mais bem estudados para que a regulação epigenética embrionária e fetal seja idealmente saudável. Um dos maiores desafios enfrentados é a educação de profissionais de saúde sobre o assunto.

Enfim, os estudos em epigenética promoveram um campo tão importante para a saúde pública que nos traz com mais exatidão a importância dos cuidados com saúde da mulher, da gestante e da criança, que a partir desse ponto de vista precisam ser cuidadas com maior atenção. Nesse sentido, a questão da educação médica e da população, tanto na área da nutrição quanto na das ferramentas para equilíbrio dos estados emocionais, torna-se ainda mais importante.

REFERÊNCIAS

1. Barbosa WM, Almança CCJ, Freitas FV, Conti C, Pinheiro JA, Barros AA, et al. Epigenetic alteration of BDNF gene, social and health status as predictors of food and nutrition insecurity among familiar coffee farmers. J Hum Growth Dev [Internet]. 2022 Oct 31;32(3):227-36. Disponível em: https://revistas.marilia.unesp.br/index.php/jhgd/article/view/13846. Acesso em: 10 jun. 2025.
2. Barbosa WM, Almança CCJ, Freitas FV, Conti C, Pinheiro JA, Barros AA, et al. Epigenetic alteration of BDNF gene, social and health status as predictors of food and nutrition insecurity among familiar coffee farmers. J Hum Growth Dev. 2022;32(3):227-36.
3. Bhandari R, Paliwal JK, Kuhad A. Neuropsychopathology of autism spectrum disorder: complex interplay of genetic, epigenetic, and environmental factors. In: Advances in Neurobiology. Cham: Springer International Publishing; 2020. p.97-141.
4. Borçoi AR, Mendes SO, Moreno IAA, Gasparini dos Santos J, Freitas FV, Pinheiro JA, et al. Food and nutritional insecurity is associated with depressive symptoms mediated by NR3C1 gene promoter 1F methylation. Stress. 2021;24(6):814-21.
5. Bygren L, Tinghög P, Carstensen J, Edvinsson S, Kaati G, Pembrey ME, et al. Change in paternal grandmothers' early food supply influenced cardiovascular mortality of the female grandchildren. BMC Genet. 2014;15:12.
6. Calkins K, Devaskar SU. Fetal origins of adult disease. Curr Probl Pediatr Adolesc Health Care [Internet]. 2011 Jul;41(6):158-76. Disponível em: https://www.ncbi.nlm.nih.gov/pmc/articles/PMC4608552/. Acesso em: 10 jul. 2025.
7. Calzari L, Dragani DF, Zanotti L, Inglese E, Danesi R, Cavagnola R, et al. Epigenetic patterns, accelerated biological aging, and enhanced epigenetic drift detected 6 months following covid-19 infection: insights from a genome-wide DNA methylation study. Clin Epigenetics. 2024 Aug 20;16(1):112.
8. Cianfarani S, Germani D, Branca F. Low birthweight and adult insulin resistance. Arch Dis Child Fetal Neonatal Ed. 1999;81(1):F71-3.
9. Cropley JE, Suter CM, Beckman KB, Martin DIK. Germ-line epigenetic modification of the murine A vy allele by nutritional supplementation. Proc Natl Acad Sci U S A. 2006;103(46):17308-12.
10. Farsetti A, Illi B, Gaetano C. How epigenetics impacts on human diseases. Eur J Intern Med. 2023 Aug;114:15-22.
11. González-Rodríguez P, Füllgrabe J, Joseph B. The hunger strikes back: an epigenetic memory for autophagy. Cell Death Differ [Internet]. 2023 Jun 1;30(6):1404-15. Disponível em: https://www.nature.com/articles/s41418-023-01159-4. Acesso em: 10 jun. 2025.
12. Harkess KN, Ryan J, Delfabbro PH, Cohen-Woods S. Preliminary indications of the effect of a brief yoga intervention on markers of inflammation and DNA methylation in chronically stressed women. Transl Psychiatry [Internet]. 2016 Nov 29;6(11):e965. Disponível em: https://pubmed.ncbi.nlm.nih.gov/27898068/. Acesso em: 10 jun. 2024.

13. Hiraoka D, Nishitani S, Shimada K, Kasaba R, Fujisawa TX, Tomoda A. Retracted: epigenetic modification of the oxytocin gene is associated with gray matter volume and trait empathy in mothers. Psychoneuroendocrinology. 2021;123:105026.
14. Kvestad I, McCann A, Chandyo RK, Giil LM, Shrestha M, Ulak M, et al. One-carbon metabolism in Nepalese infant-mother pairs and child cognition at 5 years old. J Nutr. 2021;151(4):883-91.
15. Louis-Jacques AF, Salihu HM, King LM, Paothong A, Sinkey RG, Pradhan A, et al. A positive association between umbilical cord RBC folate and fetal TL at birth supports a potential for fetal reprogramming. Nutr Res. 2016 Jul;36(7):703-9.
16. Mackes NK, Golm D, Sarkar S, Kumsta R, Rutter M, Fairchild G, et al. Early childhood deprivation is associated with alterations in adult brain structure despite subsequent environmental enrichment. Proc Natl Acad Sci U S A. 2020 Jan 6;117(1):641-9.
17. McCabe CF, LaBarre JL, Domino SE, Treadwell MC, Baylin A, Burant CF, et al. Maternal and neonatal one-carbon metabolites and the epigenome-wide infant response. J Nutr Biochem. 2022 Mar;101:108938.
18. Neel JV. Diabetes mellitus: a "thrifty" genotype rendered detrimental by "progress"? Am J Hum Genet. 1962;14(4):353-62.
19. Nelson CA, Fox NA, Zeanah CH. Anguish of the abandoned child. Sci Am. 2013 Mar 19;308(4):62-7.
20. Nicolini C, Fahnestock M. The valproic acid-induced rodent model of autism. Exp Neurol. 2018 Jan;299:217-27.
21. Nobili V, Alisi A, Panera N, Agostino C. Low birth weight and catch-up-growth associated with metabolic syndrome: a ten year systematic review. Pediatr Endocrinol Rev. 2008;6(2):241-7.
22. Palma-Gudiel H, Córdova-Palomera A, Leza JC, Fañanás L. Glucocorticoid receptor gene (NR3C1) methylation processes as mediators of early adversity in stress-related disorders causality: a critical review. Neurosci Biobehav Rev. 2015 Aug;55:520-35.
23. Perroud N, Rutembesa E, Paoloni-Giacobino A, Mutabaruka J, Mutesa L, Stenz L, et al. The Tutsi genocide and transgenerational transmission of maternal stress: epigenetics and biology of the HPA axis. World J Biol Psychiatry. 2014 Apr;15(4):334-45.
24. Sonuga-Barke EJ, Kennedy M, Kumsta R, Knights N, Golm D, Rutter M, et al. Child-to-adult neurodevelopmental and mental health trajectories after early life deprivation: the young adult follow-up of the longitudinal English and Romanian Adoptees study. Lancet. 2017 Apr;389(10078):1539-48.

Capítulo **3**

Epigenética como mecanismo de sobrevivência à adversidade

Adriana Madeira Álvares da Silva
Polyana Lima Meireles Dalpiaz
Aline Ribeiro Borçoi
Ruy Rocha Gusman
Carolina Falcão Ximenes
Marcele Lorentz Mattos de Souza
Pierre Augusto Victor da Silva
Nathália Maria da Silva Campos
Caroline Franco Inocêncio
Isabela de Abreu Barbosa
Mariana Regattieri Poltronieri
Pedro Lucas Alves Pereira
Pedro Carrilho Rego

"Se as coisas não acontecem como desejamos,
deveríamos desejá-las do modo que elas acontecem."
Aristóteles

CONVERSA COM O LEITOR

A jornada da humanidade tem sido marcada por uma série de transformações profundas, não apenas em nossas interações uns com os outros, mas também em nossa relação com o mundo que nos cerca. Essas mudanças abrangem o modo de vida, desde o nomadismo até as grandes civilizações, as relações interpessoais, e são frequentemente desafiadas por choques culturais, étnicos ou raciais. Os conflitos e transformações exigiram da humanidade uma elevada capacidade adaptativa, o que, além dos mecanismos habituais de evolução e adaptação darwiniana, foi em grande parte realizado por meio de mecanismos epigenéticos, desencadeados por estímulos ambientais. Portanto, neste capítulo serão discutidas as alterações epigenômicas provocadas por grandes eventos da história humana, como holocausto, as guerras, os genocídios, considerados mecanismos de sobrevivência diante da adversidade.

De fato, a espécie humana precisou fazer muitos ajustes para garantir sua sobrevivência ao longo do tempo. Imagine a vida de nossos pais e avós, quão diferentes eram em comparação com os dias atuais. Ao longo dos anos, a alimentação passou por transformações, a industrialização teve seu impacto significativo, a qualidade da água e do ar mudou e as atividades laborais adquiriram novas formas. Atualmente, temos acesso à tecnologia, à educação, à saúde e ao saneamento básico, aspectos que não eram tão comuns para nossos antecessores. A responsabilidade pela criação dos filhos nem sempre recai integralmente sobre as mães, e estamos constantemente correndo atrás dos prazos. Nas cidades, a presença de luz elétrica é constante. Em suma, a vida dos nossos antepassados não se assemelhava de nenhuma forma a nossa realidade atual.

Mas será que do ponto de vista metabólico houve adaptação de nosso corpo a essas mudanças? É importante saber que a pressão ambiental requer tempo para a adaptação do corpo humano.

Nesse contexto, o estresse, como um estímulo de proteção aos riscos agudos, nos permitiu sobreviver às adversidades, mas representa na atualidade um fator de risco para a inflamação e o aparecimento de doenças de forma crônica. O estresse no mundo moderno não afeta apenas os desfavorecidos, mas também as pessoas que vivem no âmbito do que se espera de dignidade humana, mesmo tendo acesso aos direitos básicos como nutrição, segurança, educação e saúde. Dados científicos mostram números crescentes de indivíduos estressados, ansiosos, deprimidos e com outras condições mesmo em países com alta qualidade de vida.

No entanto, quando se aborda o tema estresse, há classes de pessoas que não receberam cuidado ou afeto, que não foram desejadas, nascidas em ambientes hostis como guerra ou fome, refugiados, vítimas de holocaustos, enfrentando experiências extremas de luta pela sobrevivência desde o útero. Para essas pessoas que vivem o estresse de forma intrínseca, quais serão as consequências? Essas experiências extremas podem afetar as oportunidades, a inteligência, a memória, os relacionamentos afetivos, a felicidade e saúde? É possível reverter os efeitos negativos dessas experiências adversas? Qual a contribuição da ciência para melhorar a vida das pessoas nessas condições?

Este capítulo vem trazer o que os estudos dizem a respeito do estresse e adaptação em seus vários moldes. A ciência reconhece hoje que são deixadas marcas adaptativas que passam por gerações, de modo que nossos filhos e até nossos netos recebem, além da herança genética, também a herança de nossas experiências adaptativas por meio da epigenética.

É interessante compreender mais sobre o assunto, pois a questão social transcende a mera privação. Na tentativa de adaptação aos ambientes em que vivemos, os resíduos químicos são adicionados ao ácido desoxirribonucleico (DNA) e às proteínas associadas a ele, alterando seu funcionamento, como em um livro tipografado página a página, contando uma história de vida por gerações.

A grande questão que surge é: existe a possibilidade de reconstruir marcas dessa história com uma reescrita mais direcionada para a saúde? E esta é a resposta que a ciência começa a desvendar.

BASES CIENTÍFICAS

A epigenética pode ser compreendida como uma forma de o corpo se relacionar com o meio ambiente, adaptando-se ao funcionamento orgânico e transmitindo "pistas" para as próximas gerações se adaptarem e desenvolverem estratégias para sobrevivência. Muitos estudos correlacionam condições adversas e estressantes, tanto internas, relacionadas à bioquímica do corpo, quanto externas. O ambiente em que vivemos tem o poder de influenciar nosso corpo de forma profunda, podendo ajustar silenciosamente marcas epigenéticas que estão ligadas ao surgimento ou prevenção de diversas doenças.

Essa visão da epigenética sobre o funcionamento dos sistemas orgânicos abre perspectivas para a melhoria na saúde e para a possibilidade de intervenções eficazes, uma vez que, devido à plasticidade do epigenoma, as marcas podem ser modificadas, removidas, adicionadas ou ajustadas. No entanto, ainda há pouco conhecimento sobre a reprogramação epigenética para uso na medicina. Estudos mais aprofundados elucidam por que elementos como equilíbrio emocional, uma boa alimentação, atividade física, suplementação de vitaminas e nutrientes têm um impacto tão significativo na longevidade e na saúde: esses fatores podem promover modificações epigenéticas que influenciam a regulação dos genes.

O perfil epigenético reflete um retrato individual de toda bagagem de vida de um indivíduo, de seus antepassados e do intraútero. Dessa forma, investimento em equilíbrio, paz, alimentação saudável e cuidados com o corpo e a mente podem refletir na saúde, e de certa forma isso pode ser "lido" nas marcas epigenéticas, tanto para a geração atual quanto para as futuras.

De fato, as adaptações epigenéticas são os mecanismos fundamentais para adaptação e sobrevivência à adversidade, pois estão implicadas no quanto o indivíduo ficará em alerta, com o sistema de "luta ou fuga" ativado em face do perigo. A consequência dessa ativação é a produção de cortisol, adrenalina, noradrenalina e moléculas inflamatórias, efeitos indesejados causadores de doenças. O estresse será utilizado neste capítulo como modelo para a compreensão do tema da epigenética como mecanismo de sobrevivência à adversidade.

Um dos primeiros relatos de que os estados emocionais poderiam estar relacionados com as doenças veio de 460 a.C., com Hipócrates, considerado o pai da medicina. Ele fez a distinção entre sintomas e doenças, afirmando que os sintomas são manifestações exteriores do que acontece no organismo. Hipócrates introduziu métodos científicos na análise de doenças, assim como registros clínicos. Segundo ele, havia quatro fluidos, nomeados de humores, que constituíam a base do corpo: bile amarela, bile negra, fleuma e sangue. Segundo essa perspectiva, a saúde era vista como a harmonia e o equilíbrio desses fluidos, enquanto a doença era considerada o desequilíbrio dos elementos. Essa visão racionalista fundamenta a medicina moderna.

A correlação entre corpo e mente também foi relatada por Galeno, proeminente médico e filósofo romano de origem grega que viveu aproximadamente no ano 200 anos depois de Cristo. Ele desenvolveu uma teoria que associava o aparecimento de câncer de mama à categoria feminina que classificou como "melancólica", enquanto as mulheres classificadas como "sanguíneas" teriam menor predisposição.

As observações de Galeno, no entanto, permaneceram no âmbito da crença e sem comprovação científica durante muitos anos, até que pesquisadores recentes verificaram alterações orgânicas e bioquímicas na via do estresse relacionadas ao aparecimento de câncer de mama, tumores gástricos, de pulmão e outros. Posteriormente, em outros estudos, esses mesmos tumores foram relacionados a alterações de hipermetilação na região reguladora do gene receptor do cortisol, levando à redução da produção da proteína receptora do glicocorticoide, o que relaciona o estresse a modificações epigenéticas e ao câncer.

No mesmo sentido, a pesquisa de Hong et al. (2021) mostrou uma relação entre câncer e estresse crônico. Nesse caso, o estresse crônico foi associado à indução de metástase de câncer epitelial de ovário, de mama, pulmonar e oral. Uma possível explicação para tal associação estaria no fato de o estresse ser relacionado a alterações nas catecolaminas, que podem modular a expressão de genes relacionados à angiogênese, como o fator de crescimento endotelial vascular – *vascular endotelial grow factor* (VEGF), bem como diminuir a imunidade, aumentar a permeabilidade vascular e facilitar a fuga de células, criando condições favorecedoras da metástase. Outros estudos também verificaram que o estresse crônico está relacionado a modificações epigenéticas nos genes fator de necrose tumoral – alfa (TNF-alfa) (pró-inflamatório) e VEGF e no gene enzima conversora de angiotensina – *angiotensin converting enzime* (ACE), estando relacionadas a alterações cardiovasculares.

O estresse como modelo do mecanismo de sobrevivência à adversidade

Ao longo da vida, o indivíduo está sujeito a diversas experiências que podem levar a emoções, sentimentos e reações, incluindo o estresse, uma manifestação de adversidade na interação do corpo com o ambiente. Diante de qualquer ameaça potencial, o corpo reage com prontidão. No caso do estresse, quanto mais precocemente ele se manifesta, maiores são os impactos nos níveis físico, mental, comportamental, cerebral (em termos morfológicos e fisiológicos) e epigenético.

Dentre os diversos fatores desencadeantes de estresse, pode-se destacar a violência, abusos emocionais, separação dos pais, entre outras adversidades.

Essas experiências são de fato pressões ambientais, capazes de influenciar a conhecida "expressão diferencial de genes". Por outro lado, atividades voltadas à redução de estresse, como meditação, *mindfulness*, ioga e práticas de respiração do tipo *pranayama*, também deixam um registro epigenético típico de estados emocionais mais equilibrados, uma espécie de "impressão digital" desse estado de ser.

Estudos indicam que a adversidade social é um dos principais fatores considerados desencadeantes de estresse. Assim, hormônios esteroides ou citocinas expressas em situações de estresse podem desencadear uma remodelação coordenada do epigenoma em diversas regiões, abrangendo um espectro amplo, uma vez que atuam em vários tipos de células e diferentes partes do genoma.

Nos seres humanos, o período que compreende desde o nascimento até aproximadamente os 2 anos de idade é marcado por um rápido e dinâmico desenvolvimento cerebral. Cerca de 2 a 3 semanas após o nascimento, o volume cerebral corresponde a cerca de 35% do volume do cérebro adulto. Ao fim do primeiro ano de vida, o cérebro dobra de tamanho em relação ao recém-nascido a termo e, no segundo ano de vida, aumenta 15%, atingindo cerca de 80% do tamanho do cérebro adulto. Esse período inicial, conhecido como primeira infância, desempenha um papel crucial no desenvolvimento cognitivo e é altamente sensível a experiências adversas. Eventos ocorridos durante essa fase podem modificar permanentemente a estrutura cerebral por meio de modificações epigenéticas, afetando consequentemente a suscetibilidade a distúrbios neuropsiquiátricos.

Mielinização e importância das experiências

Vários estudos buscam associar eventos como maus-tratos na infância a uma série de eventos adversos, incluindo transtornos psicológicos e de humor, tendências suicidas, comportamentos de alto risco, abuso de substâncias, distúrbios alimentares, transtornos depressivos e ansiedade, além de um funcionamento cognitivo prejudicado e respostas menos eficazes ao tratamento. A exposição significativa a esses eventos durante a infância está correlacionada a um aumento do risco de transtornos depressivos e de ansiedade em períodos posteriores da vida, com consequências prejudiciais que podem afetar gerações sucessivas.

Os principais componentes de maus-tratos emocionais incluem abuso verbal, manipulação e situações destinadas a provocar vergonha, culpa ou medo na criança, bem como o testemunho de violência doméstica e negligência dos pais. A negligência pode ser física, quando há falha em fornecer as necessidades básicas da criança (alimentação, vestuário, segurança física, supervisão adequada, saúde médica e odontológica), ou emocional, quando não são atendidas as necessidades emocionais fundamentais da criança, por exemplo, a falta de resposta ao sofrimento ou exposição a situações inadequadas para sua idade

O estresse precoce na vida pode influenciar a reatividade do estresse por meio de alterações estruturais e funcionais no circuito amígdala-pré-frontal, principalmente nas conexões entre a amígdala e as áreas pré-frontais mediais, incluindo o córtex cingulado anterior pré-genual. Essa via desempenha um papel crucial na regulação das respostas comportamentais e fisiológicas à adversidades. Estudos anteriores demonstraram que diferentes tipos e intensidades de estresse podem levar a diferentes respostas no sistema de regulação do estresse, e o estresse em estágios iniciais da vida – "*early life stress*" – pode desencadear efeitos como resposta neuroendócrina excessiva ou atenuada ao estresse psicossocial agudo.

Além disso, as adversidades ocorridas nas fases iniciais da vida têm impacto na reação do eixo hipotálamo-pituitária-adrenal (HPA) ao estresse, moderando a relação entre acontecimentos estressantes na vida adulta e o aparecimento de depressão e ansiedade e podendo estar relacionada a determinados eventos da infância. Dessa forma, pesquisas relacionam maus-tratos na infância a maior sensibilização das respostas neurais e endócrinas ao estresse, tornando o indivíduo mais suscetível aos transtornos de humor.

Essas adaptações epigenéticas de modulação perante o estresse são feitas por meio da metilação de genes, das marcas de acetilação ou desacetilação de caudas das histonas e da expressão de micro-RNA relacionados à regulação de sistemas para um funcionamento diferencial perante a pressão ambiental.

No organismo humano, a resposta ao estresse está intimamente relacionada ao eixo HPA e ao glicocorticoide. Nesse sentido, um episódio de estresse fisiológico (regulado) promove a liberação de hormônio liberador de corticotrofina (CRH), pelo hipotálamo. O CRH é, então, transportado para a hipófise anterior, onde ele se liga aos receptores CRH-R1 e CRH-R2, promovendo a liberação, pela hipófise, do hormônio adrenocorticotrófico (ACTH). Posteriormente, esse hormônio se liga aos receptores ACTH-R na glândula adrenal, estimulando a produção de glicocorticoides (cortisol) pelo córtex adrenal. Quando concentrações elevadas de glicocorticoides são alcançadas na corrente sanguínea, esse hormônio se liga a receptores de glicocorticoides presentes no hipocampo, hipotálamo e hipófise anterior, de modo a suprimir a liberação de CRH e ACTH em um mecanismo de *feedback* negativo que estabiliza a quantidade desse hormônio na corrente sanguínea. No estresse crônico, a função de *feedback* negativo pode estar suprimida, resultando em um estímulo mais permanente ou desregulado.

O receptor de glicocorticoide (GR) é uma molécula que se localiza no citoplasma da célula. Após se associar ao hormônio cortisol, ambos (cortisol + GR) são translocados para o núcleo em um complexo proteico, que regula a síntese de proteínas metabólicas, imunológicas e inflamatórias no estresse fisiológico.

Esse mecanismo pode acontecer pela interação do complexo GR com fatores de transcrição, como AP-1 e fator nuclear kappa B-1 (*NF-kappa-B1*), em um processo chamado transrepressão, que reduz a atividade transcricional sem entrar em contato direto com o DNA e, consequentemente, reduz a codificação de proteínas pró-inflamatórias e imunossupressoras, como citocinas e prostaglandinas. Dessa forma, a atividade regulada do estresse, o chamado estresse fisiológico, é anti-inflamatório e promotor da imunidade.

Cortisol e inflamação

Estudos demonstram que a inflamação contribui para cerca de 50% das mortes relacionadas a doenças. Condições como acidente vascular cerebral (AVC), câncer, doença isquêmica do coração, diabetes *mellitus*, doenças renais crônicas, doença hepática gordurosa não alcoólica, doenças autoimunes, doenças neurodegenerativas e degenerativas apresentam um componente inflamatório sistêmico complexo e integrado, influenciado por fatores como intestino, gordura corporal, infecções, nutrição, xenobióticos ambientais, qualidade do sono, entre outros, frequentemente associadas ao estresse, depressão e ansiedade.

Nesse contexto, o cortisol emerge um marcador importante, embora outros, como adrenalina, noradrenalina, dopamina, acetilcolina, produzidas pelo sistema nervoso periférico e central, que também desempenham papéis significativos nesse refinado sistema de estresse, prazer, recuperação e equilíbrio, assim como no sistema imunológico, todos essenciais para homeostasia ou desequilíbrio do sistema.

O cortisol é liberado no organismo pela ativação do eixo HPA, em resposta ao estresse. Da mesma forma, existe a liberação das citocinas pró-inflamatórias, que medeiam o estresse em desequilíbrio. Para exercer sua função nas células, os glicocorticoides necessitam de receptores específicos, conhecidos receptores do glicocorticoide, que devem estar em sua forma ativa. Nas células do sistema imunológico, o cortisol exerce um mecanismo de *feedback* negativo com as citocinas pró-inflamatórias, inibindo sua produção e liberação, além de agir como imunossupressor, prevenindo respostas inflamatórias exageradas.

Em caso de mau funcionamento dos receptores de glicocorticoide, a inflamação tende a se agravar, uma vez que, sem seus receptores, o cortisol não consegue exercer seus efeitos inibitórios na regulação do fator de transcrição *NF-kappa-B*. Entre os fatores que desencadeiam resistência aos glicocorticoides estão o estresse psicossocial crônico e estressores psicológicos e imunológicos.

Portanto, é possível concluir que doenças relacionadas ao estresse como depressão, síndrome metabólica e osteoporose compartilham a inflamação como um sintoma comum, uma vez que se manifestam através de um eixo HPA hiperativado, resultando em níveis elevados de glicocorticoides que não conseguem inibir a inflamação. Assim, o mau funcionamento do receptor de glicocorticoides e o aumento da inflamação explicam o mecanismo contraditório observado nesses estados.

O gene do receptor do glicocorticoide é regulado epigeneticamente, ou seja, a região reguladora do gene é rica em ilhas CpG, e as pressões ambientais deixam marcas específicas que alteram a expressão gênica do receptor. Estudos epigenéticos desse gene mostram que as marcas de metilação que estão presentes na região do promotor do gene estão relacionadas às experiências de vida e representam um mecanismo de adaptação às adversidades. Curiosamente, diferentes pressões ambientais promovem marcas em locais específicos do promotor do gene, evidenciando um sistema altamente refinado e específico.

Inflamação e epigenética

A inflamação é caracterizada pelo aumento gradual de mediadores pró-inflamatórios, incluindo TNF-alfa, interleucina-6 (IL-6) e interleucina-1 (IL-1). Esses mediadores pró-inflamatórios são regulados por mecanismos epigenéticos, que, por sua vez, podem influenciar o desenvolvimento da inflamação crônica.

O fator de transcrição *NF-kappa-B*, por exemplo, é responsável por se ligar a sequências específicas de DNA para regular genes associados à inflamação. Nesse contexto, a ativação do *NF-kappa-B* ocorre, entre outros fatores, por meio de mediadores pró-inflamatórios. A regulação epigenética por trás desse fator de transcrição está na acetilação da histona H3, que está associada à expressão inflamatória do *NF-kappa-B*.

Atualmente a relação entre estresse e adoecimento já é bem estabelecida pela ciência, sobretudo por alterações crônicas no eixo neuroendócrino, que, quando desregulado, altera a produção de cortisol e o refinado sistema de resposta fisiológica ao estresse, resultando em estados inflamatórios crônicos e aumento do risco de doenças.

Estudos realizados com sobreviventes de guerras e portadores de estresse pós-traumático mostram que, em condições de estresse, existem alterações no nível epigenético em genes e na inflamação (Figura 1).

Reprogramação epigenética e práticas de corpo e mente

A partir dos avanços recentes em epigenética, muitos centros de pesquisa nas universidades e a indústria farmacêutica têm investido consideravelmente na busca por maneiras de remover marcas de traumas na tentativa de regular genes que apresentam marcas epigenéticas adquiridas por mecanismos transgeracionais, conhecidos como reprogramação epigenética.

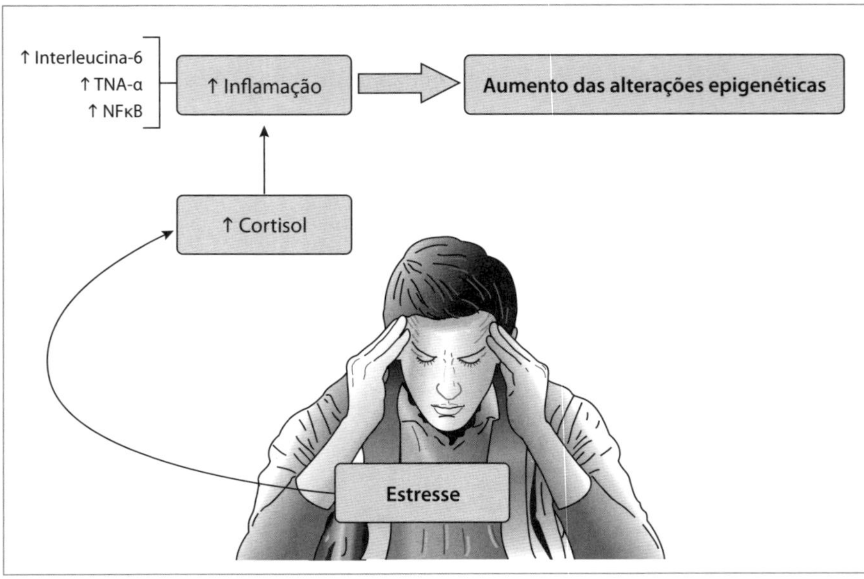

Figura 1 Consequências do estresse crônico relacionadas às alterações nos níveis do cortisol, aumento de inflamação e alterações epigenéticas.

Veteranos de guerra e sobreviventes de genocídios, guerras e fome tornaram-se objetivos de estudos para o uso de drogas "desmetilantes" com resultados até agora modestos, uma vez que os mecanismos de sobrevivência ao estresse são altamente específicos e refinados na adição ou remoção de marcas epigenéticas. Nesse contexto, as drogas mostraram-se inespecíficas, muitas delas com alta toxicidade.

Além disso, estudos recentes como o de Assis et al. (2024) indicam que medicamentos comuns na prática clínica, como o clonazepam, utilizado no tratamento de doenças psiquiátricas, estão associados a alterações epigenéticas. O estudo mostrou que o uso desse medicamento foi relacionado à perda de marcas epigenéticas na região promotora do gene receptor do glicocorticoide *NR3C1* na região 1F do promotor do gene. Entretanto, esse efeito colateral não foi investigado pela indústria farmacêutica e não está descrito na bula do medicamento, devido à recenticidade das descobertas.

Por outro lado, estudos têm demonstrado que diversas práticas de corpo e mente, como ioga, meditação e outras práticas de espiritualidade, têm-se mostrado promissoras na regulação de genes. Essas práticas têm sido associadas a perfis epigenéticos relacionados ao bem-estar físico e mental (Figura 2).

As práticas integrativas e complementares em saúde (PICS) são recursos terapêuticos baseados em conhecimentos tradicionais e científicos destinados a prevenir doenças e promover a saúde e o bem-estar. Integradas ao sistema de saúde convencional, essas práticas oferecem um cuidado mais abrangente ao paciente, com menor invasividade e menos efeitos colaterais. Com isso, as PICS têm ganhado cada vez mais espaço no sistema de saúde em todo o mundo, pois oferecem uma abordagem holística, menos invasiva e com menor efeito colateral, para a prevenção e tratamento de doenças. No Brasil, o Ministério da Saúde reconheceu oficialmente as PICS em 2006, por meio da Política Nacional de Práticas Integrativas e Complementares em Saúde (PNPIC). Algumas dessas práticas, como meditação e ioga, também são exercidas como práticas de autoconhecimento e de espiritualidade reconhecidas em todo o mundo.

Estudos têm demonstrado que a prática regular de *ioga* pode reduzir significativamente a expressão de genes envolvidos na inflamação, aumento da resiliência e melhora da regulação do sistema nervoso autônomo em pacientes com estresse crônico. Um dos mecanismos pelos quais a prática regular de ioga

Figura 2 A meditação e seus benefícios, como regulação da expressão gênica, diminuição da inflamação, diminuição da idade intrínseca, aumento do tamanho dos telômeros, regulação do cortisol e modulação epigenética no genoma – assinatura molecular.

pode promover redução do estresse é que alguns movimentos de torção, as vocalizações e respirações promovem a ativação do nervo vago (ativação vagal), com consequente aumento da atividade parassimpática, que promove um retorno do estresse mais rápido. A modificação da pressão ambiental nesses casos deve alterar o epigenoma a fim de adaptar o indivíduo a essa nova condição.

A ativação vagal é um dos mecanismos fundamentais das atividades de corpo e mente para a redução de estresse. O nervo vago, que é o décimo nervo craniano, tem sua origem no bulbo, estendendo-se desde o tronco cerebral até várias partes do corpo, incluindo o coração, pulmões, estômago e intestinos e transmitindo informações para as vísceras e o cérebro. É um nervo emparelhado que consiste em neurônios sensoriais (aferentes) e motores (eferentes) e está envolvido na manutenção da homeostase como parte do ramo parassimpático do sistema nervoso autônomo. Atua nas funções autônomas, como respiração, frequência cardíaca e digestão. O envolvimento do nervo vago na regulação da fome, saciedade, respostas ao estresse e inflamação já foi demonstrado.

Recentemente, evidências demonstraram que o nervo vago desempenha um papel fundamental na regulação da expressão do *BDNF* no cérebro. Hormônios intestinais como colecistocinina, GLP-1 e grelina, ligam-se a seus receptores específicos na superfície das fibras vagais aferentes, regulando a expressão do *BDNF* no hipotálamo e contribuindo para o controle do apetite. A colecistocinina (CCK) é um hormônio produzido pelas células do intestino delgado e liberado em resposta à presença de alimentos, especialmente gorduras e proteínas. Sua função principal é estimular a contração da vesícula biliar e a liberação de bile no intestino delgado para ajudar na digestão de gorduras. Além disso, a CCK m desempenha um papel na regulação do apetite, transmitindo sinais de saciedade ao cérebro após a ingestão de alimentos. O hormônio GPL-1 (peptídeo semelhante ao glucagon-1) é um hormônio produzido no intestino delgado em resposta à ingestão de alimentos. Ele desempenha um papel importante na regulação dos níveis de glicose no sangue, estimulando a secreção de insulina e inibindo a liberação de glucagon. Essa ação ajuda a controlar os níveis de açúcar no sangue após as refeições.

Já a grelina é conhecida como hormônio da fome, pois é produzida principalmente no estômago e estimula o apetite. Esse hormônio desempenha um papel na regulação do consumo de alimentos, aumentando a sensação de fome e estimulando a ingestão de alimentos. Estudos de O'Leary et al. (2018) demonstraram que a sinalização periférica através do nervo vago contribui para a regulação dos níveis constitutivos de *BDNF* no hipocampo. Os mecanismos que induzem o tônus vagal para regular os níveis basais da expressão do *BDNF* no hipocampo são desconhecidos. Mais recentemente, foi descoberto que as células peritoneais traduzem sinais para o cérebro através do nervo vago, aumentando a expressão do *BDNF* no hipocampo.

Os aferentes vagais projetam-se principalmente para o núcleo do trato solitário no tronco cerebral. Embora a projeção neuronal do núcleo do trato solitário para o hipotálamo tenha sido bem estudada, a projeção para o hipocampo não é totalmente compreendida. A estimulação do nervo vago pode ativar neurônios adrenérgicos no *locus coeruleus* e neurônios serotoninérgicos no núcleo dorsal da rafe. Neurônios serotoninérgicos no núcleo dorsal da rafe exercem um papel fundamental e necessário para o aumento do *BDNF* do hipocampo com estimulação do nervo vago. Essas descobertas indicam que a sinalização dos tecidos periféricos contribui para a regulação dos níveis basais da expressão do *BDNF* no hipocampo através do nervo vago.

Além da estimulação vagal, o aumento da espiritualidade também é apontado como um grande contribuidor do bem-estar, principalmente, considerando os atuais aspectos que rodeiam o cotidiano agitado da vida contemporânea. Sabe-se que alcançar o bem-estar não é uma tarefa fácil. Muitos autores dedicam-se primeiramente a compreender e explicar o amplo conceito de espiritualidade. Alguns, como Chiu et al. (2004), a definem como "ter significado, propósito na vida, transcendência ou conexão com um ser superior, força ou energia", o que é diferente de religiosidade.

Por essa lógica, ainda que o ambiente exterior favoreça o desenvolvimento de estresse cumulativo e trauma, os quais aceleram o ritmo da colocação de marcas epigenéticas – o relógio epigenético –, ligado ao envelhecimento, muitos indivíduos se esforçam para lutar contra esse cenário e buscar a qualidade de vida por meio de práticas diárias que produzem efeitos benéficos.

Práticas de meditação como *mindfulness*, ioga, tai chi e outras, têm mostrado benefícios notáveis para o corpo e a mente. Por meio dessas atividades, é possível conduzir o organismo a um estado de relaxamento profundo, o que reflete em uma ação terapêutica contra os efeitos do estresse, hipertensão, ansiedade e insônia. Essas práticas, além de melhorar a saúde física, ajudam a regular as emoções e a atenção, promovendo um silêncio interior que neutraliza o impacto do ruído mental e ambiental, aliviando sintomas de estresse.

Do ponto de vista molecular, pesquisas recentes indicam que atividades de corpo e mente também modificam padrões de metilação do DNA, com um efeito positivo sobre células do sistema imunológico, podendo aliviar sintomas relacionados a doenças inflamatórias e até mesmo ao câncer. Diferentes formas de meditação reduzem níveis de cortisol e espécies reativas de oxigênio, enquanto estimulam a produção de citocinas anti-inflamatórias, neurotrofinas e endorfinas, gerando efeitos como alívio da dor, melhora do quadro de depressão e aumento do bem-estar.

Finalmente, estudos recentes demonstram um caminho para a modificação epigenética por meio da arte e da música. Esses estudos baseiam-se na ativação provocada pela arte visual e da música nas regiões do cérebro envolvidas no processamento de emoções, recompensa e apreciação estética. Estudos de neuroimagem forneceram evidências de atividade aumentada no sistema mesolímbico do cérebro, incluindo o corpo estriado ventral e o córtex orbitofrontal, durante a apreciação das artes visuais e da música. Esta, por sua vez, pode levar a manifestação de emoções positivas ou negativas, que levam à produção de neurotransmissores modificadores do epigenoma, em mecanismo semelhante ao do estresse e da felicidade como moduladora do epigenoma. Dessa forma, não se pode deixar de mencionar que o papel das emoções positivas na modulação da epigenética se enquadra no contexto da incorporação biológica da experiência, com o impacto esperado nos mecanismos adaptativos das espécies no ambiente.

PERSPECTIVAS

As questões abordadas neste capítulo são, sem dúvida, inovadoras e transformadoras, no entanto existem desafios que exigem cautela e avaliações mais amplas para confirmar alguns dados.

As atividades cotidianas estão se tornando cada vez mais aceleradas, exigindo adaptação rápida, que é crucial para a saúde mental da sociedade neste momento de altas demandas e necessidade de respostas imediatas. Estamos imersos em uma vida acelerada e estressante, e, como resultado, o estresse está surgindo como um fator desencadeante de doenças entre os indivíduos.

A necessidade de promover o cuidado do corpo e da mente vem sendo difundida com novas pesquisas, mas uma revisão recente escrita por Adams (2019) chama a atenção para o "excessivo entusiasmo" em relação à epigenética, especialmente no que se refere à saúde mental. O artigo destaca a problemática de estudos epidemiológicos e a dificuldade de randomização em humanos, devido à presença de múltiplos fatores de confusão, os chamados *confounders*. Assim, embora possa haver uma correlação entre a adversidade e modificação epigenética, também pode haver influência de fatores como o uso do tabaco, álcool, medicamentos, poluentes, que alteram o *status* da metilação e ao mesmo tempo afetam a condição mental. No caso do álcool, por exemplo, já existem artigos que relacionam seu uso com hipometilação, mas sem a definição da dose necessária para afetar o epigenoma.

Outro ponto importante é que a metilação é tecido-específica e muitas vezes não é possível avaliá-la no local de ação, como no cérebro humano em estudos de doenças mentais ou envolvendo o eixo HPA, já que o tecido cerebral não é facilmente acessível. Nesses casos, os estudos são frequentemente conduzidos utilizando o tecido sanguíneo, que, apesar de ter homologia para alguns genes, pode não refletir completamente o padrão de metilação cerebral.

Existem diversos desafios enfrentados na área de estudos epigenéticos que são consideráveis, visto que as pesquisas estão em estágios iniciais. No entanto, uma questão preocupante que merece destaque é o risco de interpretações eugenistas decorrentes desses novos conhecimentos. Essas descobertas poderiam levar à concepção de uma sociedade dividida com base em características epigenéticas de adaptação, na qual alguns indivíduos seriam considerados mais adaptados e privilegiados, enquanto outros seriam estigmatizados como menos adaptados, perpetuando desigualdades sociais já existentes. Essa visão higienista da sociedade é extremamente perigosa e deve ser monitorada de perto para evitar a implementação de políticas racistas e elitistas.

É essencial reconhecer que, se existem alterações nas programações específicas de comportamento e aumento da vulnerabilidade individual e de grupos sociais para o risco de doenças, isso pode resultar em desigualdades no acesso à estabilidade social, financeira ou de saúde. Em diversos lugares, podendo-se destacar locais com baixa vulnerabilidade, indivíduos expostos a fatores estressores terão menor chance de sucesso. Portanto, a comunidade científica deve buscar a promoção de saúde e bem-estar integral com a evolução de pesquisas epigenéticas, a fim de garantir o acesso da comunidade ao conhecimento e a intervenções de saúde mais abrangentes. O investimento em cuidados em saúde e amor pode modular a resposta ao estresse e alterar o epigenoma, mostrando que o amor continua sendo um desafio crucial para a humanidade.

REFERÊNCIAS

1. Adams CD. A brief tour of epidemiologic epigenetics and mental health. Curr Opin Psychol. 2019;27:36-40.
2. Amagase Y, Kambayashi R, Sugiyama A, Takei Y. Peripheral regulation of central brain-derived neurotrophic factor expression through the vagus nerve. Int J Mol Sci. 2023 Feb 10;24(4):3543.
3. Argentieri MA, Nagarajan S, Seddighzadeh B, Baccarelli AA, Shields AE. Epigenetic pathways in human disease: the impact of DNA methylation on stress-related pathogenesis and current challenges in biomarker development. EBioMedicine. 2017 Apr;18:327-50.
4. Berthoud HR, Albaugh VL, Neuhuber WL. Gut-brain communication and obesity: understanding functions of the vagus nerve. J Clin Invest. 2021 May 17;131(10):e143770.
5. Bourassa KJ, Sbarra DA. Trauma, adversity, and biological aging: behavioral mechanisms relevant to treatment and theory. Transl Psychiatry. 2024 Jul 12;14(1):285.
6. Braithwaite EC, O'Connor RM, Luke N, Bowes L. Modifiable predictors of depression following childhood maltreatment: a systematic review and meta-analysis. Transl Psychiatry. 2017 Mar;7:e1228.
7. Brasil. Ministério da Saúde. Secretaria de Atenção à Saúde. Departamento de Atenção Básica. Política Nacional de Práticas Integrativas e Complementares no SUS – PNPIC-SUS. Brasília: Ministério da Saúde; 2006.
8. Breit S, Kupferberg A, Rogler G, Hasler G. Vagus nerve as modulator of the brain-gut axis in psychiatric and inflammatory disorders. Front Psychiatry. 2018 Mar 13;9:44.
9. Campo RA, Light KC, O'Connor K, Nakamura Y, Lipschitz D, LaStayo PC, et al. Blood pressure, salivary cortisol, and inflammatory cytokine outcomes in senior female cancer survivors enrolled in a tai chi chih randomized controlled trial. J Cancer Surviv. 2015 Mar;9(1):115-25.
10. De Bellis MD, Hooper SR, Spratt EG, Woolley DP. Neuropsychological findings in childhood neglect and their relationships to pediatric PTSD. J Int Neuropsychol Soc. 2009 Nov;15(6):868-78.
11. Della Torre L, Beato A, Capone V, Carannante D, Verrilli G, Favale G, et al. Involvement of regulated cell deaths in aging and age-related pathologies. Ageing Res Rev. 2024 Mar;95:102251.
12. Gilmore JH, Knickmeyer RC, Gao W. Imaging structural and functional brain development in early childhood. Nat Rev Neurosci. 2018 Feb 16;19(3):123-37.
13. Harvanek ZM, Kudinova AY, Wong SA, Xu K, Brick L, Daniels TE, et al. Childhood adversity, accelerated GrimAge, and associated health consequences. J Behav Med. 2024 Oct;47(5):913-26.

14. Health and Human Services, D. Definitions of child abuse and neglect. In: Administration for Children and Families, Children's Bureau (ed.). Child Welfare Information Gateway. May 2022. p.1-7.
15. Hételat G, Lutz A, Arenaza-Urquijo E, Collette F, Klimecki O, Marchant N. Why could meditation practice help promote mental health and well-being in aging? Alzheimers Res Ther. 2018;10(1):1-4.
16. Hoge EA, Bui E, Mete M, Dutton MA, Baker AW, Simon NM. Mindfulness-based stress reduction vs escitalopram for the treatment of adults with anxiety disorders: a randomized clinical trial. JAMA Psychiatry. 2023;80(1):13-21.
17. Kaliman P, Álvarez-López MJ, Cosín-Tomás M, Rosenkranz MA, Lutz A, Davidson RJ. Rapid changes in histone deacetylases and inflammatory gene expression in expert meditators. Psychoneuroendocrinology. 2014;40:96-107.
18. Kothapalli J, Munikumar M, Kena T, Chaturvedi A, Sujir N, Kodumuri PK, et al. Childhood abuse and anxiety, depression: an interprofessional approach to optimize knowledge and awareness among young adult health professions students of Arunachal Pradesh, India. Acta Psychol (Amst). 2023;233:103837.
19. Magalhães-Barbosa MC, Prata-Barbosa A, Cunha AJLA. Toxic stress, epigenetics and child development. J Pediatr (Rio J). 2022;98:S13-8.
20. Miguel PM, Pereira LO, Silveira PP, Meaney MJ. Early environmental influences on the development of children's brain structure and function. Dev Med Child Neurol. 2019;61(10):1127-33.
21. Nöthling J, Womersley JS, Mhlongo S, Lombard C, Abrahams N, Seedat S, Hemmings SMJ. The relationship between childhood trauma, rs1360780 genotypes, *FKBP5* intron 7 methylation and posttraumatic stress disorder in women who have experienced rape. Eur J Psychotraumatol. 2025 Dec;16(1):2485707.
22. Pembrey M, Saffery R, Bygren LO. Human transgenerational responses to early-life experience: potential impact on development, health and biomedical research. J Med Genet. 2014;51(9):563-72.
23. Pinheiro JA, Borçoi AR, Freitas FV, Mendes SO, Archanjo AB, Oliveira MM, et al. Psychotropic drug use and suggestive depression symptoms associated with NR3C1 DNA methylation. J Hum Growth Dev. 2023;33(1):139-52.
24. Półrola P, Wilk-Franczuk M, Wilczyński J, Starz GN, Góral-Półrola J, Chruściński G, et al. Anti-inflammatory effect on genes expression after four days of Qigong training in peripheral mononuclear blood cells in healthy women. Ann Agric Environ Med. 2018;25(2):329-33.
25. Teicher MH, Samson JA, Anderson CM, Ohashi K. The effects of childhood maltreatment on brain structure, function and connectivity. Nat Rev Neurosci. 2016;17(10):652-66.
26. Turecki G, Meaney MJ. Effects of the social environment and stress on glucocorticoid receptor gene methylation: a systematic review. Biol Psychiatry. 2016;79(2):87-96.
27. Venditti S, Verdone L, Reale A, Vetriani V, Caserta M, Zampieri M. Molecules of silence: effects of meditation on gene expression and epigenetics. Front Psychol. 2020;11:1767.
28. Zannas AS, Arloth J, Carrillo-Roa T, Iurato S, RöH S, Ressler KJ, et al. Lifetime stress accelerates epigenetic aging in an urban, African American cohort: relevance of glucocorticoid signaling. Genome Biol. 2015;16(1):1-12.

Capítulo **4**

Os alimentos como reguladores do epigenoma

Tamires dos Santos Vieira
Luiz Cláudio Barreto Silva Neto
Pierre Augusto Victor da Silva
Weverton Pereira de Medeiros
Luciane Daniele Cardoso
Adriana Madeira Álvares da Silva
Anita Vargas de Castro
Isabela de Sousa Bianchini Marins
Ester de Souza Inocencio
Marco Antônio Urbano Nogarol
Thamyris da Silva Ribeiro Firmino

"Que seu remédio seja seu alimento,
e que seu alimento seja seu remédio."
Hipócrates

CONVERSA COM O LEITOR

Em nossa busca incessante por uma vida saudável, equilibrada e longeva, as escolhas alimentares assumem uma grande importância para a saúde integral. Os alimentos, agora, são reconhecidos como influenciadores complexos de nossa saúde em um nível muito mais profundo, pois afetam diretamente o epigenoma no "liga e desliga" dos genes. Embora o termo "epigenoma" possa parecer inicialmente complexo, sua compreensão é essencial para o entendimento do papel dos nutrientes, muitos dos quais são apontados como fatores nucleares de transcrição. Lembramos que o epigenoma pode ser considerado um conjunto de marcas químicas no DNA, como o padrão de metilação do DNA em todo o genoma, e a metilação está intimamente relacionada à regulação da transcrição gênica. Apresentaremos de que forma nossa dieta impacta os genes e a saúde de maneira global.

Neste capítulo, será estudada mais detalhadamente a "epigenética nutricional" ou, caso prefiram, "nutrigenômica", mergulhando nas diversas maneiras pelas quais os nutrientes que ingerimos diariamente podem influenciar a expressão de nosso ácido desoxirribonucleico (DNA). Será investigada a função vital de compostos específicos, como o folato, a vitamina B12 e antioxidantes e até mesmo a influência da redução de ingestão calórica na regulação do epigenoma. Além disso, vamos entender um pouco mais sobre as recomendações dietéticas personalizadas, com base nas características genéticas individuais. Afinal, temos as ferramentas necessárias para a elaboração de uma dieta personalizada? Ainda, nesse contexto, a ideia de uma abordagem única para a dieta está cedendo lugar a estratégias alimentares altamente personalizadas, adaptadas às particularidades de nossa própria genética.

A relação entre alimentos e epigenoma é uma área em constante desenvolvimento, e promete transformar nossa compreensão sobre a saúde e a nutrição. Essa área do conhecimento tem o potencial de modificar de maneira substancial os tratamentos de saúde e a promoção do bem-estar, além de buscar diminuir efeitos colaterais e reduzir a necessidade de medicamentos, bem como o controle e tratamento de doenças autoimunes, e a diminuição de casos de doenças cardiovasculares (DCV), inflamatórias e até mesmo câncer. Nesse sentido, é possível melhorar consideravelmente as condições clínicas por meio de escolhas alimentares fundamentadas e pelo uso de suplementação. Este capítulo é uma jornada dedicada à revelação do papel crucial dos alimentos como reguladores de nosso próprio código genético.

BASES CIENTÍFICAS

A dieta como modulador ambiental do epigenoma

A dieta inclui tanto nutrientes quanto elementos não nutricionais que desempenham um papel fundamental na capacidade de influenciar modificações epigenéticas. Essas modificações afetam a expressão dos genes e estão intrinsecamente relacionadas ao risco de desenvolvimento de doenças, que podem ser transmitidas às gerações subsequentes pelas marcas epigenéticas transgeracionais. Existem dois conceitos fundamentais que relacionam os alimentos à genética: a nutrigenômica e a nutrigenética.

A nutrigenômica explora a interação entre a nutrição e o genoma, incluindo estudos sobre como os alimentos influenciam a expressão gênica e a saúde. É uma área multidisciplinar que investiga a forma como os alimentos interagem com nossos genes e como os genes respondem aos nutrientes absorvidos de diferentes fontes alimentares. Está relacionada à área da nutrigenética, que estuda a interação molecular entre genes e nutrientes no organismo, e como essas interações afetam o perfil de transcrição (transcriptômica), dos metabólitos (metabolômica) e das proteínas (proteômica). A nutrigenômica desempenha um papel importante na determinação da saúde individual e na predisposição a doenças, ao influenciar a resposta metabólica e a expressão gênica. Essas interações têm impacto direto na digestão, absorção, metabolismo e excreção de compostos bioativos presentes nos alimentos e com a epigenética.

Os alimentos fornecem substratos para a metilação do DNA e influenciam na modulação epigenética, e estudos propõem mecanismos que ligam nutrição, genes e condições de saúde. Essa via reguladora é complexa, e envolve a interação de nutrientes com a atividade de DNA metiltransferases (DNMT) e outros fatores epigenéticos reguladores, que serão pormenorizados ao longo deste capítulo. Além da dieta, fatores ambientais "estressores", como poluição da água, dos alimentos, redução da qualidade dos alimentos, consumo de ultraprocessados, álcool e tabaco, também estão implicados nessas mudanças. Esses elementos adicionais destacam a dinamicidade da regulação da expressão gênica, permitindo interações complexas entre os genes e o ambiente circundante.

A alimentação desempenha o papel de fator ambiental essencial para a sobrevivência e adaptação das espécies. Na prática, os alimentos são uma mistura complexa de compostos diversos, e isso é diferente de uma suplementação, que contém compostos isolados. Isso resulta em efeitos variados no estado de metilação do genoma. No entanto, é importante notar que as pesquisas científicas sobre os efeitos gerais da alimentação na metilação do DNA ainda são limitadas.

Nesse sentido, tanto o metabolismo quanto a nutrição desempenham papel significativo na epigenética. Eles influenciam a expressão gênica ao alterar o estado de metilação dos resíduos de citosina no DNA, especialmente quando essas modificações ocorrem em regiões promotoras de genes, podendo afetar a transcrição, pois a ingestão de alimentos atua como fornecedor de um carbono (CH_3) no mecanismo da metilação advindo dos alimentos. Entretanto, não apenas a falta de nutrientes modifica o epigenoma, mas sim, também, a fome, ou até mesmo o medo da falta de alimentos, conhecido como insegurança alimentar e nutricional (Insan). A Insan, por si só, pode alterar a memória episódica e o *status* de metilação do gene *BDNF* (fator neurotrófico derivado do cérebro), que é importante para a plasticidade neuronal, memória e manutenção do neurônio.

Em seu estudo, Alece et al. (2023) relataram a piora da memória episódica em mulheres em relação à metilação do gene *BDNF*. Da mesma forma, Barbosa et al. (2022) relataram a metilação do gene *BDNF* ligada à Insan. Esses trabalhos nos trazem uma perspectiva social importante relacionada aos aspectos nutricionais, pois retiram do indivíduo privado de alimento a possibilidade de crescimento econômico e avanço social. Ainda dentro do contexto de insegurança alimentar e nutricional, Barbosa et al. (2022) também observaram que o *status* de saúde e as condições sociais, como baixa renda e insegurança alimentar, são relevantes para a ocorrência de modificações epigenéticas adaptativas, o que nos aponta para a necessidade de maior apoio social para as populações em risco de Insan.

Além disso, a Insan também foi relatada por Borçoi et al. (2021) como associada ao *status* de depressão e mudanças na região 1F do promotor do gene *NR3C1* (receptor do glicocorticoide). A metilação no promotor do gene *NR3C1* está associada à redução da disponibilidade de receptores de glicocorticoide e à desregulação do eixo HPA, contribuindo para o desenvolvimento de desordens psicológicas, como a depressão. Esses achados destacam a importância da alimentação adequada, com qualidade e disponibilidade, além da necessidade de políticas públicas promotoras de justiça social e equidade.

Existem populações inteiras que estão sob risco de fome, Insan e doenças, o que as torna mais vulneráveis em vários aspectos, não apenas ao risco de adoecimento, mas, consequentemente, à diminuição das chances de sucesso na vida, estabilidade social e financeira.

Um estudo conduzido em 2019 investigou o perfil de metilação em adultos após intervenções para melhorar o consumo alimentar e níveis de atividade física. Os resultados mostraram alterações nos padrões de metilação do DNA em regiões gênicas relacionadas à inflamação, carcinogênese, imunidade e doenças crônicas. Foram encontrados achados nos genes *CDH4, CDH9, DAB1, Nectina 4, ROBO1, CDHGA1-12* e *PCDHGB1-2*. Esses genes são fundamentais para uma variedade de processos biológicos, especialmente no desenvolvimento e funcionamento do sistema nervoso, adesão celular, e em alguns casos, na progressão de doenças, incluindo câncer e distúrbios neurológicos. Tais resultados mostram a importância da alimentação no contexto da pesquisa molecular da metilação do DNA e na compreensão das doenças relacionadas ao metabolismo.

Como os alimentos podem influenciar a epigenética

Em relação à classificação dos alimentos, é possível classificá-los com base em seu grau de processamento, seguindo as diretrizes do *Guia Alimentar para a População Brasileira* (2021). Essas categorias incluem alimentos *in natura* ou minimamente processados, alimentos processados e alimentos ultraprocessados e ingredientes culinários processados.

Vale ressaltar que o nível de processamento pode afetar a composição dos alimentos, considerando que muitos compostos bioativos estão presentes nos alimentos *in natura*, e podem ter efeitos distintos na ação epigenética, especialmente na metilação do DNA, desencadeando um mecanismo epigenético relacionado à estabilidade cromossômica e à função do genoma na regulação da metilação global do DNA.

Embora haja pesquisas direcionadas por diversos autores para compreender a relação entre o perfil de metilação e o consumo alimentar, ainda há lacunas de conhecimento significativas. Por exemplo, temos uma compreensão limitada sobre como os mecanismos epigenéticos se relacionam com o estado nutricional, especialmente no que diz respeito à presença ou ausência do excesso de peso, mesmo que exista um amplo consenso sobre a importância de combater os riscos à saúde associados ao excesso de peso. Além disso, há falta de conhecimento em relação ao impacto do grau de processamento dos alimentos na metilação de genes específicos.

É importante destacar que somos seres dinâmicos e expostos a interações múltiplas durante nossa vida. Isso faz com que soframos constantemente pressões múltiplas (meio interno e externo) e individualizadas, o que desperta no epigenoma uma plasticidade adaptativa também única.

Alimentação e o aparecimento de doenças

Alimentos ultraprocessados não se enquadram na categoria de "comida de verdade". Trata-se de formulações de substâncias alimentares frequentemente modificadas por processos químicos e físicos, e, depois, reunidas em produtos alimentares e bebidas hiperpalatáveis, prontas para consumir. Esses alimentos muitas vezes contam com a utilização de aromatizantes, corantes, emulsionantes e uma miríade de outros aditivos cosméticos.

Muitas substâncias introduzidas na alimentação do mundo moderno são, portanto, desconhecidas do "corpo ancestral", e são substâncias químicas ativadoras de gatilhos autoimunes e alérgicos em parte da população exposta que carrega também um componente genético de suscetibilidade a doenças como síndrome do intestino irritável, artrite reumatoide, psoríase, entre outras, como revisado por Goiá et al. (2020).

Não é incomum nos dias de hoje que indivíduos manifestem algum grau de intolerância alimentar, especialmente aos chamados "alimentos inflamatórios", como caseína, glúten, entre outros. Ocorre que o ser humano ancestral não tinha contato com essa grande quantidade e diversidade de componentes presentes nos alimentos, que suscitam respostas inflamatórias inéditas à espécie humana.

A literatura mostra que uma variedade de alimentos, como vegetais crus, está relacionada à saúde e pode vir a trazer a maior longevidade, e muito certamente exercem grande influência na manutenção de uma microbiota saudável e na regulação epigenética. Essa variedade de compostos pode influenciar a epigenética por alterar a atividade de enzimas e substratos envolvidos na metilação do DNA e na modificação das histonas.

Ainda no mesmo sentido, alimentos de origem vegetal, como as verduras e legumes, quando cultivados na forma orgânica, têm maior quantidade de substâncias efetivamente bioativas. Isso acontece em decorrência da necessidade de as plantas se defenderem dos predadores. Além de não conterem agrotóxicos, têm um valor metabólico nutricional maior.

Além disso, alguns genes relatados na literatura são ativados por tipos de alimentos específicos, por exemplo, na ativação de genes de saciedade em indivíduos que se alimentam de carboidratos e açúcar. Até onde sabemos, não existem trabalhos na literatura que identifiquem o mecanismo epigenético, mas alguns trabalhos de expressão gênica verificaram alterações na quantidade de proteínas transcritas por esses genes, como a leptina, ligada à saciedade. A partir do conhecimento da ação fisiológica da leptina fica bem explicado o mecanismo de manutenção de gordura corporal em indivíduos, mesmo com baixa ingestão calórica, fenômeno que muito intriga a ciência e que é alvo de pesquisas.

Na dieta chamada *low carb*, na dieta cetogênica e até mesmo no jejum intermitente, com redução calórica e baixa glicêmica e insulínica, por exemplo, existe ativação de genes do metabolismo mitocondrial de gasto energético que fazem a modulação de diferentes genes e estão associados à longevidade e à modulação do gasto energético. Desse modo, o consumo de carboidratos e açúcares está relacionado ao "ligar" dos chamados genes obesogenes, com aumento do risco de diabetes e síndrome metabólica. Não é uma questão calórica, mas de regulação metabólica.

Dessa forma, a alimentação desempenha um papel muito importante, tanto no surgimento quanto na prevenção de uma ampla gama de doenças. Optar por uma dieta equilibrada, rica em nutrientes e naturais é uma ação óbvia e significativa na promoção da saúde e na mitigação dos riscos de enfermidades. Portanto, a adoção de uma abordagem consciente em relação à alimentação, visando à adoção de bons hábitos, é fundamental para manter um estilo de vida saudável e evitar problemas relacionados à dieta. Porém, é sempre importante destacar que, para que a opção de dieta equilibrada aconteça, é necessário que exista educação alimentar e nutricional, disponibilidade de alimentos e justiça social, porque em muitos casos não existe a "opção" ou escolha do alimento.

Nesse contexto, dados recentes da Pesquisa de Orçamentos Familiares (POF) de 2017/2018 demonstram uma redução significativa no consumo de alimentos *in natura* e um aumento substancial na ingestão de alimentos processados e ultraprocessados. Esse aumento no consumo de alimentos processados, muitos dos quais ricos em frutose e com alta densidade energética, tornou-se uma preocupação relevante, dado o aumento expressivo no consumo desses alimentos pela população mundial nas últimas décadas.

Sob essa ótica, de acordo com o *World Obesity Day* e o *World Obesity Atlas* (2022), as projeções apontam que, até 2035, mais de 1,9 bilhão de pessoas em todo o mundo enfrentarão a obesidade como um problema de saúde. Isso significa que, potencialmente, uma em cada quatro pessoas sofrerá com a obesidade, sendo a maioria delas mulheres em países de baixa e média renda. Além disso, é preocupante o aumento projetado de obesidade infantil, com um aumento previsto de 100% entre 2020 e 2035. Esses números alertam para a necessidade urgente de abordar as questões relacionadas à alimentação e à saúde em escala global.

Além disso, as alterações na expressão gênica, fortemente influenciadas pelos hábitos de vida e escolhas alimentares, desempenham um papel quase determinante na programação epigenética. Essas mudanças estão intimamente ligadas ao risco de desenvolvimento de doenças que podem ser herdadas, como o aumento da predisposição a DCV e diabetes e o risco de alteração da perspectiva de saúde das gerações futuras.

A programação epigenética desempenha um papel na ativação e desativação de genes, determinando o "quando" e a "intensidade" de sua expressão, tudo isso sem introduzir modificações na sequência do DNA. O gerenciamento dessas programações é de extrema importância, pois desempenha um papel essencial desde o desenvolvimento embrionário e fetal na programação metabólica do bebê, de doenças na idade adulta e até mesmo de doenças que podem ser transmitidas para a prole por gerações. Entre as doenças determinadas epigeneticamente por gerações estão as cardiovasculares e metabólicas, como a obesidade, diabetes, hipertensão, entre outras

Em outras palavras, as doenças metabólicas crônicas representam um conjunto de características fenotípicas que podem ser influenciadas por heranças genéticas, epigenéticas, e são resultado de influências ecológicas, ambientais e, notavelmente, envolvendo fatores nutricionais.

Um estudo recente de Vieira et al. (2024) verificou uma relação entre consumo de alimentos ultraprocessados e aumento de marcas de metilação no gene receptor do glicocorticoide (*NR3C1*). Esse estudo amplia o entendimento do impacto da nutrição ao nível epigenético e estabelece a importância da desregulação promovida pelo uso indiscriminado de alimentos disponibilizados pela indústria para consumo rápido. O estudo apontou, ainda, que, dos 3 grupos estudados: (1) ultraprocessados, (2) misto e (3) *in natura* ou minimamente processados, os participantes do estudo enquadrados como consumidores de ultraprocessados foram o único grupo com a alteração epigenética. Essa observação demonstra o poder do hábito na modificação epigenética. Indubitavelmente, a composição e a constância dos hábitos alimentares fazem diferença na modificação de marcas epigenéticas.

Ressalta-se a importância da alimentação como fator de pressão ambiental quanto ao consumo de ultraprocessados e de uma dieta excessiva em carboidratos, açúcares e gorduras. Não só atrelados à gordura corpórea, esses alimentos estão associados à inflamação de baixo grau, conforme descrito por Freitas et al. (2018), além da relação da presença de inflamação sistêmica, alterações da microbiota intestinal e aparecimento de doenças autoimunes, em uma tríade de sequências interligadas e interdependentes que levam ao adoecimento.

Portanto, no contexto das alterações visíveis no fenótipo dos indivíduos, é notável que a alimentação desempenha um papel de extrema importância em vários organismos. Isso fica evidente ao analisarmos as inúmeras mudanças que ocorreram devido à alteração nos hábitos alimentares na Holanda no final da Segunda Guerra Mundial, durante o "Inverno da Fome", bem como ao considerarmos as discrepâncias observadas entre dois indivíduos que compartilham o mesmo genoma, mas apresentam características físicas distintas devido ao tipo de alimento ingerido.

Estudos recentes concluíram que a exposição pré-natal à fome está associada a elevados riscos de desenvolvimento de diabetes tipo 2, hiperglicemia e doença renal crônica em pelo menos duas gerações consecutivas do feto exposto. Contraditoriamente, a prole oriunda de indivíduos que sofreram de fome na idade pré-puberal apresentou longevidade aumentada, redução do risco cardiovascular e mortalidade por diabetes em relação à prole dos indivíduos que gozavam de boa alimentação. Essas conclusões, em conjunto, apontam para a existência de uma "memória hereditária epigenética da fome".

Durante a fome e a privação nutricional, componentes celulares não essenciais são degradados para fornecer os substratos necessários para a manutenção do aporte energético da célula. Conforme o aporte alimentar do indivíduo, as vias metabólicas da autofagia são direcionadas segundo a necessidade do organismo, esse processo é mediado pelas proteínas da família MTOR, que funcionam como sensores de disponibilidade nutricional, contribuindo para manter a homeostase.

Essa privação alimentar leva a modificações epigenéticas da cromatina induzidas por autofagia, que, por sua vez, são transmitidas às gerações seguintes. Modificações como a metilação do DNA em genes relacionados à autofagia, bem como modificações pós-traducionais das histonas (metilação). estão envolvidas na herança epigenética transgeracional. Especificamente, marcas repressoras na histona H3, lisinas 9 e 27 – trimetiladas (H3K9me3, H3K27me3) e ativador de histona H3, lisina 4 – trimetilada (H3K4me3) são relatadas como responsáveis pela memória epigenética da autofagia em estudos com animais.

Além disso, em indivíduos que passaram por privação nutricional, foram encontrados 19 sítios metilados em diferentes *loci* de genes associados à autofagia, como *CUX1, PPARGC1A, ELMO1 e AGTR1.* Essas metilações foram conservadas ao longo das gerações, sugerindo que a metilação do DNA, que ocorre por conta da fome, possa ser responsável pela herança epigenética da autofagia, como mostrado na Figura 1.

Esse processo de autofagia permite que o organismo degrade e recicle componentes celulares danificados, promovendo uma "limpeza" interna que pode gerar benefícios a longo prazo. Em estudos, foi observado que a restrição calórica, mesmo sem privação grave de nutrientes, é capaz de prolongar a vida útil em diversos modelos, reduzindo processos inflamatórios por meio da inibição de genes associados à inflamação, incluindo o NF-kappa-B, um dos principais fatores de transcrição inflamatórios.

O jejum intermitente é outra estratégia que pode potencializar esses efeitos. Ele promove a autofagia e, consequentemente, modula o metabolismo celular, diminuindo a produção de espécies reativas de oxigênio e reduzindo a inflamação sistêmica. Práticas como a restrição calórica e o jejum intermitente não só melhoram a saúde metabólica como proporcionam efeitos epi-

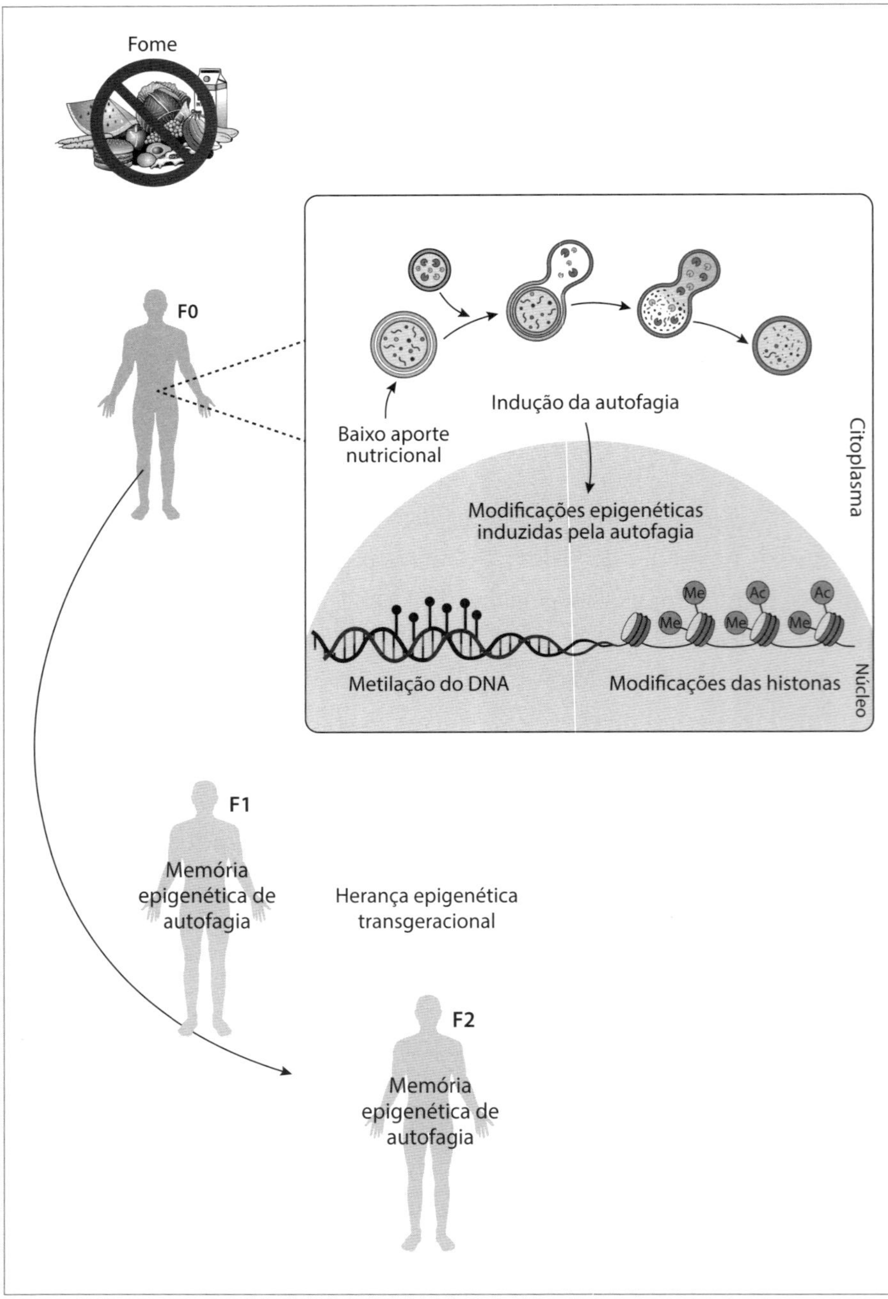

Figura 1 Autofagia induzida pela restrição nutricional pode ocasionar modificações epigenéticas transmitidas ao longo das gerações.

Fonte: adaptada de González-Rodríguez et al. (2023).

genéticos duradouros, com implicações significativas para a longevidade e a qualidade de vida.

Apesar de a metilação do DNA ser o mecanismo epigenético mais descrito, alguns estudos mostram que modificações das histonas também podem determinar a metilação do DNA. Nesse contexto de interações epigenéticas, observou-se a sirtuína 1 (*SIRT-1*), uma "desacetilase de histona", HDAC, dependente de NAD+, cuja especificidade de substrato inclui proteínas histonas e ativadas por alguns componentes da dieta, como pelo resveratrol, um tipo de fenol natural presente na casca da uva. A sirtuína 1 medeia alguns dos efeitos da restrição alimentar que atrasam ou revertem algumas das mudanças fisiológicas associadas ao envelhecimento por meio de efeitos na metilação do DNA.

Acrescenta-se que a nutrigenômica, que também inclui o estudo de genes que influenciam diferentes predisposições a comprometimentos relacionados à nutrição (nutrigenética), está desenvolvendo estudos para elucidar as influências da nutrição em todo o genoma, com o intuito de aplicar esse conhecimento na prevenção de doenças relacionadas à dieta. Contudo, é desafiador especificar o efeito exato dos nutrientes ou componentes bioativos dos alimentos em cada modulação epigenética e suas relações com processos fisiológicos e patológicos. Estudos propuseram que mecanismos epigenéticos sustentam a ligação entre nutrição, genes e condições de saúde metabólica e mental. Esses diversos mecanismos são mutuamente compatíveis e podem operar juntos no tempo, evidenciando uma ampla complexidade dessa via reguladora, porém, ainda pouco esclarecida.

Os mecanismos epigenéticos podem ser alterados pelos alimentos consumidos, haja vista que os alimentos fornecem os substratos necessários para a metilação do DNA e histonas; bem como cofatores necessários para a ativação das DNMT, podendo regular a atividade dessas enzimas, além de moléculas bioativas nos alimentos, que podem interagir diretamente com o epigenoma e moléculas tóxicas contidas nos alimentos.

O mecanismo mais descrito na literatura é o suprimento de moléculas que atuam no metabolismo da metilação. Sabe-se que, entre os nutrientes que fornecem substratos necessários para metilação adequada do DNA e histonas, têm-se os interferentes do metabolismo de "um carbono", abordado no Capítulo 3, que é uma etapa essencial para diversas vias moleculares, o que inclui a síntese de DNA, purinas, metilação de DNA, regulação gênica mediada por RNA, proteína, fosfolipídios e pequenas moléculas. Além disso, essa rede complexa de reações bioquímicas inter-relacionadas concentra a maioria do conhecimento sobre a capacidade dos nutrientes como fatores que modulam a expressão gênica por mecanismos epigenéticos.

A relação da dieta com a metilação do DNA e com a metilação das histonas ocorre pela ingestão de nutrientes provenientes da dieta processados pelo ciclo do folato e da metionina, sendo fonte de metila para o doador universal de metila, S-adenosilmetionina (SAM). Um grupo metil do SAM pode ser transferido enzimaticamente para outras moléculas, ou seja, transferidas para citosinas específicas em DNA, gerando, assim, S-adenosil homocisteína (SAH) e atuando como inibidor das próprias metiltransferases como produto. Por essa razão, os nutrientes que afetam um dos principais metabólitos do metabolismo de carbono (SAM ou SAH) podem alterar potencialmente a metilação do DNA e das histonas.

Em síntese, a metilação do DNA pode ser modificada por diversos nutrientes, que podem ser classificados em nutrientes dietéticos doadores de metila (metionina, colina, betaína, serina), coenzimas que atuam na via da metilação, como as vitaminas B2 (riboflavina), B6 (piridoxina), B9 (ácido fólico) e B12 (cobalamina), com o folato atuando como receptor ou doador de grupos metil (ver Capítulo 3); micronutrientes que podem afetar o metabolismo de "um carbono" (zinco, ácido retinoico, selênio, vitamina C, vitamina D); e compostos alimentares bioativos que podem modular a atividade das DNMT. Em seguida, será descrito como alguns desses compostos podem influenciar a modulação epigenética.

Zinco

O elemento zinco, por exemplo, é um oligoelemento e micronutriente essencial e destaca-se por desempenhar papel vital em vários processos fisiológicos. Tem propriedades anti-inflamatórias e antioxidantes. Ele é um componente importante da expressão gênica e regulação pelo receptor ativado por proliferadores de peroxissoma (PPAR), fatores de transcrição.

O zinco faz parte dos fatores de transcrição "dedos de zinco", que atuam em ligações diretas no DNA em seus motivos de ligação, reconhecendo e ligando. Epigeneticamente, o zinco interage com o domínio catalítico da DNMT, e essa interação é crucial para a ativação alostérica dessa enzima, especificamente a DNMT1, principal enzima relacionada à metilação do DNA. Além disso, os transportadores de zinco na membrana celular e na membrana do complexo de Golgi desempenham um papel importante na modulação epigenética, por permitirem a entrada desse íon e sua disponibilidade no citoplasma, contudo a relação exata ainda não está completamente elucidada. Ademais, as acetiltransferases das histonas, especificamente a família MYST, contêm zinco em sua estrutura, o que evidencia a função desse metal em relação à modificação epigenética das histonas, por meio da influência nas enzimas que realizam a acetilação.

Selênio

O selênio é um micromineral que se destaca pela propriedade antioxidante. Estudos demonstraram efeitos benéficos do selênio, e os principais achados foram:

- O aumento de lipoproteína de alta densidade (HDL).
- A melhora do sistema antioxidante, evidenciado por menores níveis de marcadores inflamatórios como o da interleucina-6 (IL-6) e o fator de necrose tumoral alfa (TNF-alfa).
- A melhora do desempenho cognitivo, tanto em humanos quanto em animais.

Atua aumentando a expressão do gene peroxissomo gama (*PPARy*), proteína de intensificação CCAAT alfa (*CEBP alfa*) (adipogênese) e adiponectina (inflamação).

Ácido retinoico

O ácido retinoico (derivado natural da vitamina A) se liga ao receptor nuclear para ácido retinoico alfa (RAR-alfa), forma um heterodímero com o receptor do retinoide X (RXRs), que se liga ainda aos elementos de resposta do ácido retinoico (RARE) em promotores de genes-alvo. Esses genes estão mais envolvidos na regulação epigenética celular. Seu efeito na manutenção da maquinaria epigenética promove manutenção da expressão gênica, acetilação e fosforilação de histonas e regula a expressão de vários micro-RNA (miRNA) durante o desenvolvimento embrionário.

Vitamina C

A descoberta do papel da vitamina C na regulação epigenética é recente. Sabe-se que atua na regulação epigenética e afeta principalmente a metilação do DNA, manutenção das histonas, mas a regulação do miRNA pela vitamina C é bem estabelecida. Atua como cofator das proteínas de translocação dez-onze (TET), que catalisam a hidroxilação de grupos metil na posição do carbono 5-C5 da citosina para posterior desmetilação do DNA. Estudo sugere um papel para os padrões de metilação do DNA associados à vitamina C na ativação da resposta imune.

Vitamina D

Uma modulação mais específica do epigenoma foi demonstrado no caso da vitamina D3 (absorvida de certas dietas e de peixes gordurosos). A vitamina D afeta, por meio de seu receptor de vitamina D nuclear (VDR), o epigenoma de muitos tecidos e tipos de células e representa um exemplo mestre da nutrigenômica. A modulação do epigenoma é realizada pela modulação da ligação do fator de transcrição, bem como da acessibilidade à cromatina, marcador de histonas e organização da cromatina 3D. Alcança tanto a metilação do DNA quanto o *status* de modificação de histonas das células, agindo, assim, na regulação epigenética.

Em contraste com a vitamina C, a vitamina D não desempenha um papel antioxidante. No entanto, sua influência é muito importante na regulação positiva de proteínas essenciais para respostas celulares, como o fator nuclear 2 relacionado ao eritroide 2 (NRF2), modulador da expressão do gene *NFE2I2*. Além disso, ela regula positivamente as enzimas antioxidantes, como a glutationa peroxidase e a redutase, entre outras. Adicionalmente, a vitamina D desempenha um papel significativo no processo de renovação mitocondrial, promovendo a manutenção do metabolismo energético e a redução do estresse oxidativo.

O papel fisiológico da vitamina D e VDR é amplo, mas com importância para alguns genes-alvo: *CYP24A1* (degradação das isoformas ativas da vitamina D e homeostase mineral renal); *CYP27B1* (produção de isoforma ativa de vitamina D); *CYP19A1* (biossíntese do estrogênio); frutose-bifosfatase 1 (*FBP1*) (função metabólica); 6-fosfofruto-2-quinase/frutose-2,6-bifosfatase 4 (*PFKFB4*) (função metabólica).

Vitaminas do complexo B

As vitaminas do complexo B, reconhecidas por sua importância no metabolismo celular e na produção de energia, vão muito além de suas funções convencionais. Esses micronutrientes essenciais, que regulam o metabolismo de carbono único, desempenham um papel crucial na saúde humana. Obtidos principalmente por meio da dieta, esses compostos solúveis em água são vitais para todos os organismos vivos, que dependem de níveis adequados de várias vitaminas da família B.

A vitamina B9, ou folato, é central no ciclo do folato e se conecta ao ciclo da metionina, completando, assim, a via do carbono único. A vitamina B6 também desempenha um papel importante na regulação do fluxo dentro dessa via. A desregulação das vitaminas B está associada a alterações na sinalização bioquímica, que podem manifestar-se em uma variedade de doenças humanas. Essas vitaminas coordenam dinamicamente as vias metabólicas celulares, regulando a fisiologia humana.

A vitamina B9 pode ser obtida diretamente da dieta por meio de verduras, sementes e sucos de frutas na forma de 5-metiltetraidrofolato (5-MTHF) – a forma mais ativa da vitamina B9 – e em grãos fortificados ou suplementos como ácido fólico. A avaliação dos níveis de folato pode ser realizada por diversas abordagens, como a medição da homocisteína circulante ou pela excreção urinária de formiminoglutamato (FIGLU). Além disso, o folato pode ser medido diretamente em glóbulos vermelhos e por meio de testes de supressão de desoxiuridina, um intermediário no metabolismo de desoxirribonucleotídeos.

Nesse contexto, o ciclo do folato e o ciclo da metionina constituem a via metabólica de carbono único. O ciclo da metionina é fundamental para a geração do doador universal de metila das células, a S-adenosilmetionina (SAM). Os ciclos de folato e metionina se intersectam com o 5-MTHF e a metionina sintase (MS), que utiliza a homocisteína para gerar tetraidrofolato (THF) e metionina. A metionina adenosiltransferase (MAT) é responsável pela hidrólise da metionina para gerar SAM. A metionina, um aminoácido essencial obtido da dieta, apresenta grande variabilidade na circulação. Fluxos na via do metabolismo de carbono único regulam a metionina e impactam diretamente as concentrações de SAM, moldando a sinalização celular e a epigenética.

É importante ressaltar que uma interação equilibrada entre a vitamina B6 e o folato é vital em vários processos de desenvolvimento e na vida adulta. Além da regulação pelos metabólitos de carbono único, os níveis de folato também são regulados por outras vitaminas B, como B6 e B12. A forma ativa da vitamina B6, PLP (piridoxal fosfato), é um cofator necessário para as enzimas ligadas ao metabolismo de B9. Assim, níveis alterados de B6 afetam diretamente o destino das conversões de vitâmeros de B9. Ou seja, em casos de deficiência de vitamina B6, o ciclo do folato é prejudicado devido à conversão dependente de B6 de THF em 5,10-MTHF, privando as células neurais dos precursores aminoácidos de vários neurotransmissores monoaminas, como dopamina e serotonina.

Somado a isso, a deficiência de folato está associada a disfunções neurológicas e cardiovasculares, frequentemente preveníveis por suplementação dietética. Como precursor da síntese de metionina, deficiências de folato geralmente se correlacionam com alterações no metabolismo da metionina. Em contrapartida, níveis excessivos de folato podem ser prejudiciais, como no caso de mascarar sintomas de deficiência de vitamina B12, atrasando o diagnóstico e a intervenção terapêutica. As deficiências de folato também têm sido associadas a mecanismos de progressão do câncer. A redução do ciclo do folato diminui igualmente o ciclo da metionina e a produção de SAM, o que pode contribuir para a hipometilação no câncer.

Embora a dinâmica de metilação celular no DNA e nas histonas tenha sido amplamente estudada, trabalhos recentes destacam o impacto significativo da homeostase de SAM no estado de metilação de lipídios, proteínas e RNA. Além disso, a deficiência de folato pode causar danos ao DNA ao diminuir o fluxo de dUMP para dTMP, que normalmente ocorre durante a reação lateral mediada pela TS, que gera DHF a partir de 5,10-MTHF. Ao aumentar a proporção dUMP, a taxa de incorporação errônea de uracila no DNA aumenta, o que pode desencadear quebras de fita simples ou dupla e, potencialmente, mutações oncogênicas.

A vitamina B6, apesar de não ser menos relevante que a vitamina B9, tem manifestações clínicas menos graves em comparação com deficiências de B9. No entanto, a vitamina B6 é um cofator essencial com inúmeras funções regulatórias no catabolismo do glicogênio, na gliconeogênese, no metabolismo de lipídios, na síntese de aminoácidos, na biossíntese de heme, na biossíntese de neurotransmissores, na anaplerose e na homeostase redox. Pode ser obtida diretamente da dieta por meio de peixes, fígado de boi, cereais fortificados, verduras escuras, grão-de-bico e batatas. Os níveis de vitamina B6 em pacientes podem ser aproximados pelos níveis de PLP e homocisteína no plasma, níveis de PLP em eritrócitos e sangue, excreção urinária e catabólitos do triptofano. A vitamina B6 é absorvida no jejuno, metabolizada em sua forma ativa no fígado e excretada na urina pelos rins.

A deficiência de vitamina B6 é causada por ingestão reduzida, má-absorção ou aumento da utilização. A baixa ingestão de vitamina B6 está associada à desnutrição, enquanto a má-absorção pode ser provocada pelo alcoolismo, quando o PLP não é liberado do fígado. A demanda aumentada por vitamina B6 é comum na gravidez, em que promove o desenvolvimento do sistema nervoso central (SNC) e periférico. Os níveis de vitamina B6 impactam diretamente uma ampla gama de processos fisiológicos, e as deficiências podem se manifestar como erupção pruriginosa, glossite (inchaço da língua), queilite (rachaduras nos lábios e na pele) e distúrbios neurológicos. Apesar das manifestações divergentes, muitos desses distúrbios convergem para mecanismos de defesa antioxidante deficiente, menor síntese de purinas e síntese de glutationa interrompida.

A deficiência grave pode resultar em dermatite, em que as enzimas dependentes de B6 envolvidas na criação de precursores de colágeno carecem de seu cofator necessário, e anemia, já que baixos níveis de PLP dificultam a síntese de heme. Outras consequências da baixa vitamina B6 incluem náusea, confusão, depressão e até mesmo perda de sonhos. Assim como o folato, a vitamina B6 é crítica para a função neurológica e a formação de glóbulos vermelhos. Além da dieta, baixos níveis de PLP também podem resultar de mutações genéticas nas enzimas PDXK, PDXP ou PNPO. Mutações de perda de função em PDXK são encontradas na doença de Charcot-Marie-Tooth, que poderia ser tratada com suplementação de PLP, e mutações na enzima PNPO foram relatadas em encefalopatia epiléptica de início precoce.

Por outro lado, a hipervitaminose de B6 também contribui para patologias em diferentes tecidos. Notavelmente, o excesso de PN, tanto de mutações de PNPO quanto do abuso de suplementos, foi associado à neuropatia sensorial caracterizada por dormência, danos nervosos e dor muscular. Da mesma forma, a vitamina B6 emergiu recentemente como um novo biomarcador para fraturas no tornozelo e osteoporose, em que altos níveis de vitamina B6 são considerados superestimuladores da remodelação óssea, erodindo o tecido ósseo. Além disso, a pelagra, uma deficiência de B3 caracterizada por pele escamosa, foi relatada como agravada por altos níveis de vitamina B6. Ademais, vários outros mecanismos de envolvimento da B6 em doenças incluem supressão imunológica por downregulação de citocinas pró-inflamatórias.

Também é válido mencionar que os papéis fisiológicos da vitamina B6 na coordenação do metabolismo celular e na síntese de aminoácidos estão desregulados em vários cânceres. A vitamina B6 tem sido implicada em uma gama de cânceres em tecidos derivados do cólon, pulmão, mama e sangue. Esforços intensivos têm-se concentrado em distinguir quais cânceres são exacerbados ou atenuados pela suplementação de vitamina B6.

Somado a isso, a vitamina B12, ou cobalamina, não é produzida pelo organismo humano e, apesar disso, é essencial para a manutenção da saúde e da homeostase do organismo. Atua como cofator para enzimas, como a metionina sintase citosólica (MS), que está envolvida nas vias da produção da metionina, que é, posteriormente, convertida em S-adenosilmetionina (SAM). Como visto anteriormente, o SAM doa um grupo metil para diversos compostos, inclusive para o DNA. Assim, é indubitável a importância da vitamina B12 no processo da metilação, que influencia diretamente o epigenoma.

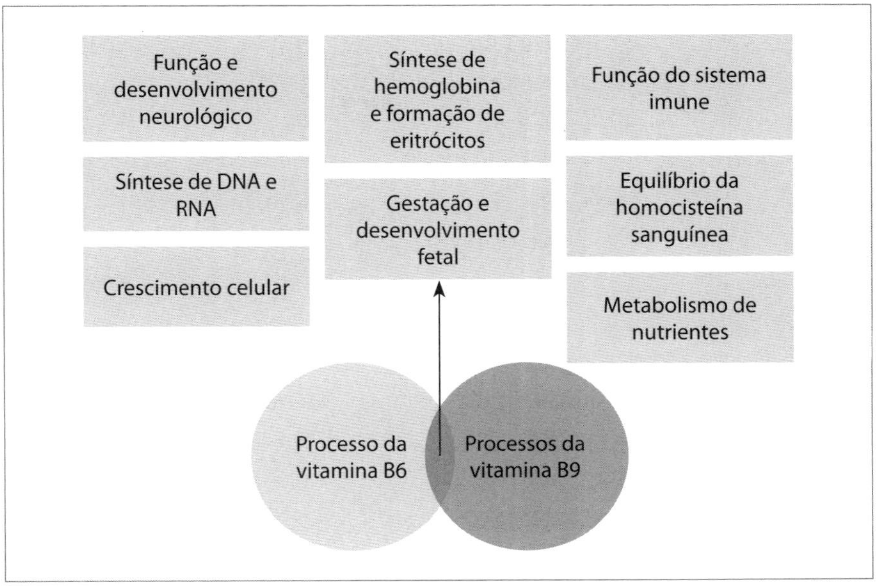

Figura 2 A vitamina B6 e o folato estão envolvidos na biossíntese de nucleotídeos para a síntese de DNA e RNA, crescimento celular, desenvolvimento neurológico durante a gravidez e a infância, síntese de hemoglobina e formação de glóbulos vermelhos, equilíbrio da homocisteína no sangue, funcionamento do sistema imunológico e metabolismo de nutrientes.

Fonte: adaptada de Franco et al. (2022).

Vejamos, na Figura 3, o metabolismo de um carbono e de dTTP (2'-desoxitimidina 5'-trifosfato), mostrando a ação sincronizada de várias vitaminas do complexo B associadas às vias. As vias associadas incluem a síntese e o ciclo da metionina, o ciclo do folato e a transulfuração. Esses processos são fundamentais para a metilação do DNA.

À esquerda, no metabolismo da metionina e da homocisteína, observa-se que a metionina é convertida em S-adenosilmetionina (SAM) pela enzima metionina adenosiltransferase (MAT) com uso de ATP. A SAM é o principal doador de grupos metil (CH_3) nas reações de metilação, incluindo a metilação do DNA, proteínas e lipídios. Após doar o grupo metil, a SAM se converte em S-adenosil homocisteína (SAH). A SAH é, então, hidrolisada para formar homocisteína. A homocisteína, por sua vez, pode ser remetilada para formar metionina novamente. Esse processo requer a vitamina B12 como coenzima e o N5-metil-THF (um derivado do folato) como doa-

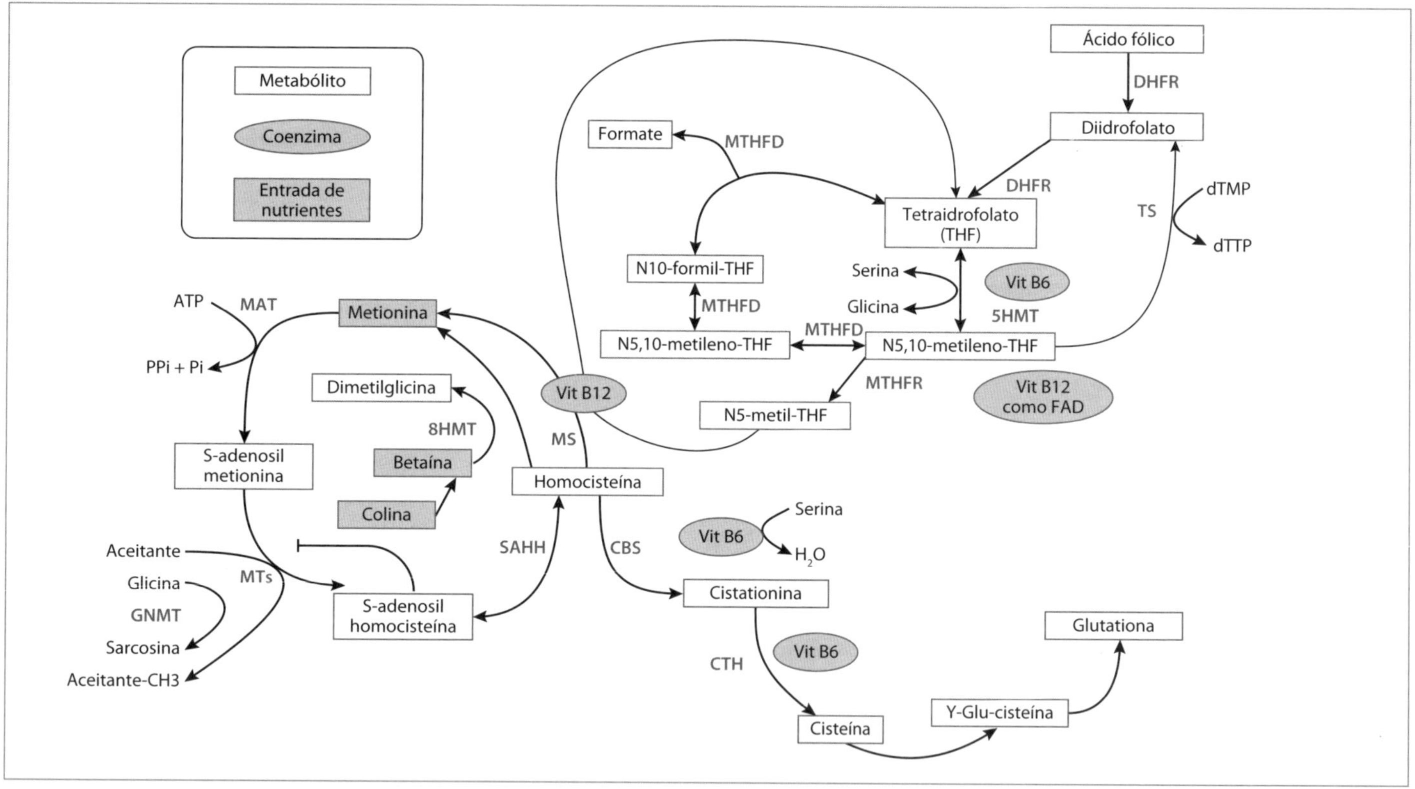

Figura 3 Metabolismo de um carbono (CH_3 ou metil) e de dTTP (timina do DNA), que mostra a ação sincronizada de várias vitaminas do complexo B associadas à via. Observe a relação dessas vitaminas com a via da metionina e da S-adenosilmetionina.

Fonte: adaptada de James et al. (2018).

dor de grupo metil. A enzima responsável por essa reação é a metionina sintase (MS).

Superiormente, à direita, no ciclo do folato, o ácido fólico é reduzido a diidrofolato e, em seguida, a tetraidrofolato (THF) pela enzima diidrofolato redutase (DHFR). O THF atua como um carreador de unidades de um carbono. O N5,10-metileno-THF é formado a partir do THF via enzima 5MHT e vitamina B6. Pode ser reduzido a N5-metil-THF pela metilenotetraidrofolato redutase (MTHFR), com auxílio da vitamina B2, que atua como FAD. O N5-metil-THF é um doador crucial de grupos metil para a remetilação da homocisteína em metionina. Os folatos são essenciais para fornecer grupos metil via N5-metil-THF para a metilação do DNA e outras biomoléculas.

A homocisteína, ainda, pode entrar na via de transulfuração para ser convertida em cisteína, como mostrado inferiormente, à direita. Essa reação é catalisada pela cistationina beta-sintase (CBS) e requer a vitamina B6 como coenzima. A cisteína pode ser utilizada na síntese de glutationa, um antioxidante importante para detoxificação de fase 2 da célula.

Em síntese, a SAM é uma fonte de grupos metil para a metilação do DNA, uma modificação epigenética importante que regula a expressão gênica. A disponibilidade de folato, vitamina B12 e outros nutrientes impacta diretamente esse processo, influenciando a metilação do DNA e, consequentemente, a expressão dos genes. A vitamina B12 é necessária para a remetilação da homocisteína em metionina. A vitamina B6 é necessária para a conversão da homocisteína em cisteína e para a redução do THF em N5,10-metileno-THF. A vitamina B2, riboflavina, atua como coenzima para a MTHFR.

Em outras palavras, a deficiência em nutrientes como folato, vitaminas B12 e B6 pode levar a um aumento nos níveis de homocisteína e diminuir a disponibilidade de SAM, afetando a metilação do DNA e aumentando o risco de doenças. Estudos como o de Kalani (2019) demonstram que altos níveis de metionina, juntamente a uma dieta pobre em B6 e B12, podem ser associados com a perda de memória por silenciamento epigenético de Netrina-1, uma proteína presente na membrana das células, responsável por manter a conexão entre os neurônios.

Xenobióticos como moduladores epigenéticos

Os xenobióticos são definidos como substâncias químicas de origem externa ao corpo (de fora), mas encontradas em alimentos, na água ou no ar, tal qual o bisfenol-A, que podem influenciar a metilação do DNA e o desenvolvimento de órgãos, incluindo o fígado. A exposição a esses compostos, aliada a dietas ocidentais ricas em alimentos processados, está relacionada a distúrbios metabólicos e mudanças nos padrões de metilação genética.

Ademais, íons metálicos no ambiente, como o cromo e o arsênio, que se acumulam devido à exposição ocupacional ou à água contaminada, podem alterar os padrões de metilação do mtDNA. Por exemplo, hipometilação nos genes MT-TF e MT-RMR1, relacionados à função mitocondrial, foi observada em trabalhadores de galvanoplastia expostos ao cromo. A exposição ao arsênio também foi associada à hipometilação do D-loop e do MT-ND6 em uma população indiana exposta a altas concentrações desse elemento na água potável. Adicionalmente, o arsênio levou a um aumento no número de cópias do mtDNA, na regulação positiva da expressão do gene TFAM e no aumento da expressão das proteínas mitocondriais ND4 e ND6. Outro agente ambiental, os éteres difenílicos polibromados (PBDE), usados como retardadores de chama em diversos produtos, têm sido associados a comprometimentos neurológicos. Após a exposição a PBDE, foi observada uma redução nos níveis de 5mC dentro do gene MT-CO2, o que pode contribuir para a neurotoxicidade.

A poluição do ar e a fumaça do cigarro, por sua vez, podem provocar várias doenças, como defeitos congênitos, DCV, problemas respiratórios, distúrbios neurológicos e câncer. O material particulado presente no ar é classificado em três categorias de acordo com seu tamanho: grosso (PM10 < 10 mcm de diâmetro), fino (PM2,5 < 2,5 mcm de diâmetro) e ultrafino ou nano (PM0,2 <0 ,2 mcm). Essas partículas têm o potencial de metilar a região do D-loop mitocondrial e genes mitocondriais, aumentando o risco de doenças. Por exemplo, em trabalhadores siderúrgicos, a exposição ao PM10 foi associada à hipermetilação dos genes MT-TF (tRNA fenilalanina) e MT-RNR1 (12S rRNA) no sangue periférico. A exposição pré-natal ao PM2,5 também foi relacionada ao aumento da metilação do mtDNA placentário no D-loop e no MT-RNR1. Em contraste, a exposição ao PM2,5 resultante da soldagem diminuiu a metilação do mtDNA na região do D-loop no sangue. Em outro estudo, a exposição a fumos de soldagem foi associada à hipometilação no D-loop e no MT-TF, bem como ao aumento da pressão arterial. O tabagismo durante a gravidez também foi vinculado à metilação da região do D-loop placentário e do gene MT-RNR1, afetando a saúde dos recém-nascidos.

Além dos xenobióticos citados, os disruptores endócrinos, siga em inglês EDC, são compostos químicos com semelhança estrutural a hormônios naturais que podem se ligar aos receptores desses hormônios, desregulando as funções normais do metabolismo. Os EDC são encontrados, por exemplo, em loções, cosméticos, sabonetes, perfumes e produtos capilares, e a exposição frequente a esses compostos pode interferir no metabolismo endócrino.

A dioxina, composto orgânico gerado pela incineração, combustão de automóveis, fumaça de cigarro, produção de papel, pesticidas, herbicidas, metais e eletrônicos, tem como forma mais tóxica a 2,3,7,8-tetraclorodibenzeno-p-dioxina (TCDD). Esse composto interfere na transcrição gênica mediada pelos receptores de estrogênio e modula a expressão de genes ao interagir diretamente com receptores de esteroides. Além disso, a TCDD provoca alterações na metilação do DNA em espermatozoides e está associada à herança epigenética transgeracional de doenças, como anormalidades na puberdade e doenças de ovário.

Dessa forma, a exposição à dioxina causa efeitos transgeracionais que afetam a saúde reprodutiva tanto de homens quanto de mulheres, alterando o início da puberdade e comprometendo a fertilidade. Em homens, a TCDD prejudica a expressão de genes ligados à biossíntese de colesterol, o que reduz a produção de testosterona. Nas mulheres, a exposição afeta os níveis de estradiol e FSH, comprometendo o desenvolvimento folicular e sendo associada à menopausa precoce. Esses efeitos também podem ser observados na descendência de gestantes expostas à TCDD.

O DDT [1,1,1-tricloro-2,2-bis(4-clorofenil)etano] é o tipo mais comum de pesticida organoclorado e ainda é utilizado em muitos países. As moléculas de DDT bioacumulam na natureza e apresentam semelhança com o estrogênio, afetando a atividade de receptores de FSH e TSH. Esse composto altera o epigenoma de espermatozoides por alterar a metilação do DNA, os RNA não codificantes e a retenção de histonas.

Os ftalatos são compostos amplamente utilizados no processo de embalagem dos alimentos e apresentam atividade antiandrogênica. Isso desregula a síntese de esteroides e o sistema reprodutivo em fêmeas e machos.

A exposição materna aos ftalatos resulta na hipermetilação de genes relacionados à espermatogênese, resultando na redução da fertilidade da prole, e, por alterar o epigenoma, tal característica é associada à herança transgeracional. Além disso, a concentração de ftalatos na urina de homens está associada a maiores taxas de falha no tratamento de infertilidade.

Além da programação fetal, interessantemente, do ponto de vista da genômica nutricional, as variantes genéticas nos genes do relógio interno, que regulam o ciclo circadiano, ou seja, aquele que faz a mudança da expressão nos dias e nas noites, podem influenciar a saúde metabólica e modificar a resposta individual à dieta. Os estudos demonstram uma interação entre o ritmo circadiano, o microbioma intestinal e o epigenoma, com a dieta, por sua vez, capaz de modular essa ligação complexa, sugerindo uma notável plasticidade dos mecanismos subjacentes. Nessa perspectiva, o estudo do impacto do horário da alimentação, combinando com os elementos da investigação nutricional com a cronobiologia, ou seja, a crononutrição, poderia ter implicações significativas para a nutrição personalizada em termos de redução da prevalência e do peso, resistência insulínica e risco de diabetes e outras doenças crônicas.

Do ponto de vista nutrigenético, diversas variantes genéticas em genes relacionados ao circadiano, interagindo com a ingestão alimentar e comportamentos obesogênicos, podem influenciar a resposta individual à dieta, sugerindo que a cronobiologia deve ser levada em consideração na prática nutricional, e, não apenas isso, mas que a alterações no ciclo circadiano e o impacto da dieta podem ser considerados um dos principais fatores de risco para a obesidade.

Estudos apontam que muitos genes ativados e desativados pelo rompimento do ciclo circadiano e crononutrição podem ser ligados ou desligados epigeneticamente pela ação nas regiões reguladoras de genes por metilação do DNA, ou por ação direta nos transcritos por ligação de micro-RNA específicos. Hábitos de vida envolvidos no ritmo circadiano são associados a alterações em genes de inflamação e do HPA, como a na metilação do receptor de glicocorticoide, fator de necrose tumoral alfa (TNF-alfa) e até em genes relacionado à imunidade, como o interferon gama (IFN-gama). Além disso, os níveis de metilação dos genes *Clock* e *PER2* foram associados a comportamentos obesogênicos, como a dieta rica em calorias e pobre em nutrientes, sedentarismo, padrões de sono inadequados e frequência irregular das refeições.

Além disso, deve-se levar em conta que os nutrientes de alimentos e principalmente algumas fibras solúveis interferem na composição da microbiota intestinal. Substâncias como o butirato e outros ácidos graxos de cadeia curta são fontes de alimentação da microbiota saudável do corpo. Alimentos como chicória, alcachofra, aspargo, alho, amêndoas, abacate, entre outros, aumentam a produção de butirato e têm papel importante na fixação do butirato.

Devido a sua natureza reversível, a epigenética é atualmente vista como um campo promissor para intervenção nutricional. Ao longo da vida, os nutrientes podem alterar processos fisiológicos e patológicos por meio de mecanismos epigenéticos essenciais para a expressão genética. Sabe-se que a modulação desses processos por meio da dieta ou nutrientes específicos pode prevenir doenças e promover saúde. Contudo, é desafiador especificar o efeito exato dos nutrientes ou componentes bioativos dos alimentos em cada modulação epigenética e suas relações com processos fisiológicos e patológicos, pois os nutrientes interagem com genes, outros nutrientes e fatores de estilo de vida. Além disso, os fenômenos epigenéticos interagem entre si, adicionando complexidade ao sistema.

O conhecimento atual sobre epigenética nutricional é limitado, especialmente os efeitos dos nutrientes ou componentes bioativos dos alimentos na metilação das histonas ou nos complexos de remodelação da cromatina. No futuro, será necessário investigar mais nutrientes ou compostos bioativos para identificar os mais benéficos à saúde. Entender o papel dos nutrientes ou componentes bioativos na alteração dos padrões epigenéticos poderá melhorar nossa capacidade de manter a saúde por meio de modulação nutricional, potencialmente mais fisiológica do que tratamentos farmacológicos.

PERSPECTIVAS

Os alimentos desempenham um papel fascinante e em constante evolução na área da saúde e da nutrição, especialmente quando se trata de regular o epigenoma. A nutrigenômica é uma disciplina que investiga minuciosamente como os nutrientes presentes em nossa dieta influenciam as modificações epigenéticas. Isso inclui a compreensão do impacto de compostos específicos, como folato, metionina, vitamina B12 e antioxidantes, sobre processos como a metilação do DNA e a acetilação das histonas.

Avanços significativos em pesquisa demonstram que a nutrigenética é fundamental. Diversos estudos científicos, como o conduzido por De Fabiani et al., revelam a influência direta dos nutrientes em nossa dieta nas modificações epigenéticas do DNA, especificamente na metilação. A importância dos compostos, como o folato e a vitamina B12, na prevenção de defeitos epigenéticos, destaca o impacto dos alimentos na regulação genética.

Os avanços da pesquisa também tornam a epigenética personalizada uma realidade empolgante, uma vez que oferecem a possibilidade de singularizar orientações dietéticas com base nas características epigenéticas individuais. Estudos como o de Dan Zhou et al. mostraram que as diferenças na metilação do DNA entre indivíduos podem afetar a resposta à dieta e ao exercício, abrindo caminho para um tratamento altamente personalizado em condições crônicas. No entanto, ainda existem lacunas no conhecimento, haja vista que não compreendemos completamente o impacto abrangente das escolhas alimentares na expressão gênica, deixando margem para futuras investigações.

A sociedade científica nutre grandes expectativas quanto à nutrigenômica e à nutrigenética, esperando que essas áreas proporcionem uma compreensão mais profunda de como nossa dieta influencia nossa saúde em nível genético. Pesquisas conduzidas indicam que, no futuro, os avanços na nutrigenética permitirão orientações dietéticas altamente personalizadas, visando aprimorar o bem-estar individual. Essa abordagem promissora representa um grande passo em direção à promoção da saúde e à prevenção de doenças com base em evidências científicas.

Em suma, a interação entre nossos genes e os alimentos que consumimos é um campo em constante evolução. Essa área ainda revela a complexidade das respostas individuais à dieta e prevê a identificação de marcadores epigenéticos que indicarão como cada pessoa responde a diferentes alimentos e nutrientes. A sociedade espera que essas descobertas levem a diretrizes alimentares cada vez mais personalizadas, considerando as variações genéticas.

Os alimentos funcionais, que abrigam compostos bioativos com benefícios específicos para a saúde, estão emergindo como um campo promissor. Compreender como esses alimentos impactam a epigenética e podem ser empregados na prevenção de doenças é um domínio de pesquisa repleto de potencial, atendendo às expectativas de uma sociedade que busca abordagens mais eficazes para a promoção da saúde.

Enfatizamos que a conscientização sobre o papel da dieta na epigenética é fundamental, e educar o público desempenha um papel crucial na promoção de práticas alimentares mais saudáveis. No Brasil, o *Guia Alimentar* representa uma ferramenta de grande valor para alinhar as expectativas da sociedade. Disseminar conhecimento acessível e prático sobre como as escolhas alimentares afetam a saúde em nível genético é vital para melhorar o bem-estar de todos.

Nesse contexto, a relação entre alimentos e epigenoma é uma área empolgante e em constante evolução na pesquisa, com o potencial de revolucionar nossa compreensão da saúde e da nutrição. Os avanços na nutrigenômica e na nutrigenética estão alinhados com as esperanças da sociedade por progressos significativos na promoção da saúde, na prevenção de doenças e no tratamento de condições de saúde. Eles oferecem a possibilidade de viver uma vida mais saudável e longeva, com o suporte de uma dieta personalizada e embasada na ciência.

REFERÊNCIAS

1. Barbosa WM, Almança CCJ, Freitas FV, Conti C, Pinheiro JA, Barros AA, et al. Epigenetic alteration of BDNF gene, social and health status as predictors of food and nutrition insecurity among familiar coffee farmers. J Hum Growth Dev. 2022;32(3):227-36.
2. Borçoi AR, Mendes SO, Moreno IAA, Santos JG, Freitas FV, Pinheiro JA, et al. Food and nutritional insecurity is associated with depressive symptoms mediated by NR3C1 gene promoter 1F methylation. Stress. 2021;24(6):814-21.
3. Brito S, Lee MG, Bin BH, Lee JS. Zinc and its transporters in epigenetics. Mol Cells. 2020;43(4):323-30.
4. Carlberg C, Raczyk M, Zawrotna N. Vitamin D: a master example of nutrigenomics. Redox Biol. 2023;62:102695.
5. Chen F, Cao K, Zhang H, Yu H, Liu Y, Xue Q. Maternal high-fat diet increases vascular contractility in adult offspring in a sex-dependent manner. Hypertens Res. 2021;44(1):36-46.

6. Chen SY, Chen YZ, Lee YJ, Jiang CL, Lu SC, Lin FJ, et al. Maternal hypercholesterolemia exacerbates atherosclerosis lesions in female offspring through potentiating macrophage polarization toward an inflammatory M1 phenotype. J Nutr Biochem. 2021;90:108575.
7. Franco CN, Seabrook LJ, Nguyen ST, Leonard JT, Albrecht LV. Simplifying the B Complex: how vitamins B6 and B9 modulate one carbon metabolism in cancer and beyond. Metabolites. 2022;12(10):961.
8. Freitas FV, Barbosa WM, Silva LAA, Garozi MJO, Pinheiro JAA, Borçoi AR, et al. Psychosocial stress and central adiposity: a Brazilian study with a representative sample of the public health system users. PLoS One. 2018;13(7):e0197699.
9. Froese DS, Fowler B, Baumgartner MR. Vitamin B12, folate, and the methionine remethylation cycle: biochemistry, pathways, and regulation. J Inherit Metab Dis. 2019;42(4):673-85.
10. Hinte LC, Castellano-Castillo D, Ghosh A, Melrose K, Gasser E, Noé F, et al. Adipose tissue retains an epigenetic memory of obesity after weight loss. Nature. 2024;636(8042):457-65.
11. Gioia C, Lucchino B, Tarsitano MG, Iannuccelli C, Di Franco M. Dietary habits and nutrition in rheumatoid arthritis: can diet influence disease development and clinical manifestations? Nutrients. 2020;12(5):1456.
12. González-Rodríguez P, Füllgrabe J, Joseph B. The hunger strikes back: an epigenetic memory for autophagy. Cell Death Differ. 2023;30(6):1404-15.
13. Hajj J, Sizemore B, Singh K. Impact of epigenetics, diet, and nutrition-related pathologies on wound healing. Int J Mol Sci. 2024 Sep 28;25(19):10474.
14. Kalani A, Tyagi A, Tyagi N. A high methionine, low folate and vitamin B6/B12 containing diet can be associated with memory loss by epigenetic silencing of netrin-1. Neural Regen Res. 2019;14(7):1247-54.
15. Keshawarz A, Kresovich JK, Zheng Y, Zhang X, Binder AM, Michels KB. Dietary and supplemental intake of vitamins C and E is associated with altered DNA methylation in an epigenome-wide association study meta-analysis. Epigenetics. 2023;18(1):2211361.
16. Louzada MLC, Martins APB, Canella DS, Baraldi LG, Levy RB, Claro RM, et al. Alimentação e saúde: a fundamentação científica do guia alimentar para a população brasileira. Universidade de São Paulo. Faculdade de Saúde Pública, c2019. [citado 7 de julho 2025].
17. Marcum JA. Nutrigenetics/nutrigenomics, personalized nutrition, and precision healthcare. Curr Nutr Rep. 2020;9:338-45.
18. Martínez-Jiménez VC, Méndez-Mancilla A, Portales-Pérez DP. miRNAs in nutrition, obesity, and cancer: the biology of miRNAs in metabolic disorders and its relationship with cancer development. Mol Nutr Food Res. 2018;62(1):1600994.
19. Melo EA, Jaime PC, Monteiro CA. Guia alimentar para a população brasileira. 2014.
20. Mirisola MG. The nutriepigenome. Genes. 2023;14(11):1997.
21. Montjean D, Heras I, Gacon G, de Mazancourt P. Impact of endocrine disruptors upon non-genetic inheritance. Int J Mol Sci. 2022;23(6):3350.
22. Moreno IAA, Oliveira DR, Borçoi AR, Rissatti LF, Freitas FV, Arantes LMRB, et al. Methylation of BDNF gene in association with episodic memory in women. Front Neurosci. 2023;17:1092406.
23. Mousa WK, Chehadeh F, Husband S. Microbial dysbiosis in the gut drives systemic autoimmune diseases. Front Immunol. 2022;13:906258.
24. Nasir A, Aslam MF, Rafiq M, Akram M, Tariq M, Atif M, et al. Nutrigenomics: epigenetics and cancer prevention: a comprehensive review. Crit Rev Food Sci Nutr. 2022;60(8):1375-87.
25. Pessôa R, Clissa PB, Sanabani SS. The interaction between the host genome, epigenome, and the gut-skin axis microbiome in atopic dermatitis. Int J Mol Sci. 2023;24(18):14322.
26. Philip A, White ND. Gluten, inflammation, and neurodegeneration. Am J Lifestyle Med. 2022;16(1):32-35.

27. Pomar CA, Ruiz-Palacios M, Llufriu S, Nadal R, Palou M, Picó C. Maternal consumption of a cafeteria diet during lactation leads to altered diet-induced thermogenesis in descendants after exposure to a Western diet in adulthood. Nutrients. 2022;14(9):1958.
28. Santacroce L, Bottalico L, Charitos IA, Haxhirexha K, Topi S, Jirillo E. Healthy diets and lifestyles in the world: Mediterranean and Blue Zone people live longer. Special focus on gut microbiota and some food components. Endocr Metab Immune Disord Drug Targets. 2024;24(15):1774-1784.
29. Shi Y, Hu FB, Hu G. Trace elements, PPARs, and metabolic syndrome. Int J Mol Sci. 2020;21(7):2612.
30. Tristan Asensi M, Fajardo C, Alcorta E, Martínez-Villaluenga C, Peñas E. Low-grade inflammation and ultra-processed foods consumption: a review. Nutrients. 2023;15(6):1546.
31. Vatier C, Christin-Maitre S. Epigenetic/circadian clocks and PCOS. Hum Reprod. 2024 Jun 3;39(6):1167-75.
32. Vieira TS, Oliveira AFS, Vieira TKS, Silva VS, Silva AAR. An industrialized diet as a determinant of methylation in the 1F region of the NR3C1 gene promoter. Front Nutr. 2024;11:1168715.

Capítulo **5**

Epigenética e sua relação com o risco cardiovascular

Adriana Madeira Álvares da Silva
Alysson Sgrancio do Nascimento
Weverton Pereira de Medeiros
Tamires dos Santos Vieira
Elisa Soares Fassarella
Amanda Schwanz Turra
João Victor Heringer Rosa
Giovanna Dal Secco Silveira Amorim
Luiz Cláudio Barreto Silva Neto
Matheus do Nascimento Freitas
Rafael Hortencio Zago Gomes

"O que vale na vida não é o ponto de partida
e sim a caminhada. Caminhando e semeando,
no fim, terás o que colher."
Cora Coralina

CONVERSA COM O LEITOR

Prezado leitor, a estrofe de Cora Coralina é bastante verdadeira quando diz que "...Caminhando e semeando, no fim, terás o que colher", ou ainda, segundo as belas palavras de Jesus Cristo, "A semeadura é livre, mas a colheita é obrigatória...".

Assim também acontece com as doenças cardiovasculares (DCV). Elas têm um componente genético imutável e herdado, e isso é uma verdade, mas os gatilhos da ativação dos genes são ativados pelo estilo de vida. Essa é uma história muito complexa, na qual entram os genes de estresse, alteração da ativação mitocondrial, obesogenes, metabolismo energético e outros, que são mal compreendidos pela medicina e associados aos fatores de risco ou de proteção conhecidos, como sedentarismo, obesidade, estresse, tabagismo, entre outros.

Apenas recentemente pudemos compreender melhor essa orquestra, que é regida por uma tríade de atores: a genética, o meio ambiente do estilo de vida e a epigenética. E mais, pudemos ver que a importância de nossas escolhas é muito grande e essencial para a grande maioria das questões cardiovasculares e metabólicas, isso em decorrência da plasticidade epigenética, que se modifica conforme muda o estilo de vida. Assim, as mudanças de hábitos, ou alterações da pressão ambiental interferem na expressão gênica, que está diretamente ligada a manifestações fenotípicas de adoecimento ou de saúde.

Esses conhecimentos são tão inovadores e poderosos que deverão reger as políticas públicas nos próximos anos, pois as DCV são um dos maiores problemas de saúde pública no Brasil e no mundo. Em 2021, as doenças isquêmicas do coração foram a principal causa de morte no país, seguidas do acidente vascular cerebral (AVC), com taxas de mortalidade preocupantes, visto que o número de internações por essas doenças e os custos em saúde para o poder público são altos. Ações preventivas ligadas a mudanças do estilo de vida e modulação epigenética poderão economizar cifras consideráveis na saúde pública.

Ao longo dos anos foram realizados esforços na ciência para compreender a fisiopatologia dessas doenças e como elas afetam o ser humano. Porém, nosso organismo é complexo, e o fator de causalidade ainda permanece controverso. Hoje, no entanto, já conhecemos alguns fatores de risco que podem estar associados ao desenvolvimento das DCV, e esses fatores podem ser modificáveis ou não modificáveis. Entre os fatores sobre os quais não podemos exercer nenhuma influência, podemos citar raça, idade, histórico familiar e fatores genéticos. Os fatores modificáveis incluem o estilo de vida, como a alimentação, o sedentarismo, o tabagismo e o etilismo.

Levando em consideração todos os fatores de risco modificáveis e o histórico familiar/genética, alguns estudos têm observado relações positivas entre a epigenética e as doenças cardíacas. A epigenética nos mostra que exposições ambientais, como o sedentarismo, a má alimentação e o uso de tabaco, podem deixar marcas em nosso DNA e provocar alterações na expressão de genes específicos que futuramente poderiam induzir o desenvolvimento de uma doença cardíaca. No mesmo raciocínio, é possível que ao nascermos já tenhamos herdado algumas dessas marcas em nossos genes passados pelos nossos ancestrais.

Neste capítulo, vamos descrever algumas marcas epigenéticas, publicadas nos artigos científicos que podem estar associadas ao desenvolvimento das doenças cardíacas. Vamos descobrir também como fatores ambientais, do estilo de vida e até mesmo escolhas pessoais podem influenciar no risco cardiovascular.

A caracterização dessas marcas epigenéticas e o conhecimento de sua influência nas doenças cardíacas são importantes para maior efetividade clínica, e dessa forma, a abertura de novos caminhos para prevenção, rastreio e tratamento dessas doenças.

Embora não possamos alterar nossos genes, podemos influenciar sua expressão, silenciando genes que estão associados ao desenvolvimento de doenças e promovendo a expressão de genes protetores.

BASES CIENTÍFICAS

As DCV foram a principal causa de mortes no mundo no ano de 2021, principalmente relacionadas à doença arterial coronariana isquêmica. No mesmo ano, a prevalência de morte por DCV foi de 20,86% da população brasileira, de acordo com o *Estudo carga global de doenças* (*Global Burden of Disease Study* – GBD). Essas enfermidades podem estar relacionadas a uma série de fatores de risco modificáveis, como o sedentarismo, a alimentação inadequada e o consumo de álcool e tabaco. Essa exposição a hábitos maléficos à saúde pode levar a alteração na expressão de genes por meio da metilação do DNA, modificação na estrutura de histonas ou expressão de RNA não codificantes.

Portanto, a longo prazo, a adoção de hábitos maléficos à saúde pode afetar nosso organismo, colaborando para o desenvolvimento das doenças do coração, assim como o de doenças concomitantes e agravadoras do quadro clínico dos portadores, como hipertensão, diabetes, síndrome metabólica e aterosclerose.

A hipertensão arterial é caracterizada como uma doença crônica em que o indivíduo tem elevada pressão arterial, que se configura em uma força exercida contra as paredes das artérias pelo sangue. Os valores indicativos da pressão alta são $\geq$ 140 mmHg para a pressão sistólica e > 90 mmHg para a pressão diastólica. Essa enfermidade é um dos principais fatores de risco relacionados a DCV, como aneurismas ou insuficiências renais e cardíacas.

No âmbito mundial, em 2019, o número de indivíduos adultos com hipertensão, entre 30 e 79 anos, era de 1,28 bilhão, de acordo com os dados obtidos pelo Imperial College London e pela Organização Mundial da Saúde, publicados pela revista *The Lancet*. Foram indicados índices mais elevados da doença em países de baixo ou pouco desenvolvimento, em contrapartida aos menores números dos países de maior desenvolvimento socioeconômico.

No Brasil, em 2021, o Ministério da Saúde publicou dados que indicavam que 26,3% dos adultos tinham diagnóstico de hipertensão arterial. Ainda, o Sistema de Informação sobre Mortalidade indicou o registro de 292.339 mortes de mulheres por doenças relacionadas à hipertensão e 258.871 de homens, no período entre 2010 e 2020, o que indica a gravidade dessa doença também no território brasileiro.

A aterosclerose é outro problema agravante da doença cardíaca, sendo considerada uma doença crônica, inflamatória e sistêmica, causada pelo acúmulo de lipídios nas paredes dos vasos. Isso pode resultar em uma inflamação, com a formação de placas calcificadas que, consequentemente, geram a diminuição da luz dos vasos sanguíneos e, como consequência, a redução do fluxo das artérias e locais afetados. As complicações dessa doença são associadas ao infarto agudo do miocárdio, que ocorre quando a obstrução dificulta o fluxo de sangue para o coração, e ao AVC, quando ocorre a interrupção do fluxo para o cérebro.

Diante dessas informações, fica evidente a necessidade de estudos a respeito dos fatores modificáveis, ambientais e epigenéticos que influenciam a expressão dos genes e que, consequentemente, podem contribuir para a evolução e prevenção de DCV. Essas questões serão exploradas no decorrer deste capítulo.

Epigenética relacionada à hipertensão

Fatores epigenéticos influenciados por condições adversas no início da vida podem desempenhar um papel importante na programação cardiovascular, afetando a suscetibilidade à hipertensão desde os primeiros momentos de vida. Nesse sentido, evidências crescentes sugerem que eventos adversos ainda durante o desenvolvimento fetal, como o nascimento prematuro (< 37 semanas), estão associados a maior risco de hipertensão arterial e DCV na idade adulta. Portanto, é essencial observar relações relevantes entre a epigenética e a manifestação de hipertensão, bem como identificar os principais genes cuja regulação epigenética está intimamente associada ao desenvolvimento de alterações na pressão arterial e, em alguns casos, à hipertensão.

Um gene descrito nesse contexto é o *AGTR2*, responsável por codificar o receptor de angiotensina II, também denominado receptor AT2. A angiotensina II atua como mediador primário na secreção de aldosterona, além de regular a pressão arterial e o volume sanguíneo no sistema cardiovascular. Sua ação ocorre por meio de dois tipos de receptores, AT1 e AT2. O *AGTR2* exerce um papel crucial no sistema nervoso central (SNC) e nas funções cardiovasculares, moduladas pelo sistema renina-angiotensina, um complexo hormonal que regula o equilíbrio de líquidos, eletrólitos e a pressão arterial. Adicionalmente, o receptor AT2 está envolvido em processos de morte celular programada. O estudo de Chen et al. (2021) relata que a alteração na expressão dos genes *AT1R* e *AT2R* em vasos sanguíneos apresenta um papel importante na manifestação de disfunções vasculares e no desenvolvimento de um fenótipo hipertensivo. O trabalho mostra que uma dieta hipercalórica materna pode levar a uma mudança no padrão de metilação do DNA do bebê, capaz de alterar a expressão genotípica e de favorecer o desenvolvimento de hipertensão arterial em indivíduos do sexo masculino durante a vida adulta.

Outro hormônio, citado anteriormente, que tem papel regulador na hipertensão arterial, é a aldosterona, que atua regulando a retenção de sódio e a absorção de potássio nos rins. O gene da aldosterona sintase, *CYP11B2*, é regulado, normalmente, pela angiotensina II e pelo potássio. No entanto, a metilação do DNA é capaz de reprimir a expressão de *CYP11B2* e mudar dinamicamente em resposta à estimulação contínua do promotor de cada gene, incluindo a expressão do gene codificador de angiotensinogênio (AGT). Dessa forma, fica claro que hormônios como o AGT e a aldosterona desempenham papéis importantes na regulação da pressão arterial, e alterações no equilíbrio da homeostase proporcionado por eles podem implicar na patogênese das DCV.

Outrossim, um estudo moderno teve como objetivo investigar o papel da autofagia em características cardiometabólicas, incluindo a regulação da pressão arterial, por meio da análise de variações genéticas e metilação do DNA em genes relacionados à autofagia. Entre os principais achados, foi observada a associação de dois genes, *ULK1* e *ATG4B*, com a regulação da pressão arterial. A hipermetilação desses genes foi correlacionada com níveis mais baixos de pressão arterial sistólica e diastólica, sugerindo que a regulação epigenética da autofagia pode influenciar em mecanismos responsáveis pelo controle da pressão arterial, além de destacar o impacto da modulação epigenética de genes autófagos na saúde cardiovascular, especialmente no contexto da hipertensão arterial.

Ademais, os genes *GRK* e *DRD1* têm sido objeto de estudos para investigar sua possível associação com a hipertensão. A família de proteínas GRK, composta por sete membros, é notável por sua capacidade de reconhecer, fosforilar e atenuar a atividade dos receptores acoplados à proteína G (GPCR) ativados por agonistas. O transporte de sódio, um processo essencial na regulação da pressão arterial, é modulado por hormônios que atuam por meio de GPCR, promovendo ou inibindo a excreção de sódio. A fosforilação desses receptores, mediada pelas GRK, representa um dos mecanismos cruciais para a dessensibilização dos GPCR. Especificamente, a *GRK4* exerce sua função predominantemente através do receptor *DRD1*. A deficiência no acoplamento entre o *DRD1* e sua enzima efetora associada à proteína G tem sido associada à desregulação do transporte de sódio mediada pela dopamina, o que pode contribuir para o desenvolvimento da hipertensão.

Nessa perspectiva, o estudo da genética estabeleceu uma associação entre o lócus rs4532 do gene *DRD1* e a hipertensão arterial. Análises subsequentes estratificadas por etnia revelaram que o lócus rs1024323 do gene *GRK4* estava significativamente associado à hipertensão em indivíduos caucasianos, enquanto essa associação não foi observada em populações de asiáticos orientais e africanos. Em contraste, o lócus rs4532 foi relacionado à hipertensão em asiáticos orientais, mas não apresentou significância estatística em caucasianos.

Os resultados, portanto, apontam para uma ligação entre o lócus rs1024323 do gene *GRK4* e a hipertensão em caucasianos, além de uma associação do lócus rs4532 do gene *DRD1* com a hipertensão em asiáticos orientais. Essas descobertas sublinham o papel essencial que esses genes podem ter nos processos biológicos que levam ao desenvolvimento da hipertensão, evidenciando a importância de investigações futuras para aprofundar o entendimento dessas relações e de suas variabilidades entre diferentes grupos populacionais.

Nesse contexto, é importante considerar que a patogênese das DCV envolve uma interação complexa entre fatores genéticos e ambientais. Essas condições têm efeitos importantes no traço epigenético dos genes, que se refere a um fenótipo hereditário estável resultante de alterações nos cromossomos sem alteração da sequência de DNA, mas tem efeitos profundos no repertório celular. Entre os padrões epigenéticos, a metilação do DNA é de grande interesse, visto que, como mencionado nos parágrafos anteriores, ocorre em níveis de promotor de gene global e específico e está relacionada à patologias como hipertensão arterial e aterosclerose. Um exemplo disso é a regulação epigenética nos genes associados à patologia da hipertensão arterial analisados nos parágrafos anteriores.

Epigenética relacionada à aterosclerose

A aterosclerose é uma doença inflamatória e de progressão lenta, caracterizada pelo acúmulo de colesterol na parede arterial, componentes da matriz extracelular, e a proliferação de células musculares lisas que levam à oclusão da luz dos vasos sanguíneos. Há evidências que afirmam que, a partir da exposição a fatores de risco ao longo da vida, marcas epigenéticas também podem estar associadas ao desenvolvimento da doença, uma vez que a proliferação de células musculares lisas e componentes dietéticos, ou seja, fatores de risco associados, podem afetar a maquinaria de metilação nas células arteriais. Alguns mecanismos epigenéticos podem estar envolvidos nisso, como a hipometilação e a hipermetilação de genes relacionados aos componentes dos vasos, como também relacionados aos fatores de risco para o desenvolvimento da doença. Essa relação está exemplificada no Quadro 1.

Quadro 1 Associação entre alterações epigenéticas e processos relacionados à aterosclerose*

Categoria	Informações
Células musculares lisas (SMC)	• Células terminalmente diferenciadas • Hipometilação durante as primeiras replicações • Hipermetilação de ER-alfa e ER-beta • Aumento da expressão de DNMT1 • TSA inibe a proliferação de SMC via indução de p21WAF1 • Alterações induzidas por fluxo ateroprone nos marcadores de diferenciação de SMC reguladas no nível da cromatina
Monócitos/macrófagos	• Secretam lipoproteína lipase pró-aterogênica • Expressam citocinas pró-aterogênicas • Formam células espumosas • Inibidor de HDAC reduz a adesão ao endotélio por meio da supressão da expressão de VCAM-1
Placa vulnerável	• Hipometilação do DNA e expressão de metiltransferases na lesão avançada • Expressão de 15-lipoxigenase regulada pela metilação do promotor
Endotélio	• A homocisteína aumenta a síntese e o acúmulo de colesterol • Níveis intracelulares aumentados de AdoHcy estão associados à hipometilação do DNA • A expressão de eNOS é regulada tanto pela metilação do DNA quanto pelo código das histonas • Remodelação da cromatina mediada por estresse de cisalhamento • Inibidores de HDAC são potentes fatores antiangiogênicos que alteram a sinalização de VEGF em células endoteliais (EC) • A redução de Dicer prejudica a angiogênese em EC

* Incluindo os efeitos de inibidores de HDAC e metilação em diferentes tipos celulares e características da placa aterosclerótica.
AdoHcy: adenosil-homocisteína; Dicer: endorribonuclease Dicer; DNMT1: DNA (citosina-5)-metiltransferase 1; EC: célula endotelial; eNOS: óxido nítrico sintase endotelial; ER: receptor de estrogênio; HDAC: desacetilase de histonas; p21WAF1: leucina carboxil metiltransferase 1; SMC: célula muscular lisa; TSA: tricostatina A; VCAM: molécula de adesão celular vascular; VEGF: fator de crescimento endotelial vascular.
Fonte: adaptado de Turunen et al. (2009).

Alterações epigenéticas, como metilação e desacetilação, estão associadas à aterosclerose e foram identificadas em tecidos específicos da parede arterial; no entanto, relações causais não foram estabelecidas. Reguladores enzimáticos de processos epigenéticos, como os inibidores de HDAC, inibem a aterosclerose. Padrões alterados de metilação ocorrem em conjunto com a proliferação de CML, que é suprimida pelo inibidor de HDAC TSA. Inibidores de HDAC também reduzem a adesão de monócitos ao endotélio. A metilação anormal do DNA está associada aos níveis plasmáticos de homocisteína, e a metilação também regula a expressão de eNOS. Inibidores de HDAC reduzem a angiogênese pela sinalização de VEGF nas células endoteliais. Em placas vulneráveis, o DNA e o promotor da 15-lipoxigenase estão hipometilados.

Doenças cardiovasculares e gestação

Pesquisas realizadas em animais e humanos evidenciaram uma relação entre estressores fetais no útero e o risco diferenciado de doença na fase adulta. O estudo pioneiro nesse âmbito foi conduzido por David Barker, que relacionou o baixo peso ao nascer e o aumento do risco de doença metabólica e mortalidade cardiovascular na idade adulta. Outros estudos indicam, ainda, que mudanças na nutrição e no crescimento na fase intrauterina estão associadas a alterações na metilação do DNA do bebê. Essas mudanças, presentes de maneira aberrante, afetam a transcrição e expressão de genes regulatórios, como os que codificam enzimas envolvidas no metabolismo de lipídios e carboidratos, e capazes de levar a disfunção das células endoteliais, proliferação anormal de células musculares lisas vasculares, formação de matriz extracelular, e aumento da inflamação. Essas mudanças influenciam no desenvolvimento e/ou agravo das DCV, sobretudo ao induzir fenótipos celulares pró-aterogênicos. Ademais, o crescimento acelerado no início da vida (nascimento com baixo peso e ganho de peso rápido após o nascimento) foi relacionado a menor longevidade, menor comprimento dos telômeros e aumento da expressão de mediadores da senescência celular e alteração nas concentrações da proteína p16. Assim, é proposto que o crescimento pós-natal mais rápido após gestação restritiva alimentar é responsável pela programação dos principais componentes da síndrome metabólica na vida adulta, incluindo pressão arterial alta, obesidade e disfunção endotelial.

Entretanto, não apenas a restrição alimentar durante a gravidez é capaz de desencadear alterações epigenéticas. Outras investigações revelam que múltiplos locais de CpG podem ser metilados ainda antes do nascimento e estão relacionados à obesidade materna. Martin et al. (2019) identificaram que o gene *TAPBP* foi um dos mais alterados e associado ao fenótipo de peso elevado ou hipertensão na vida adulta, dependendo do sexo da população. Esse mesmo estudo sugeriu que a obesidade materna pode aumentar o risco de obesidade e outros fenótipos cardiometabólicos na descendência, por meio da alteração epigenética da resposta imunológica ainda no período intrauterino.

De maneira geral, é possível inferir que a falta de cuidados alimentares durante a gestação está correlacionada com a desregulação do epigenoma ao longo da vida, levando à metilação em locais específicos de CpGs e proporcionando alterações no envelhecimento epigenético. A taxa dessas alterações está associada a maior incidência de DCV e pode variar de acordo com a exposição ambiental de cada indivíduo sendo, portanto, um conceito diferente do envelhecimento cronológico. Por exemplo, pesquisas observaram que a maior ingestão de ácidos graxos saturados, como o ácido palmitoleico, acelera a idade epigenética em recém-nascidos, enquanto maior ingestão de carboidratos é associada a menor aceleração. É importante lembrar que na composição do leite materno existem carboidratos específicos para a manutenção e colonização da microbiota intestinal após o nascimento.

Seguindo essa mesma linha de raciocínio, a Aceleração GrimAge (algoritmo matemático projetado para predizer o tempo de vida restante de um indivíduo com base nos padrões de metilação celular) pode ser usada como um marcador epigenético para o envelhecimento fisiológico, podendo predizer até 17,4% da associação com DCV aterosclerótica e os níveis plasmáticos de triglicerídeos, principalmente em mulheres e afrodescendentes.

Essas observações são respaldadas em trabalhos que verificaram que um ambiente materno adverso aumenta a suscetibilidade à fibrose cardíaca em camundongos machos adultos após exposição ao estresse metabólico na vida adulta. Além disso, em um estudo com modelos animais, observou-se que a exposição pré-natal a dietas ricas em gordura reprograma as funções vasculares no prole, com impacto na expressão dos genes *AT1aR* e *AT2R*, o que contribui para o aumento da contratilidade vascular e pode ser determinante para hipertrofia cardíaca em fetos e adultos do sexo masculino. Tais evidências científicas reforçam a influência de que a má alimentação materna durante a gestação pode ser considerada fator determinante na epigenética e nas DCV.

Além dos hábitos nutricionais, a exposição à hipóxia gestacional intermitente também é apontada como relacionada a alterações metabólicas e cardiovasculares. Observou-se em camundongos machos que essa condição pode levar a baixo peso corporal na primeira semana, seguido por aumentos posteriores no peso corporal, dislipidemia, resistência à insulina e inflamação sistêmica, além de comprometimento da função endotelial e metilação do promotor do gene da adiponectina (*ADIPOQ*). Posto isso, as alterações metabólicas decorrentes da hipóxia anterior ao nascimento, quando interpretadas dentro do contexto do organismo humano, resultam no aumento de condições consideradas fatores de risco de DCV.

O tabagismo materno também é um grande fator de modulação epigenética. Estudos encontraram alterações significativas de metilação em 26 locais CpG em 10 genes associados a esse hábito no período gestacional, sugerindo que essas alterações na metilação do DNA são desencadeadas pelo tabagismo durante a gravidez. Dessa forma, nos fígados fetais, foram encontradas alterações na disponibilidade de vitamina B12, importante no doador de metil ($-CH_3$), com consequente alterações na metilação dos genes *IGF2* (receptor do fator de crescimento semelhante à insulina tipo 2) e *NR3C1* (receptor de glucocorticoide) devido ao uso de tabaco. Além disso, supôs-se que a exposição a produtos do tabaco é capaz de modificar epigeneticamente um alelo do gene mu-1 do receptor opioide (*OPRM1*), aumentando a preferência do paladar pela gordura e associado ao sobrepeso dos descendentes.

Portanto, as evidências acumuladas revelam que a restrição alimentar durante a gestação, a obesidade materna, e exposições adversas como a hipóxia podem induzir a mudanças na metilação do DNA, afetando genes importantes para o metabolismo e a função vascular. Tais modificações epigenéticas não apenas contribuem para o desenvolvimento de DCV e metabólicas, mas também influenciam o envelhecimento epigenético. Além disso, a influência de fatores ambientais, como o tabagismo materno, e a exposição a dietas inadequadas durante a gravidez reforçam a necessidade de estratégias preventivas e de intervenções nutricionais precoces para mitigar o risco de condições crônicas na descendência.

Fatores ambientais e risco cardiovascular

Do ponto de vista mundial, o processo de modernização está associado a um novo *status* nutricional, demográfico e epidemiológico, relacionado a mudanças no estilo de vida, com o aumento do sedentarismo e alimentação densamente calórica e industrializada. Esses fatores de risco têm contribuído para o aumento das doenças crônicas não transmissíveis.

Dessa forma, tais mudanças têm contribuído também para o aparecimento de doenças como a obesidade, AVC, hipertensão, arteriosclerose, depressão, entre outras. Além disso, a incorporação de hábitos pouco saudáveis também é responsável por gerar modificações laborais, absenteísmo, perda da qualidade de vida e maiores custos econômicos nos serviços hospitalares especializados, em decorrência do agravamento nos estados de saúde e da associação das chamadas doenças físicas com as doenças psiquiátricas.

É importante considerar que o estilo de vida é um fator importante nas alterações moleculares, visto que, conforme evidenciado nos tópicos iniciais deste capítulo, tanto a privação de afeto quanto a privação de alimentos durante a infância ou gestação podem alterar a expressão de genes importantes, aumentando o desajuste social e o aparecimento de doenças, por exemplo.

Observa-se que, apesar de uma abundância de estudos sobre epigenética e suas implicações em doenças humanas, a maioria das pesquisas tem-se concentrado no câncer. Em contraste, as investigações sobre a participação dos mecanismos epigenéticos nas DCV têm sido notavelmente limitadas.

Há décadas, os pesquisadores encontraram evidências de que fatores como estilo de vida, dieta e antecedentes genéticos não explicam tudo sobre as características das DCV. Da mesma forma se tem hoje o entendimento de que a maioria dos medicamentos pode ajudar no controle das doenças crônicas cardiovasculares, porém sem a promoção da "cura", o que mantém os indivíduos por longos períodos em consumo de medicamentos.

As interações entre estilo de vida, como a dieta, e mecanismos epigenéticos têm-se mostrado fundamentais na regulação de genes relacionados ao aumento do índice de massa corporal (IMC) e à adiposidade. A dieta influencia diretamente a metilação de genes envolvidos no metabolismo lipídico e gasto energético, resultando em alterações na expressão gênica que podem ser transmitidas às gerações futuras, com o aparecimento de doenças metabólicas e obesidade.

Além disso, as influências ambientais no início da vida exercem um impacto duradouro no epigenoma, modificando permanentemente o metabolismo e o risco de doenças crônicas, como as cardiovasculares. Essas modificações epigenéticas, que ocorrem em períodos críticos do desenvolvimento, moldam a saúde ao longo da vida, destacando a importância de fatores ambientais na programação epigenética e na suscetibilidade a doenças crônicas.

Um exemplo claro desse impacto pode ser observado na obesidade infantil, que tem afetado de maneira significativa certos grupos raciais e étnicos. As crianças de ascendência africana são mais favoráveis a desenvolver a obesidade em comparação a outras crianças, assim como o risco aumentado de hiperlipidemia, diabetes e DCV. Dentre os aspectos que influenciam a elevação do índice de presença da obesidade, pode-se citar o estilo de vida sedentário, a falta de alimentos nutritivos, fatores ambientais e o *status* socioeconômico, por exemplo. Além disso, vale citar as condições ambientais como outro fator estressor, visto que indivíduos expostos a condições precárias de moradia – ausência de saneamento básico, água tratada e local de risco em que residem – têm maior propensão ao desenvolvimento das doenças tratadas neste capítulo.

Em contrapartida, estudos indicam que mudanças no estilo de vida, como a prática de exercícios protetores e a adoção da dieta mediterrânea, podem modular a expressão de genes relacionados ao metabolismo lipídico, como a lipoproteína lipase, o receptor alfa de retinoide X e a estearoil-CoA dessaturase. Esses hábitos foram associados à melhoria no perfil metabólico, especialmente em crianças com obesidade metabólica saudável, ou seja, aquelas que não apresentam alterações nos exames de glicose, lipídios e pressão arterial. Portanto, ao modificar o estilo de vida, é possível influenciar positivamente a expressão gênica e, consequentemente, o metabolismo lipídico e a inflamação, demonstrando o potencial de reversão, em parte, dos efeitos negativos da obesidade infantil, mesmo em populações mais vulneráveis.

Além da obesidade, o tabaco também se destaca como um dos principais fatores de risco para DCV, incluindo aterosclerose, doença arterial coronariana, AVC e insuficiência cardíaca. O uso do tabaco pode levar a mudanças epigenéticas, a exemplo das mudanças nos padrões de metilação, que, assim como atestado nos parágrafos anteriores, afetam a expressão gênica por metilação do DNA ou por alterações epigenéticas das histonas, que são proteínas que auxiliam na compactação do DNA no interior do núcleo celular. Alterações na afinidade das histonas com o DNA podem interferir na acessibilidade de fatores de transcrição ao DNA e, consequentemente, afetar a expressão dos genes. Portanto, a compreensão desses mecanismos epigenéticos pode auxiliar na identificação de novos alvos terapêuticos para a prevenção e tratamento de DCV em fumantes.

Da mesma forma, é importante relatar e estabelecer a relação entre o abuso de álcool e a epigenética. A dependência de álcool é um transtorno grave e comum que apresenta impactos significativos na saúde pública, incluindo elevadas taxas de morbidade e mortalidade.

Acredita-se que a suscetibilidade à dependência do álcool seja influenciada por fatores genéticos, ambientais e sociais, que interagem de maneira complexa e ainda não completamente compreendidos, porém esses fatores genéticos podem estar associados à dependência do álcool, incluindo variações nos genes que afetam a neurotransmissão e a plasticidade sináptica, bem como variações nos genes que estão envolvidos no metabolismo do álcool. No entanto, a variabilidade genética por si só não explica completamente a suscetibilidade à dependência do álcool, sugerindo a presença de fatores ambientais que influenciam a expressão dos genes.

A interação entre fatores genéticos e ambientais pode ser mediada por mecanismos epigenéticos. Estudos mostraram que a metilação do DNA em locais específicos está associada à dependência do álcool e que essas modificações epigenéticas podem ser influenciadas por fatores ambientais. Embora a compreensão dos mecanismos genéticos e epigenéticos subjacentes à dependência do álcool esteja em constante evolução, a identificação desses fatores pode levar a melhores estratégias de prevenção e tratamento da dependência do álcool.

De forma semelhante, a prática regular de atividade física, que também influencia mecanismos epigenéticos, tem sido amplamente reconhecida como uma importante intervenção não farmacológica para a modificação dos hábitos de vida, com benefícios sobre a pressão arterial e a saúde cardiovascular em geral. Um estilo de vida sedentário, por outro lado, aumenta significativamente o risco de desenvolver DCV.

A influência do ambiente e do estilo de vida sobre o genoma, por meio de modificações epigenéticas, tem-se mostrado crucial em doenças multifatoriais complexas como a hipertensão. Em estudos recentes, observou-se que o treinamento físico aeróbico contínuo pode modificar padrões de metilação do DNA em leucócitos, especialmente em elementos repetitivos como *Long Interspersed Nuclear Element 1 (Line-1)*, além de genes específicos como *NOS3*, *EDN1*, e *NOS2*, que estão associados ao controle da pressão arterial. Essa alteração epigenética foi correlacionada com uma diminuição da pressão arterial sistólica e diastólica, indicando que a metilação do DNA pode ajudar a compreender o papel do mecanismo molecular pelo qual o exercício físico regula a função cardiovascular.

Biomarcadores epigenéticos das doenças cardiovasculares

Biomarcadores epigenéticos, como 5-metilcitosina (5-mC) e 5-hidroximetilcitosina (5-hmC), são amplamente reconhecidos como marcadores na avaliação dos níveis globais de metilação e hidroximetilação do DNA. Pesquisas recentes exploraram a ligação entre esses processos epigenéticos e o desenvolvimento da aterosclerose, especialmente na artéria carótida. Observou-se que essa condição está correlacionada à aterosclerose coronariana, frequentemente se manifestando em estágios mais precoces.

Identificou-se ainda que níveis elevados de 5-mC e 5-hmC estão associados a manifestações clínicas, em pacientes com aterosclerose carotídea. Além disso, essas alterações epigenéticas, em conjunto com as placas carotídeas, podem ser úteis no diagnóstico precoce da aterosclerose coronariana.

Além disso, novas pesquisas vêm investigando o uso das taxas de metilação como biomarcador de risco de mortalidade após eventos de AVC. O envelhecimento biológico, reconhecido por marcas de metilação, tem sido estudado como biomarcador epigenético para prever danos no organismo de vítimas de AVC isquêmico, especialmente em indivíduos com aterosclerose em grandes artérias, sendo avaliados para avaliação prognóstica de sobrevida. Segundo esse estudo, as marcas epigenéticas variam de acordo com parâmetros clínicos e de estilo de vida, podendo indicar envelhecimento genético precoce à idade cronológica na presença de fatores de risco, como obesidade, aptidão física, vírus da imunodeficiência humana (HIV) positivo, doença de Parkinson e AVC.

Os estudos também demonstraram associações entre metilação de gene relacionado à inflamação e risco cardiometabólico. A hipometilação do promotor de *IL-6* (interleucina pró-inflamatória) está associada ao risco aumentado de doença coronariana, especialmente de infarto agudo do miocárdio. É importante salientar que o promotor hipometilado aumenta a expressão do gene. Hao et al. (2018) demonstraram que fatores de risco cardiovascular, como maior molécula de adesão de células vasculares séricas, maior lipoproteína de baixa densidade e menor colesterol de lipoproteína de alta densidade, foram associados à metilação *do Line-1.*

Nutrição e suplementação relacionadas ao risco cardiovascular

Outro fator importante relacionado ao aparecimento das DCV é a nutrição. Nossa forma de consumo alimentar sofreu grandes mudanças ao longo do tempo, e boa parte dos produtos encontrados nos mercados hoje sofre alguma interferência industrial, seja com substâncias para a conservação dos alimentos, adição de cores, sabores, produtos embalados, desidratados, congelados ou outros tipos de tratamento. Outro tipo de interferência industrial comum é a produção de alimentos com o uso de antibióticos, hormônios, agrotóxicos, metais pesados, interferentes endócrinos, entre outros. De fato, após a Revolução Industrial a nossa forma de se alimentar mudou, assim como nossa relação com a comida. Para uma parcela da população, o acesso à alimentação rica em açúcares, frutas muito mais ricas em frutose, carboidratos simples refinados e a gordura ficou mais fácil e barato, e comer se tornou um fator social, afetivo e até mesmo compensatório. Culturas em todo o mundo se reúnem à mesa para se alimentar e cultivar suas tradições e história.

Pela lógica da epigenética, a alimentação é a maior fonte de nutrientes e de cofatores essenciais para as reações químicas no corpo. Essas alterações históricas em nossa relação com a comida e o tipo de alimento consumido podem induzir alterações epigenéticas aumentando o risco do desenvolvimento de doenças, visto que o consumo de alimento com grande aporte de gordura e carboidratos, alimentos industrializados e pobres em nutrientes tem aumentado nas últimas décadas.

Os nutrientes alimentares podem influenciar o início e o desenvolvimento da aterosclerose. Nesse aspecto, alguns estudos mostram que a L-carnitina é um fator preventivo para DCV. Essa molécula é um composto de amônio quaternário essencial para o metabolismo energético, produzida no fígado e nos rins a partir da lisina e metionina ou obtida através da dieta. Entretanto, a suplementação de L-carnitina e seu produto, trimetilamina-N-óxido (TMAO), também foram identificadas como biomarcadores de risco cardiovascular. Enquanto TMAO foi atribuído a uma piora do perfil lipídico e como desencadeador da metilação do DNA mitocondrial de plaquetas e aumento o risco de aterosclerose. Por outro lado, a administração de L-carnitina tem-se mostrado capaz de contrabalançar esse efeito, tornando os níveis séricos de lipídios mais favoráveis e beneficiando o sistema cardiovascular.

Apesar dos avanços apresentados em pesquisas recentes, a L-carnitina destaca-se não apenas por seu potencial preventivo em DCV, mas também levanta preocupações devido a seu metabólito, o trimetilamina-N-óxido (TMAO), que tem sido associado a efeitos deletérios sobre a saúde cardiovascular. A dualidade de seus efeitos, com a melhora do perfil lipídico e, ao mesmo tempo, o aumento do risco aterosclerótico, ressalta a complexidade de sua função tanto no metabolismo quanto nos processos epigenéticos. Embora o conhecimento sobre o papel da L-carnitina tenha avançado, especialmente no campo da epigenética mitocondrial, ainda são necessários estudos adicionais para esclarecer seus mecanismos de ação e estabelecer diretrizes claras para seu uso como intervenção terapêutica na saúde cardiovascular.

Homocisteína e risco cardiovascular

A ligação mais óbvia entre epigenética e DCV é a hiper-homocisteinemia, uma vez que estudos epidemiológicos desde o século passado demonstram que níveis séricos elevados desse aminoácido estão correlacionados com um aumento do risco de doença aterosclerótica vascular. A base da associação de hiper-homocisteinemia com DCV é ainda pouco conhecida, mas as altas concentrações de homocisteína podem prejudicar o metabolismo de um carbono (produção de CH_3) e consequentemente a metilação do DNA.

A homocisteína é um aminoácido derivado do metabolismo da metionina, um aminoácido essencial obtido a partir da dieta. Ela é naturalmente decomposta e excretada na urina. Durante esse processo de degradação, a homocisteína pode ser reciclada e ser reutilizada na construção de outras proteínas. Para essa reciclagem, são necessárias as vitaminas B12, B6 e B9 (metilfolato). Se um indivíduo tem deficiência de vitamina B12, B6 e folato, a homocisteína não pode ser reciclada de forma eficiente, portanto se acumula no sangue (veja Capítulo 3, Figura 2).

A via alternativa de metilação da homocisteína para formar metionina é catalisada pela betaína homocisteína metiltransferase, enzima cuja atividade aumenta em caso de excesso de metionina. Estudos apontam que a betaína, derivada da colina da dieta, é a doadora do grupo metil nessa reação, e sua suplementação oral pode diminuir as concentrações plasmáticas de homocisteína, independentemente da ingestão de folato e vitaminas do complexo B. Tanto em camundongos quanto em humanos, estudos demonstram que, em condições de elevado fluxo de homocisteína, a via de metilação dependente de folato é insuficiente, tornando a via de metilação dependente de colina-betaína essencial.

Além disso, para que a reciclagem seja mais eficiente, é necessária a enzima metilenotetraidrofolato redutase (MTHFR). Mutações herdadas nesse gene podem levar a níveis elevados de homocisteína. A homocisteína elevada pode contribuir para a formação de placas nas artérias (aterosclerose) e lesões no revestimento dos vasos sanguíneos, tornando-os mais suscetíveis a coágulos sanguíneos. Porém, muitas pessoas têm níveis normais de homocisteína, especialmente em países como os Estados Unidos, onde os alimentos são enriquecidos com ácido fólico. Portanto, as mutações do MTHFR por si sós, na ausência de níveis elevados de homocisteína, não são um fator de risco para DCV em países onde os alimentos são enriquecidos com ácido fólico.

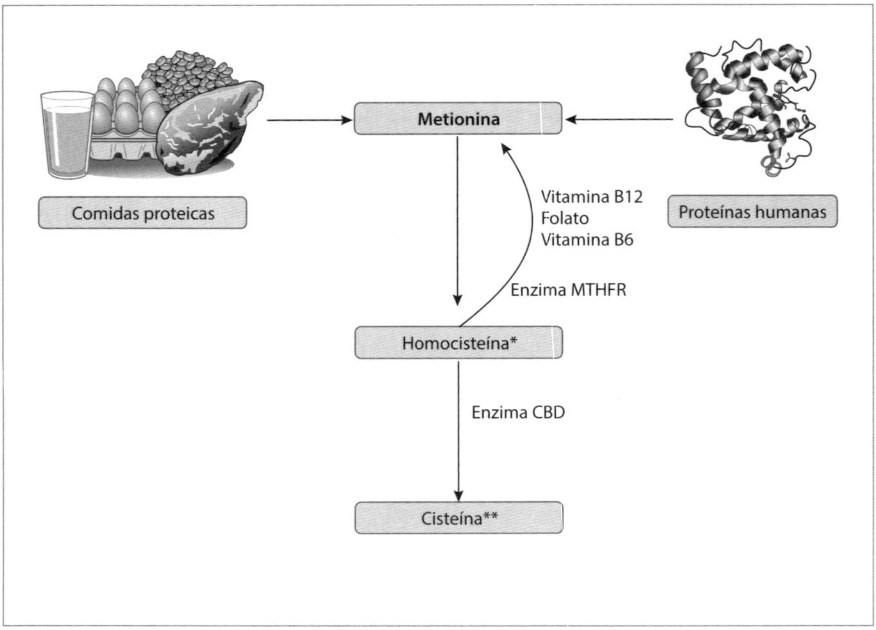

Figura 1 Via da homocisteína: decomposição e reciclagem.

* Homocisteína é presente no sangue.

** Cisteína é presente na urina.

CBD: cistationina-beta-sintase; MTHFR: metilenotetraidrofolato redutase.

Mudanças genéticas em MTHFD1 e MTHFD2, causadas por variantes polimórficas, podem interferir no metabolismo do ácido fólico e ter efeitos adversos nos processos biológicos celulares. A deficiência na sintetase MTHFD1, em camundongos, está associada a maior incidência de doença coronariana. Essa deficiência pode prejudicar o crescimento miocárdico ao inibir a síntese de purinas na divisão rápida do tecido embrionário e impactar a replicação do DNA, limitando assim a proliferação celular.

PERSPECTIVAS

Apesar dos avanços na compreensão das DCV e suas bases moleculares, o manejo dessas enfermidades enfrenta alguns desafios. Entre eles, destaca-se a dependência excessiva de tratamentos farmacológicos em detrimento de abordagens integrativas que poderiam atuar de forma complementar. A indústria farmacêutica tem desenvolvido uma ampla gama de medicamentos para controlar fatores de risco, como hipertensão, colesterol elevado e diabetes, resultando em um tratamento contínuo para muitos pacientes, mas sem necessariamente abordar as causas subjacentes das doenças ou promover a cura.

A longo prazo, a prescrição de medicamentos para controle de DCV, embora eficaz na redução dos sintomas e no manejo de crises agudas, pode resultar em efeitos colaterais cumulativos e em uma cultura de dependência medicamentosa. Isso limita a adoção de práticas preventivas e terapias baseadas em mudanças no estilo de vida, como alimentação saudável, atividade física regular, e intervenções psicológicas voltadas para o manejo do estresse. Tais intervenções têm demonstrado não apenas prevenir a progressão das DCV, mas também promover a reprogramação epigenética, revertendo parcialmente os danos associados à exposição prolongada a fatores de risco.

A prática de uma medicina integrativa, que inclua intervenções como dietas balanceadas, práticas meditativas e exercícios físicos, tem mostrado potencial na modulação da expressão gênica e na melhora do perfil cardiovascular dos pacientes. No entanto, a medicina convencional tem subutilizado essas abordagens, priorizando intervenções medicamentosas como primeira linha de tratamento. A falta de incentivo e de conscientização sobre os benefícios a longo prazo de estratégias não farmacológicas faz com que muitos profissionais de saúde e pacientes deixem de explorar essas opções, mesmo diante das evidências crescentes sobre seu impacto positivo na saúde cardiovascular.

Esse contexto traz à tona a necessidade de uma mudança de paradigma na abordagem das DCV, com maior valorização da medicina integrativa, que considera não apenas o controle dos sintomas, mas a promoção do bem-estar integral do paciente. Isso pode, em última análise, reduzir a carga medicamentosa e promover a qualidade de vida, com benefícios tanto para o indivíduo quanto para o sistema de saúde como um todo.

REFERÊNCIAS

1. Argentieri MA, Nagarajan S, Seddighzadeh B, Baccarelli AA. Epigenetic pathways in human disease: the impact of DNA methylation on stress-related pathogenesis and current challenges in biomarker development. EBioMedicine. 2017;18:327-50.
2. Badran M, Ayas NT, Laher I. Gestational intermittent hypoxia induces endothelial dysfunction, reduces perivascular adiponectin and causes epigenetic changes in adult male offspring. J Physiol. 2019;597(22):5349-64.
3. Barcelona V, Patterson C, Salihu H, Dong Y. Metilação de DNA, parto prematuro e pressão arterial em crianças afro-americanas: o estudo DPREG. J Immigr Minor Health. 2022;24(2):334-41.
4. Barroso WKS, Mion D Jr, Barbaro RP, et al. Diretrizes brasileiras de hipertensão arterial – 2020. Arq Bras Cardiol. 2021;116:516-658.
5. Bordoni L, Petracci I, Nasuti C, et al. A pilot study on the effects of l-carnitine and trimethylamine-N-oxide on platelet mitochondrial DNA methylation and CVD biomarkers in aged women. Int J Mol Sci. 2020;21(3):1047.
6. Brasil. Sistema de Informação sobre Mortalidade – SIM – OPENDATASUS. 2022.
7. Braun M, Keppler A, Becker A, et al. Influence of second-hand smoke and prenatal tobacco smoke exposure on biomarkers, genetics and physiological processes in children: an overview in research insights of the last few years. Int J Environ Res Public Health. 2020;17(9):3212.
8. Chang H, Pan K, Zhang X, Lu Z, Wang Y, Liu D, et al. Exposição ambiental a PM2.5, atividade física e disfunção cardiovascular: análise de dados CHARLS e estudo experimental em camundongos. Journal of Hazardous Materials. 2025;493:138377.
9. Chen F, Chen Y, Liang Y, et al. Dieta rica em gordura materna aumenta a contratilidade vascular em descendentes adultos de maneira dependente do sexo. Hypertens Res. 2021;44(1):36-46.
10. De Assis Pinheiro J, Costa C, Lima L, et al. Consumo de álcool, depressão, sobrepeso e níveis de cortisol como fatores determinantes da metilação do gene NR3C1. Sci Rep. 2021;11(1):67-68.
11. Ferrari L, Mazzatti DJ, Cavalcante M. Effects of physical exercise on endothelial function and DNA methylation. Int J Environ Res Public Health. 2019;16(14):2530.
12. Gallardo-Escribano C, Moreno-Aliaga MJ, Martinez JA, et al. Epigenetic approach in obesity: DNA methylation in a prepubertal population which underwent a lifestyle modification. Clin Epigenetics. 2020;12:1-14.
13. Gao T, Neuhouser ML, Hou L, et al. Plasma lipid profiles in early adulthood are associated with epigenetic aging in the Coronary artery risk development in young adults (Cardia) study. Clin Epigenetics. 2022;14(1):16.
14. Jebari-Benslaiman S, Galicia-Garcia U, Larrea-Sebal A, et al. Pathophysiology of atherosclerosis. Int J Mol Sci. 2022;23(6):3346.
15. Jiang D, Zheng D, Li W, et al. DNA hydroxymethylation combined with carotid plaques as a novel biomarker for coronary atherosclerosis. Aging (Albany NY). 2019;11(10):3170.
16. Kadam I, Du L, Pan X, et al. A systematic review of diet quality index and obesity among Chinese adults. Nutrients. 2021;13(10):3555.
17. Karabaeva R Zh, Vochshenkova TA, Mussin NM, Albayev RK, Kaliyev AA, Tamadon A. Epigenetics of hypertension as a risk factor for the development of coronary artery disease in type 2 diabetes mellitus. Frontiers in Endocrinology. 2024;15.

18. Liu H, Chen Z, Wang X, et al. Association of maternal folate intake and offspring MTHFD1 and MTHFD2 genes with congenital heart disease. Nutrients. 2023;15(16):3502.
19. Martin CL, Zhang W, Peppone LJ, et al. Maternal pre-pregnancy obesity, offspring cord blood DNA methylation, and offspring cardiometabolic health in early childhood: an epigenome-wide association study. Epigenetics. 2019;14(4):325-40.
20. Patel P, Gordon A, Moore CE, et al. Racial disparities in methylation of NRF1, FTO, and LEPR gene in childhood obesity. Genes. 2022;13(11):2030.
21. Phang M, Sinclair K, Bruce KD, et al. Epigenetic aging in newborns: role of maternal diet. Am J Clin Nutr. 2020;111(3):555-61.
22. Stevenson K, Lillycrop KA, Silver MJ. Fetal programming and epigenetics. Curr Opin Endocr Metab Res. 2020;13:1-6.
23. Tada H, Kawashiri MA, Nohara A, et al. Human genetics and its impact on cardiovascular disease. J Cardiol. 2022;79(2):233-9.
24. Takeda Y, Inoue K, Miyoshi T, et al. DNA methylation of the angiotensinogen gene, AGT, and the aldosterone synthase gene, CYP11B2 in cardiovascular diseases. Int J Mol Sci. 2021;22(9):4587.
25. Totoń-Żurańska J, Mikolajczyk TP, Saju B, Guzik TJ. Vascular remodelling in cardiovascular diseases: hypertension, oxidation, and inflammation. Clin Sci (Lond). 2024;138(13):817-50.
26. Turunen MP, Aavik E, Ylä-Herttuala S. Epigenetics and atherosclerosis. Biochimica et Biophysica Acta (BBA) – General Subjects. 2009;1790(9):886-891.
27. World Health Organization (WHO). Guideline for the pharmacological treatment of hypertension in adults. Geneva: World Health Organization; 2021.
28. Zhang Y, Hu Z, Li C, et al. Inhibition of DNA methylation in newborns reprograms ischemia--sensitive biomarkers resulting in development of a heart ischemia-sensitive phenotype late in life. Reprod Toxicol. 2021;105:198-210.

Capítulo **6**

Epigenética e câncer: mecanismos de carcinogênese

Suzanny Oliveira Mendes
Bruna Aparecida Borges Dutra
Weverton Pereira de Medeiros
Julia Toneto Neves
Juliana Carvalho Passos
Caio Effigen Bortolini
Davi Bonella Lopes
Brunella Curto Cristianes Lacerda

> *"Genes são como as palavras em um livro. A epigenética é a pontuação, as ênfases e as entonações que dão significado ao texto".*
> *Nessa Careyi*

CONVERSA COM O LEITOR

O câncer continua sendo um dos grandes desafios da medicina moderna, despertando crescente interesse e inquietação tanto na comunidade científica quanto na população em geral. O conhecimento sobre as causas e mecanismos por trás do desenvolvimento do câncer tem evoluído exponencialmente, revelando que a origem dessa patologia complexa vai muito além de mutações genéticas. É nesse contexto que se torna essencial compreender o papel dos mecanismos moleculares envolvidos, não apenas para entender o surgimento do câncer, mas também para desenvolver abordagens terapêuticas mais eficazes.

Este capítulo aborda de maneira detalhada os processos moleculares que culminam na transformação de uma célula saudável em uma célula cancerosa. Entre os fatores destacados, a epigenética surge como área de grande importância, oferecendo uma nova perspectiva sobre como alterações no controle da expressão gênica podem promover o desenvolvimento do câncer, sem a necessidade de mudanças diretas na sequência do DNA. As modificações epigenéticas, por exemplo, metilação do DNA e modificações das histonas, são exploradas aqui como elementos-chave na regulação do destino celular e na carcinogênese.

Convidamos você, leitor, a mergulhar nos conteúdos deste capítulo com a mente aberta e curiosa. A ciência está em constante avanço, e a compreensão desses mecanismos pode não apenas ampliar o conhecimento sobre o câncer, mas também inspirar novas formas de pensar a respeito da prevenção e do tratamento dessa doença devastadora, como será apresentado nos capítulos seguintes.

BASES CIENTÍFICAS

Mecanismos moleculares da carcinogênese

Para iniciar a discussão que correlaciona a epigenética e o câncer, é necessário entender como a carcinogênese se desenvolve e quais mecanismos moleculares a envolvem. Nesse sentido, é preciso saber que as células passam por processos de crescimento e diferenciação celular regulados por mecanismos de controle, que funcionam por meio de sinais específicos, como os fatores de crescimento, que indicam quando a célula deve se dividir ou morrer. Esses mecanismos podem sofrer alterações que ocasionam distúrbios denominados lesões. No que tange ao assunto do capítulo, serão abordadas apenas as neoplasias, que, por definição, são distúrbios em células que se proliferam anormalmente e podem originar tumores classificados em benignos e malignos de acordo com o comportamento e a evolução da lesão. Isso ocorre porque as células neoplásicas apresentam características específicas que levam à proliferação atípica.

Dentre essas características, pode-se citar a autonomia de proliferação, que ocorre devido à produção de fatores de crescimento e hiperexpressão de genes que acionam o ciclo celular e se relacionam à capacidade de angiogênese, que garante o suprimento sanguíneo. Além disso, também há a insensibilidade aos sinais inibidores de mitose graças a mutações e perda da inibição por contato. A imortalidade, a evasão da apoptose, as alterações na autofagia e a evasão da senescência também estão presentes em células neoplásicas e estão ligadas à atividade permanente da telomerase.

Existe também a instabilidade genômica proveniente de defeitos em genes de reparo do DNA, anormalidade na DNA polimerase e na p53, que favorece a replicação descontrolada das células neoplásicas, já que as lesões no DNA não são reconhecidas nem reparadas. Ademais, também permite que haja o acúmulo de novas mutações. As células desenvolvem, ainda, adaptações nas vias metabólicas a fim de obter grande quantidade de energia e em alta velocidade. Assim, há um elevado número de divisões celulares. As células neoplásicas também têm a capacidade de se evadir do sistema imunitário e de induzir resposta inflamatória.

Finalmente, uma das mais importantes características das células neoplásicas malignas é a possibilidade de sofrer metástases, que é definida pela formação de uma nova lesão tumoral originada de um tumor primário, mas sem que haja continuação entre eles. Para isso, ocorre o destacamento das células do primeiro e seu deslocamento através da matriz extracelular (MEC). Posteriormente, invadem vasos linfáticos ou sanguíneos, ganhando uma via de disseminação. Quando as células sobrevivem na circulação, são capazes de aderir ao endotélio vascular no órgão em que irão se instalar e, posteriormente, sair dos vasos por diapedese e os adentrar. Se o ambiente for favorável, sobrevivem e proliferam no órgão invadido. Por fim, há a indução de vasos para o suprimento sanguíneo da nova colônia.

Para além das características, é fundamental entender a etiologia das neoplasias, ou seja, os mecanismos moleculares que envolvem o desenvolvimento destas e da carcinogênese. Sabe-se que os tumores ocorrem em indivíduos geneticamente suscetíveis e resultam de agressões ambientais que levam a modificações genéticas e epigenéticas nas células, e estas passam a adquirir propriedades de crescimento seletivo e expansão clonal. Dentre esses fatores ambientais, pode-se citar o tabagismo, dietas ricas em alimentos gordurosos e processados, obesidade, alcoolismo e exposição a carcinógenos. Além das causas ambientais, que serão discutidas posteriormente, o surgimento do câncer também está relacionado a modificações no genoma e em sua expressão devido a mutações gênicas ou alterações epigenéticas.

Dessa forma, antes de abranger o desenvolvimento da carcinogênese, é importante reconhecer os genes que estão intimamente ligados a ela. Em geral, os genes que são modificados são aqueles cuja expressão está relacionada à proliferação e diferenciação celular. Dentre eles, pode-se citar os oncogenes, os genes supressores de tumores, genes que regulam a apoptose, genes reparadores de genoma, que são aqueles que diminuem as probabilidades de surgimento de oncogenes, já que realizam o reparo do DNA, genes supressores de tumor e genes para a apoptose.

O primeiro grupo é o dos proto-oncogenes, que estão presentes em células normais e participam do controle da proliferação e diferenciação celulares. Eles têm grande importância, já que podem originar produtos como os fatores de crescimento e fatores de transcrição, que estimulam ou inibem genes, além dos oncogenes. Estes são formados a partir da alteração na estrutura do gene (mutação), que ativa os proto-oncogenes, resultando em uma oncoproteína, hiperexpressão ou amplificação gênica. Esse processo mutagênico pode ocorrer devido a translocações e por carcinógenos físicos ou químicos que promovem a troca de aminoácidos na proteína. Como consequência, esta permanece constantemente ativa e estimulante aos efetores. Por fim, é importante destacar que há certa cooperação entre os oncogenes, já que é necessária a ativação e desativação de vários genes para que o fenótipo maligno se manifeste.

Por sua vez, a função dos genes supressores de tumor é evitar a proliferação celular descontrolada. Esses genes fazem isso por meio do controle da multiplicação e da diferenciação celular, com ação diretamente no ciclo celular, atuando em vias que ativam a apoptose ou estimulam a diferenciação, inibindo a mitose.

Tendo entendido as características e a etiologia das neoplasias, adentraremos a carcinogênese de fato antes de explanar as correlações entre oncologia e epigenética. A carcinogênese compõe-se de três etapas:

1. Iniciação: momento em que há a indução de modificações genéticas pelo carcinogênio e a iniciação da célula.
2. Promoção: momento em que há estímulo à proliferação.
3. Progressão: momento em que o tumor cresce e a neoplasia se desenvolve em sítios distantes de sua origem.

A primeira etapa é a iniciação, e refere-se às alterações genômicas, causadas por agentes iniciadores – substâncias mutagênicas –, que tornam as células capazes de multiplicar-se de forma autônoma, iniciando-as. Como consequência, tornam-se menos responsivas a fatores que inibem a proliferação celular, a indutores de diferenciação celular ou a apoptose. Porém, para que a iniciação seja estabelecida, é necessário que o DNA não seja corrigido e sofra pelo menos uma divisão. Além disso, é importante ressaltar que uma célula apenas iniciada não origina tumor.

A seguir ocorre a etapa de promoção, momento em que ocorre a expansão de células iniciadas e que permite a fixação da alteração genômica. Além disso, essa é uma fase em que é aumentada a multiplicação celular e em que consequentemente aumenta a probabilidade de novas mutações. Ela acontece mediante a ação de promotores, substâncias que podem irritar tecidos e provocar reações inflamatórias e proliferativas. Pode-se citar como promotores quaisquer agentes que produzem hiperplasias, como medicamentos e hormônios; porém, diferentemente dos iniciadores, eles não se ligam ao DNA nem provocam mutações; e também têm ação reversível, já que, caso sua aplicação seja interrompida antes de completada a promoção, o efeito não se manifesta.

A última etapa é a progressão, quando o câncer se torna mais agressivo e maligno devido ao desenvolvimento de novas mutações ocorridas pela instabilidade genômica. Nesse momento, as novas células são subclonais, e são selecionadas apenas aquelas que passam a ter propriedades vantajosas ao crescimento e expansão da massa neoplásica. Ou seja, são selecionados clones mais agressivos e mais malignos. Além das mutações, a expressão gênica e, consequentemente, a progressão neoplásica sofrem influência das modificações epigenéticas, como explicado adiante.

Essa etapa é fundamental no prognóstico e tratamento do câncer, já que, quanto maior o período entre o surgimento do tumor e sua detecção, maiores as chances de alterações genômicas terem ocorrido e maior a malignidade, aumentando assim a possibilidade de ocorrência de metástases. Como consequência, há diminuição da resposta a tratamentos. Por outro lado, o contrário, ainda que raramente, pode ocorrer. A instabilidade genômica pode resultar no surgimento de clones menos adaptados ou na diferenciação de células malignas, fazendo com que haja a perda da capacidade de proliferação.

Com isso, abrem-se perspectivas para possíveis tratamentos baseados em agentes indutores de diferenciação celular que fariam as células perderem seu caráter maligno.

Além de explicar a carcinogênese, a compreensão dos mecanismos moleculares que a envolvem também permite o diagnóstico, principalmente de forma precoce, ao identificar lesões precursoras ou pré-malignas. Se conseguirmos detectar lesões na fase pré-invasiva, há a possibilidade de impedirmos seu avanço. Além disso, a análise molecular – uma das formas de diagnóstico de câncer – possibilita identificar as modificações genômicas e epigenéticas que alteram a expressão das proteínas que comandam a maioria das reações moleculares e alteram fenotipicamente as células tumorais. Com isso se entende a origem, a progressão e adquire-se certa previsibilidade acerca de diferentes tipos de cânceres.

Por fim, é importante destacar que também há a influência de mecanismos epigenéticos, principal assunto do livro, na carcinogênese. Como explicado em outros capítulos, mecanismos epigenéticos são aqueles em que há mudança na expressão gênica sem que haja modificações na sequência do DNA. As principais alterações epigenéticas são a metilação em genes supressores de tumor e de reparo de DNA, que resulta em menor expressão, hipometilação do DNA e modificações em histonas. Além desses mecanismos epigenéticos, há também a ação de micro-RNA na carcinogênese, já que estes influenciam na expressão gênica ao serem capazes de inibir dezenas de genes, resultando em repressão gênica.

Epigenética e carcinogênese

As modificações epigenéticas influenciam na carcinogênese, seja na etapa da iniciação, da promoção e ou da progressão. Vale ressaltar que a obtenção das características celulares específicas do câncer, citadas anteriormente no capítulo, é estimulada por alterações do genoma, sejam elas genéticas ou epigenéticas, as quais afetam a expressão gênica e são responsáveis por esse fenótipo das células cancerosas.

O câncer é tradicionalmente citado como uma patologia de ordem genética, e existe, portanto, maior quantidade de estudos nesse âmbito em comparação com os que abordam a epigenética. Porém, com o reconhecimento de que a carcinogênese também está envolvida com os fatores que alteram a expressão gênica sem modificar o DNA, garantiu-se o melhor entendimento dos caminhos moleculares para o desenvolvimento do câncer.

A maquinaria epigenética nessa doença sofre diversas alterações, que serão abordadas mais aprofundadamente nos tópicos seguintes deste capítulo. É importante destacar que esses mecanismos não atuam de forma isolada – metilação do DNA, modificação das histonas, remodelamento de cromatina e RNA não codificantes; muito pelo contrário, seus efeitos se sobrepõem e a soma de todos eles constitui, de fato, as marcas epigenéticas do câncer.

Metilação do DNA

O surgimento e a progressão do câncer estão relacionados com erros da metilação do material genético, haja vista sua capacidade de alterar a expressão gênica. Esse processo é catalisado pelas DNA metiltransferases (DNMT), e, durante a carcinogênese, existem dois padrões possíveis de atuação dessas enzimas.

O primeiro é caracterizado pela hipermetilação da região promotora, preferencialmente nas ilhas CpG, levando à inativação dos genes. O segundo, por sua vez, envolve a hipometilação global do DNA, ativando genes que normalmente não estariam ativados. Dessa forma, em um mesmo tumor, existe tanto o excesso quanto a falta da metilação do DNA, provando a falha da marca epigenética.

Como explicado em capítulos anteriores, as ilhas CpG são regiões que contêm dinucleotídeos de citosinas precedidas de guaninas, os quais se aglomeram na região promotora do gene. Quando em situações normais não estão metilados, permite-se a leitura do gene pelos fatores de transcrição. Contudo, caso as ilhas CpG sejam metiladas de maneira incorreta, a exemplo do que ocorre na carcinogênese, a transcrição e a expressão gênica são comprometidas.

É importante esclarecer que os tumores têm muitas especificidades. O grau e o local da hiper e da hipometilação variam dependendo do tipo analisado e do estágio em que ele se encontra. Por mais que a metilação das ilhas CpG no câncer seja, em geral, de até 10%, essa característica varia: tumores cerebrais apresentam alta frequência de metilação; tumores de cabeça e pescoço, baixa ou inexistente.

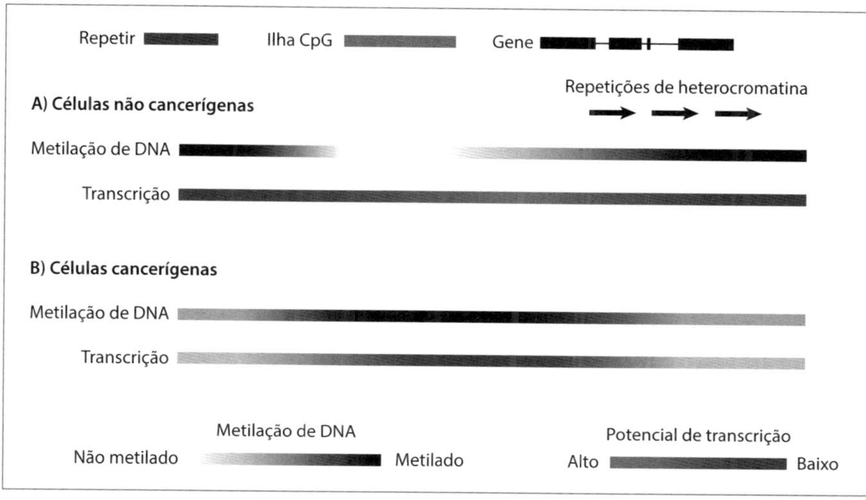

Figura 1 Falha da marca epigenética no câncer. Em A, é possível analisar que na célula saudável existe um baixo nível de metilação das ilhas CpG, além do aumento da metilação no corpo gênico. Comparando com as células cancerosas, em B, percebe-se que a hipermetilação das ilhas CpG tornou-se mais intensa, enquanto nas outras partes da cromatina houve hipometilação. Portanto, enquanto na primeira situação (A) é possível a produção fisiológica natural dos RNA mensageiros, na segunda (B) há redução da transcrição dos genes que, de fato, deveriam ser codificados. Logo, há uma alteração de expressão de proteínas a partir desse processo, gerando diversas características presentes nas células cancerosas.

A hipermetilação incorreta das ilhas CpG dos genes supressores de tumor é responsável por silenciá-los. A alteração do funcionamento deles é extremamente prejudicial, haja vista que são responsáveis por controlar a divisão e a diferenciação celular (como explicado anteriormente no capítulo).

A hipometilação, por sua vez, ocorre de maneira global no genoma durante a carcinogênese. Apesar dos poucos estudos a respeito de tal perda de metilação e do desconhecimento dos seus padrões, sabe-se que ela é responsável por diversas consequências. Uma delas é a reativação de genes relacionados ao câncer, a exemplo dos oncogenes, que causam a superexpressão de proteínas oncogênicas, relacionadas com a atividade metabólica e a replicação da célula. Outro resultado é a instabilidade no genoma das células cancerosas, que normalmente se relaciona com a ativação dos elementos transponíveis a partir da hipometilação das regiões intragênicas (mencionada no Capítulo 2).

Modificações de histonas

A metilação do DNA é interdependente em relação à alteração das histonas porque os mecanismos de ambas as marcas estão relacionados, seja em situações benéficas ou maléficas para o organismo. É perceptível, então, que a modificação conformacional das estruturas das histonas e a função anormal de suas enzimas modificadoras também está relacionada com o surgimento do câncer.

Em células fisiologicamente normais, as regiões da cromatina que estão compactadas pelas histonas – consideradas marcas repressivas – apresentam trimetilação da H3K27 (H3K27me3) e da H4K20 (H4K20me3), além da dimetilação e da trimetilação da H3K9 (H3K9me2/3). Em comparação, os locais acessíveis do material genético são caracterizados pela di e pela trimetilação da H3K4 (H3K4me2/3), somados à hiperacetilação de H3 e H4 (explicado melhor no Capítulo 2).

Em contrapartida, durante o câncer as células afetadas apresentam perda considerável da acetilação da H4 (mais especificamente, H4K16) e da metilação de H3K4. Isso causa a diminuição do acesso dos fatores de transcrição ao DNA, inativando genes. Ao mesmo tempo, tem-se aumentada a dimetilação da H3K9 (H3K9me2), a di e a trimetilação da H4K20 (H4K-20me2/3) e da H3K27 (H3K27me3). Por consequência, existe maior quantidade de marcas repressivas.

Vale também analisar as condições pré-malignas, modificações do tecido que eventualmente podem levar ao surgimento do câncer, pois nelas ocorrem primeiramente a desacetilação da H4K16 e a di e triacetilação da H4K20. Tais quedas de acetilação estão ligadas ao silenciamento gênico, situação que é agravada durante a progressão tumoral.

O Quadro 1 identifica diversos estudos que interligam as modificações das histonas a determinados tipos de neoplasias.

Remodelamento de cromatina

As modificações conformacionais na cromatina estão interligadas à suscetibilidade a diversas doenças, a exemplo do câncer, pois são responsáveis pela estabilidade genômica e pela expressão gênica. Tais alterações são cau-

Quadro 1 Estudos que interligam as modificações das histonas a determinados tipos de neoplasias

Estudo	Tipo de câncer	Modificações de histonas
Song et al., 2012	Pulmão	H3K9ac, H3K9me3, H4K16ac
Barlési et al., 2007	Pulmão	H3K9ac, H3K9me3
Van Den Broeck et al., 2008	Pulmão	H4K5ac, H4K8ac, H4K12ac, H4K16ac, H4K20me3
Seligson et al., 2009	Pulmão	H3K4me2, H3K18ac
Seligson et al., 2005	Próstata	H3K4me2, H3K18ac
Seligson et al., 2009	Próstata	H3K9ac, H3K9me2, H3K9me3, H3Ac, H4Ac
Ellinger et al., 2010	Próstata	H4K20me1, H4K20me2
Blanco-Melo et al., 2010	Próstata	H3K4me2, H3K18ac
Elsheikh et al., 2009	Mama	H3K27me3
Leszinski et al., 2012	Mama	H3K9ac, H3K18ac, H3K4me2, H4K20me2, H4R3me2, H4K16ac
Elsheikh et al., 2009	Mama	H3K27me3
Park et al., 2008	Estômago	H3K27me3
Zhang et al., 2009	Estômago	H3K27me3
Sato et al., 2011	Esôfago	H3K9ac, H3K18ac
Tzao et al., 2009	Esôfago	H3K4me2, H3K27me3
Ellinger et al., 2010	Rim (esquerdo)	H4K20me1, H4K20me2
Rognerhofer et al., 2012a	Rim	H3K4me2, H3K18ac, H3K27me3
Rognerhofer et al., 2012b	Rim	H3K4me2, H3K18ac, H3K27me3
He et al., 2011	Fígado	H3K27me3
Manuyakorn et al., 2010	Pâncreas	H3K4me2, H3K9me2, H3K18ac

Fonte: Chervona e Costa (2012).

sadas, em grande parte, pelos mecanismos epigenéticos. Assim como na metilação do DNA e na modificação de histonas, existe uma variação dos padrões da cromatina quando comparadas às células normais e tumorais.

O estado conformacional da cromatina é capaz de alterar a atuação dos fatores de transcrição. Isso porque, a depender da estrutura que o nucleossomo assumir, a compactação do material genético será em maior ou menor grau. Logo, há a produção de proteínas que não deveriam ser expressas, enquanto as necessárias não são geradas (mencionado no Capítulo 2). Ademais, certas famílias de enzimas responsáveis pelo remodelamento da cromatina podem ser consideradas supressoras tumorais, a exemplo da SWI/SNF.

Juntamente à hipermetilação das ilhas CpG foram encontradas marcas de histonas transcricionalmente ativas e repressivas; as últimas apresentam mediação importante dos complexos repressivos Polycomb. Eles são compostos por um grupo de proteínas que atuam no remodelamento da cromatina, regulando processos epigenéticos. A desregulação dessas proteínas está diretamente ligada com o aumento de células tumorais, com a proliferação desenfreada e com a perda da capacidade apoptótica. Existem dois tipos: o complexo repressivo Polycomb 1 (PRC1) e o complexo repressivo Polycomb 2 (PCR2). O primeiro atua compactando a cromatina, já que impede a atuação das enzimas que a remodelam e ubiquitina a H2AK119; assim, tem-se como consequência o silenciamento gênico. O segundo, por sua vez, é associado à hipermetilação por sua atividade metiltransferase, intermediando a H3K-27me2/3.

Pertencente ao PCR1, o Chromobox protein homolog 7 (CBX7) pode agir como regulador epigenético, desempenhando diferentes funções no câncer: inibição dos supressores dos oncogenes, assim como ligação a variadas moléculas que atuam no ciclo celular. Ademais, sua relação com os RNA nos ambientes tumorais e a capacidade de ler H3K9me3 e H3K27me3 – marcas repressivas – comprova sua relevância no controle e na progressão do câncer.

Pertencente ao PCR2, a Enhancer zest homolog 2 (EZH2) é uma metiltransferase de histonas que funciona como uma reguladora epigenética importante. Ela não só atua na diferenciação e na proliferação celular como exerce um papel na oncogênese como repressora transcricional. Constitui uma subunidade catalítica do PCR2 e é capaz de silenciar genes por meio da di e da trimetilação da H3K27 (H3K27me3). A desregulação da EZH2 está relacionada com diversos tipos de carcinomas e estudos analisando o câncer de mama, indicando até mesmo sua importância no alastramento da metástase. Vale correlacionar diretamente o nível de expressão da EZH2 com a progressão tumoral e o prognóstico, porque sua superexpressão estaria relacionada com o silenciamento dos genes supressores de tumor. Contudo, foi observado que a EZH2 agiria também como supressora tumoral, haja vista que a inativação dessa enzima é presente em malignidades da medula óssea.

RNA não codificantes

Os RNA não codificantes, apesar de geralmente não serem traduzidos em proteínas, são capazes de exercer funções dentro da célula. Dentre seus diversos tipos, os microRNA (miRNA) estão intimamente relacionados com o assunto abordado, podendo até ser utilizados para classificar os diversos tipos de câncer em humanos. Uma grande quantidade deles tem sido identificada como reguladora da migração das células cancerígenas, agindo em conjunto para a progressão da doença.

Os miRNA participam das mudanças epigenéticas pós-transcricionais, e sua desregulação é notada durante a carcinogênese. Existem dois perfis principais dos miRNA observados nessa patologia, e ambos promovem a formação tumoral.

Primeiramente, eles podem estar superexpressos, funcionando como oncogenes, e, desse modo, bloqueiam genes supressores de tumor. Outrossim, os microRNA que atuam como supressores de tumor podem estar hipoexpressos, aumentando a transcrição dos oncogenes.

Os estudos indicam que essa diminuição anormal causa o aumento das DNMT, fato relacionado com a hipermetilação das regiões promotoras. Ou seja, os genes responsáveis por evitar a divisão celular desenfreada são silenciados.

A relação entre os outros mecanismos epigenéticos e os miRNA forma um caminho bidirecional de regulação. Por exemplo, o silenciamento de miR-34b, miR-34c, miR-148 e miR-9-3 foi associado à metástase de linfonodos, causada pela hipermetilação de ilhas CpG em vários tipos de tumores primários. Ao mesmo tempo, a família miR-29 é capaz de modificar os níveis de DNMT3a e 3b e, consequentemente, silenciar os genes supressores de tumor por meio da hipermetilação. Logo, os miRNA são capazes de alterar os aparatos epigenéticos, e vice-versa.

A depender da localização do miRNA no genoma, sua desregulação irá variar. Tendo em vista que suas sequências codificadoras podem estar em íntrons e até mesmo em regiões intergênicas, a hipermetilação da região promotora e a hipometilação do corpo do gene podem causar danos na transcrição desses RNA. Dessa maneira, dependendo do perfil do tumor e do tipo de tecido em que se encontra, a alteração da sua expressão irá variar, e cada um possui um padrão característico.

Por fim, vale destacar os RNA não codificantes longos (LncRNA), que igualmente mantêm relações epigenéticas importantes com a carcinogênese. Um exemplo a ser citado é o do gene Hotair, que codifica um LncRNA específico. Uma de suas funções é se ligar ao complexo repressivo Polycomb 2, direcionando e coordenando sua ação. Como explicado previamente, o PCR2 pode atuar no câncer por meio da hipermetilação, caso mal regulado. Justamente o redirecionamento desse complexo no genoma é causado pela superexpressão do Hotair, o que leva ao silenciamento epigenético de supressores da metástase.

Percebe-se, então, que os mecanismos epigenéticos exercem várias influências no surgimento e na progressão do câncer. Com a gama de ações possíveis da epigenética, a compreensão de cada uma delas se mostra cada vez mais importante para a patologia dessa doença. Apesar de a cadeia de ações explicadas estar presente no organismo, o ambiente em que esse corpo está inserido é fundamental para o desenvolvimento de cada uma delas.

PERSPECTIVAS

Com o avanço das pesquisas sobre epigenética – especialmente no que se refere ao remodelamento da cromatina –, novas opções terapêuticas têm surgido com grande potencial para o tratamento de outras doenças, principalmente sobre câncer, doenças que estão ligadas à desregulação da expressão gênica. À medida que compreendemos melhor como atuam os complexos remodeladores, como SWI/SNF, PRC1 e PRC2, abre-se um caminho promissor para o desenvolvimento de novos fármacos mais precisos, capazes de modular ou inibir a ação de proteínas-chave, como EZH2 ou CBX7. O papel dos RNA não codificantes, como os miRNA e os lncRNA, tem ganhado destaque dentro da biotecnologia e das ômicas. Esses pequenos reguladores vêm sendo estudados tanto como biomarcadores úteis para o diagnóstico precoce, a classificação de tumores e a previsão do curso da doença quanto como potenciais alvos terapêuticos. A capacidade de manipular esses RNA – restaurando a função de genes que suprimem tumores ou bloqueando a atividade de oncogenes – representa uma fronteira promissora no combate ao câncer.

Outro avanço significativo é a personalização do tratamento oncológico com base no perfil epigenético de cada paciente. A epigenômica de precisão abre espaço para intervenções mais eficazes e menos tóxicas, adaptadas às características únicas de cada tumor. Novas ferramentas da biotecnologia, como o sistema CRISPR/dCas9 acoplado a modificadores epigenéticos, estão tornando realidade algo até pouco tempo atrás desconhecido: editar a epigenética de forma direcionada, corrigindo alterações patológicas nas histonas ou no DNA – tudo isso sem mudar a sequência do gene em si, podendo inserir, deletar e até mesmo silenciar genes de interresse. Essa estratégia pode se tornar um divisor de águas nas terapias do futuro.

REFERÊNCIAS

1. Chen Z, Wang Y, Gao Y, Wang S, Wu H. Efeito protetor do RNA não codificante longo OXCT1-AS1 na apoptose de células miocárdicas humanas induzida pela doxorrubicina pelo padrão competitivo de RNA endógeno. Arq Bras Cardiol. 2024;121(6):e20230675.
2. Chervona Y, Costa M. Histone modifications and cancer: biomarkers of prognosis? Am J Cancer Res. 2012;2(5):589-97.
3. Palmeira ACC. Identificação de RNAs longos não codificantes associados com a resistência e sensibilidade à quimioterapia em câncer do colo do útero: uma análise in silico e revisão sistemática da literatura. Trabalho de Conclusão de Curso – Monografia (Curso de Licenciatura em Ciências Biológicas), Universidade Estadual do Maranhão, 2024. Disponível em: https://repositorio.uema.br/jspui/handle/123456789/3203.
4. Modesto GS, Moreira LMA. Influências epigenéticas e nutricionais na relação entre SXF e TEA: um estudo de revisão. Braz J Health Rev. 2025;8(2):e78444.
5. Prabhakaran R, Thamarai R, Sivasamy S, Dhandayuthapani S, Batra J, Kamaraj C, et al. Fronteiras epigenéticas: miRNAs, RNAs longos não codificantes e nanomateriais são pioneiros na terapia do câncer. Epigenetics Chromatin. 2024;17:31.
6. Sá CC. Métodos de validação tradicional e temporal aplicados à avaliação de classificadores de RNAs codificantes e não codificantes [dissertação]. São Paulo: Universidade de São Paulo, Bioinformática; 2018.
7. Santos Neto OPD, Umeno GMC, Santos KPM, Martins JCV, Reis MF, Tavares ADC, et al. Epigenética do desempenho cognitivo humano. Aracê. 2025;1:3733-46. Disponível em: https://periodicos.newsciencepubl.com/arace/article/view/3028. Acesso em: 12 maio 2025.
8. World Health Organization (WHO). Obesity and overweight. 2021.

Capítulo **7**

Mecanismos da carcinogênese – epigenética e câncer: fatores de risco e prevenção

Suzanny Oliveira Mendes
Bruna Aparecida Borges Dutra
Weverton Pereira de Medeiros
Caio Effigen Bortolini
Davi Bonella Lopes
Brunella Curto Cristianes Lacerda
Julia Toneto Neves
Juliana Carvalho Passos

> *"A epigenética conecta a natureza ao ambiente e nos fornece uma maneira de entender como as escolhas de estilo de vida podem influenciar a expressão dos genes."*
> *Randy W. Jirtle*

CONVERSA COM O LEITOR

Este capítulo aborda o fascinante e complexo mundo da epigenética no contexto do câncer, elucidando como fatores externos e estilos de vida podem moldar a expressão de nossos genes. Entender que nossas escolhas diárias – como hábitos alimentares e exposição a certas substâncias – influenciam na saúde genética é um passo importante na conscientização e prevenção de doenças graves.

Diversos fatores são discutidos como agentes de risco para o câncer, incluindo exposição à radiação ultravioleta, tabaco, agrotóxicos e infecções por vírus. Cada um desses elementos atua diretamente na modificação do nosso DNA por mecanismos epigenéticos, como a metilação e a regulação de micro-RNA.

Ao comprometer a função de genes supressores de tumor, esses fatores aumentam significativamente o risco de desenvolvimento de tumores.

No entanto, o capítulo não se limita a apontar perigos; ele também oferece esperança ao destacar fatores de prevenção. Compostos naturais, como o chá verde, a cúrcuma e o resveratrol, são apresentados como aliados na reversão dos processos epigenéticos nocivos. Além disso, hábitos saudáveis, como manter uma alimentação balanceada e evitar situações de estresse, são incentivados, pois podem reduzir a expressão de genes oncogênicos e melhorar a resposta imunológica.

Por fim, é reforçada a importância da continuidade das pesquisas nesse campo emergente. A epigenética nos mostra que o câncer não é apenas uma questão de herança genética, mas também de interação com o meio ambiente e escolhas pessoais. O conhecimento compartilhado neste capítulo é um convite para adotarmos atitudes mais conscientes em nossa rotina, buscando não apenas a longevidade, mas uma vida saudável e de qualidade.

BASES CIENTÍFICAS

Diversos hábitos e substâncias podem desregular a maquinaria epigenética, sendo uma de suas diversas consequências o câncer. Este tópico se aprofundará nos fatores que exercem influência no desenvolvimento dessa doença e nos mecanismos que serão regulados por cada tipo de fator, além de abordar as formas de prevenção para essa doença.

Fatores de risco para a epigenética do câncer

No desenvolvimento do câncer, existem agentes de risco de destaque, sendo alguns deles colocados em nossos pensamentos desde que nascemos, enquanto outros são descobertos diariamente e às vezes nem imaginávamos os danos que eles podem nos causar. A seguir descreveremos alguns dos mecanismos que são afetados por hábitos e substâncias, sendo essas causas: fatores físicos, como radiação ultravioleta, fatores químicos, como tabaco, álcool, agrotóxicos e substâncias que comemos, e também fatores biológicos, como determinados vírus e a obesidade.

Radiação ultravioleta

A radiação ultravioleta é um dos principais agentes causadores de câncer de pele, um dos tipos de câncer com maior incidência no mundo. Existem três tipos de câncer de pele que estão mais relacionados com a radiação ultravioleta, sendo eles o carcinoma basocelular, carcinoma de células escamosas e o melanoma, o mais raro dentre eles, porém o mais fatal devido a sua capacidade de espalhar para outras partes do corpo. Fato é que a exposição da pele à radiação ultravioleta induzirá alguns processos nas células, como estresse oxidativo, respostas inflamatórias e danificação do DNA, gerando modificações em alguns reguladores epigenéticos.

Entre os principais estudos, foram encontradas algumas dessas mudanças epigenéticas, sendo a principal a hipermetilação em genes conhecidos pela supressão de tumores, tornando-os menos expressos. Um deles é o gene CDH1, produtor da E-cadherin, uma proteína reguladora da adesão entre células, sendo a perda da adesão celular um dos maiores mecanismos relacionados com a tumorigênese pelo aumento da motilidade e migração da célula. Além disso, o gene LAMB3, responsável pelo controle da multiplicação e pelo ciclo celular, assim como a apoptose, também teve seus níveis de metilação aumentados.

Outros estudos mostraram a relação da radiação ultravioleta e a estimulação da expressão e atividade das DNA metiltransferases (DNMT), que levam à hipermetilação aberrante do DNA e que estimularão também o recrutamento de *Methyl Binding Proteins* (MPB) e a hipoacetilação de histonas. Juntos, esses mecanismos irão desregular os genes supressores de tumor.

Tabaco

O ato de fumar é tido desde sempre como algo prejudicial à saúde, principalmente por ser uma das principais causas de câncer de pulmão, além de outros tipos de câncer, como boca, garganta e esôfago. Assim, é necessário elucidar os métodos que induzem o desenvolvimento dessa doença após o uso do cigarro, sendo um deles a epigenética.

Os principais estudos relacionados ao câncer de pulmão indicam que o hábito de fumar causa aumento da metilação em áreas promotoras do gene *p16*, responsável pela diminuição da progressão da fase G1 para a S do ciclo celular, ou seja, atuando como um gene supressor de tumor. Dessa forma, quando ocorre a hipermetilação dessa área, há uma inativação do gene, deixando as células se reproduzirem quando não deviam e assim promovendo a tumorigênese.

Assim como no gene p16, também foi encontrada metilação aberrante na região promotora do gene O^6-metilguanina-DNA metiltransferase (MGMT). A proteína MGMT é uma enzima responsável pela reparação do DNA que, quando não expressa, torna o organismo propício à carcinogênese pela falta de controle de erros na duplicação e processamento do DNA. Além da metilação, o cigarro causa estresse oxidativo no corpo, o que leva à desacetilação de histonas, processo que condensa a cromatina e contribui para o silenciamento de genes supressores de tumor.

Em adição ao câncer de pulmão, foi verificada a relação entre o cigarro e o câncer de bexiga, sendo encontrada hipermetilação em qualquer um dos genes *SFRP*, responsáveis pelo controle da proliferação e da diferenciação celular, ou seja, funções que podem suprimir diversos tumores.

Agrotóxicos

Os efeitos dos agrotóxicos e pesticidas sobre o corpo humano têm sido discutidos há anos, causando intrigas entre diferentes grupos da sociedade e sendo uma das principais pautas de críticas contra o agronegócio. Apesar das divergências, mínimos estudos são necessários para elucidar os efeitos dessas substâncias no organismo do ser humano, sendo um deles a alteração epigenética de diversos genes que estão envolvidos de alguma forma no desenvolvimento e progressão do câncer.

Estudos recentes mostram a relação entre a exposição a pesticidas em trabalhadores rurais e a alteração da expressão de certos miRNA. Foi verificado que um dos agrotóxicos, chamado de cipermetrina, é responsável pela promoção de metástase de tumores pela inibição de macrófagos pró-inflamatórios, em que a expressão exagerada do miR-155 irá regular negativamente a expressão do SHIP1, gene que atua no controle da proliferação celular e da quinase WEE1, que controla o *checkpoint* de reparo do DNA entre a fase G2 e o começo da mitose.

Outro inseticida estudado foi o clordano, capaz de diminuir o nível do miR-141-3p em melanócitos e levá-lo para níveis encontrados em lesões benignas de melanócitos, tornando os indivíduos propensos ao desenvolvimento de melanomas, já que ele deixará o gene TRAF5 se expressar exageradamente, induzindo assim a proliferação, migração e invasão celular, além da ativação da cascata de inflamação pelo *NF-kappa-B1*.

Além de micro-RNA, existem agrotóxicos que irão se relacionar com a metilação de certos genes, sendo um deles o glifosato. Estudos relatam que essa substância age aumentando a metilação na área promotora do gene *p53*, responsável pela supressão de tumores, sendo sua ação responsável pela reparação do DNA da fase G1 para a S e também da fase S para a G2, assim como a indução da apoptose em alguns casos. Assim como o gene p53, os genes p16 e p21 também foram hipermetilados em suas regiões promotoras pela exposição do glifosato, afetando assim mais dois genes supressores de tumor.

Substâncias ingeridas

Com a chegada das dietas ricas em alimentos ultraprocessados, a vida realmente ficou mais fácil, pois há preparos rápidos e que geram comidas até certo ponto satisfatórias. Apesar disso, uma das consequências do consumo não consciente e exagerado das substâncias contidas nesses alimentos é o câncer mediado pela epigenética, além de diversas outras doenças que vêm sendo descobertas todos os dias em novas pesquisas.

Um dos principais componentes encontrados em carnes processadas e também na combustão incompleta de alimentos são os hidrocarbonetos aromáticos policíclicos (HAP), como o benzopireno. Estudos mostraram que os HAP conseguiram hipermetilar a região promotora do gene $p16^{INK4\alpha}$, responsável por controlar diversas partes do ciclo celular e que, quando suprimido, leva à multiplicação celular descontrolada, além de ser considerado um dos principais genes inativados por metilação no câncer de pulmão.

Outro composto relacionado ao câncer encontrado foi a aflatoxina, uma substância produzida por alguns fungos quando certos grãos são armazenados de forma incorreta e mesmo assim vendidos. Estudos elucidaram que a aflatoxina B1 (AFB_1) é a mais associada com o poder tumorigênico, diminuindo a metilação do gene Line-1, que está relacionado com a deleção de genes supressores de tumor, ou seja, sua menor metilação leva à maior expressão, deletando mais genes supressores de tumor. Ademais, adutos de DNA da AFB1 foram responsáveis pela hipermetilação em regiões promotoras dos genes supressores de tumor RASSF1A e $p16^{INK4A}$, com ações específicas descritas em tópicos acima.

Ainda no aspecto das substâncias ingeridas, encontra-se o Bisphenol A (BPA) como um fator cancerígeno para o câncer de próstata, sendo um componente muito encontrado nos plásticos, como em vasilhas, potes e garrafas de água. Estudos encontraram hipometilação de alguns genes a partir do uso do BPA, como o gene SOX2, que controla funções relacionadas à resistência à apoptose, proliferação e migração celular, além da transição epitélio-mesenquimal, processo que acontece no começo da metástase e ajuda na migração das células cancerosas. A hipermetilação do gene p16 também foi encontrada, influenciando o câncer de formas já explicadas acima.

Vírus

Indo um pouco mais fundo nas causas de câncer por mecanismos epigenéticos, têm-se os não muito falados vírus. É de conhecimento que alguns podem causar certos tipos de câncer, sendo os mais comuns o HPV (papilomavírus humano), o vírus da hepatite B e o HIV (vírus da imunodeficiência humana), que terão seus mecanismos elucidados a seguir.

Para começar, falaremos um pouco da relação do HPV com a epigenética do câncer de colo do útero. O primeiro mecanismo encontrado foi por meio da proteína E2, que tem função regulatória da replicação e transcrição do DNA viral nas células acometidas e que pode ser afetada caso a hipermetilação aconteça nos E2BS (*E2 binding sites*) mais próximos da região promotora do vírus, reprimindo a E2 e parando a transcrição, porém esse mecanismo foi associado com a expressão dos oncogenes E6 e E7, em que E6 irá hipermetilar o gene supressor de tumor p53 e E7 irá se associar com a DNMT1 (DNA-metiltransferase 1) e aumentar os níveis de metilação, inativando diversos genes.

Assim como o HPV, o vírus da hepatite B (HBV) causa mudanças epigenéticas que levarão ao desenvolvimento do câncer de fígado principalmente. Um dos mecanismos seria por meio da hipermetilação de uma série de genes supressores de tumor, como CDKN1A, CDKN2A, cadherin 1, RASSF1A e o p53, sendo suas ações já descritas em tópicos acima. Além disso, o HBV também aumenta a expressão da DNMT1 e da DNMT3A, desestabilizando o genoma.

Diferentemente dos vírus já citados, o HIV gera consequências epigenéticas indiretamente associadas ao câncer, mesmo assim sua relação é muito importante e bem incidente na população. Um dos mecanismos resultantes da infecção pelo HIV é a metilação global pelo aumento da expressão das DNMT nas células CD4+ e CD8+, dois tipos de células T, ou seja, responsáveis pela imunidade, que estão diretamente relacionadas com o combate de células cancerígenas e que, quando metiladas, deixam de cumprir sua função. Ademais, foram achados genes que tiveram suas ilhas CpG hipermetiladas, como o NLRC5 e o HLA, que controlam o sistema imunológico; o NLRC5 também atua como regulador do maior fator de inflamação, o *NF-kappa-B1*. Dessa forma, vale ressaltar que o HIV não é o principal causador do câncer, mas sim sua associação com outros tipos de vírus, como o HPV e o vírus Epstein-Barr (herpes), que acontece devido à diminuição da resistência imunológica.

Obesidade

A obesidade está se tornando cada dia mais presente em nosso cotidiano, e, apesar de não parecer, é extremamente perigosa. Estudos de Ward et al. relatam que, até 2030, cerca de 50% da população dos Estados Unidos será obesa. Pesquisas também relatam que cerca de 40% dos casos de câncer naquele país são induzidos por essa doença. Neste tópico, descreveremos como acontece essa relação e quais os mecanismos epigenéticos que estão presentes nessa associação.

Estudos mostram que a obesidade mantém uma relação intrínseca com o desenvolvimento do câncer de mama, sendo uma das causas a hipermetilação dos genes RAR-beta, ECAD, P16, HIN1, RASSF1A e BRCA, todos relacionados com ações supressoras de tumores. Além disso, ocorreu aumento da expressão da DNMT1 em tecidos da glândula mamária e da prole de mães com alto índice de gordura ingerido durante a gravidez, ou seja, aumentando o nível de hipermetilação de alguns genes.

Ainda relacionado com o câncer de mama, tem-se a expressão de micro--RNA, conhecidos por sua regulação de diversos genes, sendo alguns deles responsáveis pela tumorigênese. Estudos acharam que a obesidade aumentará a expressão do miR-24-3p, que inibirá o gene $p27^{Kip1}$ e assim deixará de expressar suas funções supressoras de tumor, como a promoção da apoptose e a proteção de células contra a inflamação. Outro miRNA também afetado é o miR-155, que desregula a expressão do gene SOCS1, com funções supressoras de tumor. O miR-210 também é expresso em alta quantidade, tendo ele efeitos relacionados à inibição do E-cadherin, gene que regula a adesão entre células e a integridade de tecidos, dificultando a proliferação de células e sua migração.

Outro processo que acontece na obesidade é o aumento da leptina, um peptídeo que desempenha funções relacionadas com a regulação do gasto energético e o aumento da queima de gordura. No passado foi dada à leptina um ar de cura para a obesidade, porém estudos descobriram que nessa condição de vida há uma resistência à ação da leptina, por isso ela se encontra em altos níveis no sangue de obesos. Dessa forma, vale ressaltar algumas funções da leptina em relação à expressão de alguns miRNA relacionados também ao câncer de mama, que são desregulados devido à sobra dos níveis desse peptídeo no corpo. Alguns dos miRNA exacerbados são oncogênicos, como miR-21, miR-96, miR-31 e miR-182, e outros, que são inibidos, exercem funções supressoras de tumor, como miR-143, miR-26b, miR27b e miR-489.

Inflamação

A inflamação é um processo do corpo humano responsável pelo combate a agentes nocivos, ou seja, um dos primeiros passos do seu corpo para lutar contra qualquer corpo estranho, sendo alguns de seus sinais a vermelhidão e a dor. A inflamação por si só é um mecanismo essencial do ser humano, que representa o bom funcionamento do sistema. Esta seção se concentrará no fato de que a inflamação deixa de ser um fator essencial para ser um fator nocivo para o corpo, geralmente expressa por meio de sua forma crônica, ou seja, um processo lento e longo.

Vale ressaltar que diversos tipos de câncer serão afetados. Um deles é o câncer colorretal associado com a colite, uma inflamação crônica da mesma região. Estudos mostraram que há hipermetilação de diversos genes supressores de tumor, como o hMLH1, que tem funções reparadoras do DNA, o $p16^{INK4a}$, que inibe a passagem da fase G1 para a S, e o $p14^{ARF}$, responsável por funções relacionadas à apoptose. Além da hipermetilação, ocorreu a expressão de micro-RNA, como o miR-21, um oncogene que controla diversas funções que participam da tumorigênese, principalmente evitando a apoptose. Outros micro-RNA superexpressos foram o da família miR-200, que desempenham funções que induzem a transição mesenquimal-epitelial, um processo conhecido por ocorrer em células cancerosas durante sua colonização. Já no âmbito da inibição de micro-RNA, foram encontrados dois principais, o miR-193a-3p e o miR-4728-3p, conhecidos por serem antioncogenes, ou seja, por desempenharem funções supressoras de tumor.

Ademais, estudos mostraram que a inflamação no estômago causada pela bactéria *H. pylori* também participa na carcinogênese das células gástricas. Um dos mecanismos encontrados foi a expressão de micro-RNA, sendo o miR-7, com funções supressoras de tumor, um dos inibidos. Outro micro-RNA expresso, porém de forma exagerada, foi o miR-155, que tem relações com o câncer pela inibição do gene SWE1, responsável por controlar a transição da fase G2 para a mitose, e pela desregulação de proteínas reparadoras do DNA, como a hMSH2, a hMSH6 e a hMLH1. Ainda pelas ações da *H. pylori*, foram encontradas evidências de hipometilação global nas células gástricas infectadas, tornando possível a expressão de alguns genes, como o *Il-1*-beta e o fator de necrose tumoral (TNF), que estão envolvidos com a ativação do *NF-kappa-B1* e exercem funções oncogênicas, além do NOS, gene responsável pela indução da produção do óxido nítrico, com funções relacionadas ao desenvolvimento do câncer.

O câncer de próstata foi estudado em relação à inflamação, causada geralmente por infecções sexualmente transmissíveis, como a clamídia ou a ureaplasma. Estudos mostraram que a inflamação causa a hipermetilação do gene GSTP1, responsável por reparações no DNA, e que quando não expresso torna o corpo mais suscetível a fatores carcinogênicos externos.

Outro câncer afetado pela inflamação foi o câncer de fígado por meio da infecção dos vírus da hepatite B e C. Nesse caso, o mecanismo utilizado também foi o dos micro-RNA, sendo expressos tanto supressores de tumor como oncogenes. Primeiramente, no âmbito dos supressores de tumor tem-se o miR-194, inibido por meio da inflamação, perdendo suas funções reguladoras de dois genes, o TRIM23, que induz autofagia das células, e o C21ORF91, relacionado ao bloqueio da proliferação celular. Já no contexto dos micro-RNAs oncogênicos, tem-se entre os principais o miR-155, com a desregulação de diversos genes supressores de tumor, o miR-21, que irá bloquear a ação do gene PDCD4, com funções apoptóticas, e do gene p53, responsável pela reparação do DNA da fase G1 para a S e também da fase S para G2, e por último o miR-224, já conhecido pela alta expressão em câncer de fígado.

Em conclusão, observa-se que a inflamação como mecanismo precursor do câncer tem certa dificuldade em ser relacionada também com a epigenética, apesar da facilidade de ser associada à doença pelo desencadeamento de diversos sinais celulares e cascatas de sinalização. Mais estudos são necessários para descobrir os mecanismos epigenéticos responsáveis pela carcinogênese induzida por tal condição.

Estresse

Assim como a inflamação, o estresse é um fator natural do ser humano, sendo ele a resposta contra ameaças ou situações de surpresa, fazendo com que o corpo sinalize diversos processos internos e entre em estado de alerta para o combate dessas situações. Apesar de essencial, o estresse crônico pode causar diversas consequências ao organismo, sendo uma delas o desenvolvimento do câncer por meio de mecanismos epigenéticos.

Diversos estudos relacionam o estresse crônico ao câncer por meio da sinalização de alguns hormônios, enquanto outros relacionam uma das consequências do estresse, a inflamação, aos mecanismos epigenéticos do câncer. Estudos mostraram diminuição da metilação do gene FKBP5 por meio da expressão do cortisol, conhecido como o hormônio do estresse. Esse gene está associado à supressão e ativação da tumorigênese, sendo ativada quando ele é mais expresso, ou seja, menor metilação. Vale ainda ressaltar que a expressão do cortisol pode se estender para as próximas gerações, afetando a metilação do FKBP5 e deixando o organismo mais suscetível ao desenvolvimento do câncer, como demonstrado no estudo de Bierer et al. que relaciona a prole de mães que fizeram parte do holocausto à doença.

Estudos também mostraram diversos efeitos do estresse na regulação de micro-RNA, em sua inibição ou em sua expressão. Um deles foi o miR-145, encarregado da regulação do crescimento e da proliferação celular, que é inibido pelo estresse e relacionado com o câncer de mama, colorretal, próstata, pulmão, fígado, bexiga, glândula pituitária, ovário e colo do útero em pacientes positivos ao HPV. Outro inibido, especificamente no câncer de mama, foi o miR-337-3p, que desempenha ações reguladores em relação ao processo de transição epitélio-mesenquimal (TEM), conhecido por acontecer no início e contribuir para sua expansão. Além do TEM, a inibição desse micro-RNA também ativará o gene STAT3, com ações oncogênicas abrangentes, como proliferação celular, transformação maligna de células e inibidor da apoptose.

Apesar de alguns dos mecanismos epigenéticos serem elucidados neste tópico, estudos ainda são necessários envolvendo maiores descobertas em relação ao estresse crônico e à indução do câncer pela epigenética. Ainda assim, vale destacar o estresse com uma das causas da inflamação, que desencadeará diversos processos já citados no tópico acima, demonstrando que nenhum dos fatores de risco explicados age sozinho.

Fatores de prevenção do câncer por meio da epigenética

Apesar de todos os fatores citados parecerem assustadores, também existem agentes que previnem que todos esses mecanismos sejam ativados, sendo o estudo deles um dos maiores campos de pesquisa na epigenética atualmente. Assim como os fatores citados podem hipermetilar um gene supressor de tumor, hipometilar globalmente o DNA e aumentar a expressão de genes oncogênicos, aumentar ou diminuir a expressão de certos micro-RNA e desacetilar histonas, os fatores de prevenção são utilizados justamente para reverter todos esses princípios que contribuem para o desenvolvimento do câncer, normalizando os níveis de metilação dos genes, de expressão dos micro-RNA e da acetilação de histonas.

Vale ressaltar a importância dos polifenóis encontrados no chá verde como um dos campos de pesquisa atualmente. Estudos comprovaram que o consumo de chá verde consegue inativar a ação da DNMT1 no câncer de esôfago, enzima responsável pela hipermetilação de diversos genes supressores de tumor citados neste capítulo, como o $p16^{INK4a}$, o RAR-beta, o MGMT e o hMLH1 – suas funções específicas já foram elucidadas. Além disso, no câncer de pele, o chá verde foi associado com o aumento da metilação global do DNA e com a inativação da DNMT1, aumentando a expressão do p21 e do $p16^{INK4a}$, assim como aumentou a acetilação da histona H3 pela diminuição da atividade das HDAC, enzimas responsáveis pela desacetilação de histonas.

Outro composto estudado foi o resveratrol, um componente achado na uva roxa e seus derivados, como no suco e no vinho, conhecido por ser antioxidante. Dessa forma, estudos sobre o câncer de mama mostraram que esse agente é responsável por diminuir a expressão da DNMT3b em células cancerígenas, diminuindo a metilação de diversos genes supressores de tumor, podendo dar melhor chance às pacientes. Ademais, ele também foi associado com o aumento da expressão de micro-RNA, sendo eles o miR-10a e o miR-10b em células afetadas e o miR-489 também em tecidos normais, conhecidos por ações supressoras de tumor. O miR-129 também foi achado com sua expressão aumentada, porém, dependendo do tipo de câncer, pode atuar de formas diferentes, sendo mais estudos necessários para descrever a relação do resveratrol e do Mir-129 em cada câncer.

Os isotiocianatos, mais precisamente o sulforafano, também foram estudados. O sulforafano é um composto encontrado em hortaliças crucíferas como brócolis, couve e agrião, tendo funções quimioprotetoras. Dentre essas funções, foram encontradas relações entre o composto e o câncer de próstata pela redução da expressão da DNMT1 e DNMT3b, que irá diminuir a metilação do gene CCND2, regulador do ciclo celular.

Um dos mais conhecidos medicamentos na medicina Ayurveda é a cúrcuma, que inicialmente era associada somente a suas ações antioxidante e anti-inflamatória, mas que nos últimos anos também vem sendo estudada na prevenção do câncer, demonstrando diversos resultados. Estudos sobre o câncer colorretal indicaram que a cúrcuma reduziu os níveis de DNMT e HDAC, aumentando a expressão de genes supressores de tumor, como o MLH1, gene que codifica uma proteína responsável pela reparação do DNA.

Ainda a respeito das funções da cúrcuma, ela induz a expressão do miR-491, que atua como gene supressor de tumor pelo silenciamento da via de sinalização WNT/beta-catenina e consequentemente a indução da apoptose e a inibição da proliferação celular. Já o miR-27, um micro-RNA oncogênico que atua na ativação da via de sinalização mencionada acima, foi suprimido pela cúrcuma, favorecendo a via da apoptose. Outro micro-RNA desmetilado pelo agente foi o miR-34, que no câncer colorretal desempenha funções relacionadas à inibição da migração e invasão celular, porém quando superexpresso também pode se correlacionar com um prognóstico ruim. Mais estudos são necessários para avaliar até quando a cúrcuma pode regular de forma positiva esse mecanismo.

PERSPECTIVAS

Em conclusão, e como perspectivas, é fundamental seguir estudando e refletindo sobre a temática e como nossos hábitos do dia a dia e certas substâncias presentes em nossa rotina podem influenciar processos ligados ao desenvolvimento de outras doenças. principalmente sobre o câncer, sobretudo por meio da epigenética. Alterações como a hipermetilação de genes supressores de tumor, a hipometilação global do DNA, a ativação de genes oncogênicos, mudanças na expressão de micro-RNA e a desacetilação de histonas são mecanismos que têm papel importante nesse contexto e merecem e precisão de atenção.

Apesar de a epigenética ainda ser um campo em grande expansão, já se sabe que alguns hábitos, principalmente relacionados à alimentação e ao controle do estresse, podem ajudar no tratamento e prevenção do câncer. Por isso, adotar uma rotina mais saudável não só contribui para a qualidade de vida como pode influenciar positivamente nosso organismo em nível molecular, ajudando a reduzir riscos e a melhorar o prognóstico em casos de doenças. Mudanças na qualidade de vida, principalmente nos hábitos alimentares, vão contribuir significativamente para a prevenção dessas doenças, e essas mudanças começam na divulgação cientifica acessível para toda a comunidade.

REFERÊNCIAS

1. Audia JE, Campbell RM. Histone modifications and cancer. Cold Spring Harb Perspect Biol. 2019;8(4):a019521.
2. Baglietto L, Ponzi E, Haycock P, Hodge A, Assumma MB, Jung CH, et al. DNA methylation changes measured in pre-diagnostic peripheral blood samples are associated with smoking and lung cancer risk. Int J Cancer. 2016;140(1):50-61.
3. Bernardino AJG, Barros CO, Nogueira FCG, Oliveira MLS, Rocha MF, Souza SL. Nutrologia e epigenética: como a alimentação modula a expressão gênica e a longevidade. Braz J Implantol Health Sci. 2025;7(4):768-77.
4. Bierer LM, Bader HN, Daskalakis NP, Lehrner A, Provençal N, Wiechmann T, et al. Intergenerational effects of maternal holocaust exposure on FKBP5 methylation. Am J Psychiatry. 2020Apr 21;appi.ajp.2019.1.
5. Bishop K, Ferguson L. The interaction between epigenetics, nutrition and the development of cancer. Nutrients. 2015 Jan 30;7(2):922-47.
6. Bouza E, Martín Jiménez M, Alemany L, Arribas J, Bañares R, Barragás MB, et al. Overview of virus and cancer relationships. Position paper. Rev Esp Quimioter. 2021;34(6):525-555.
7. Chung FF-L, Herceg Z. The promises and challenges of toxico-epigenomics: environmental chemicals and their impacts on the epigenome. Environ Health Perspect. 2020;128(1):015001.
8. Costa C, Teodoro M, Rugolo CA, Alibrando C, Giambò F, Briguglio G, et al. MicroRNAs alteration as early biomarkers for cancer and neurodegenerative diseases: new challenges in pesticides exposure. Toxicol Rep. 2020;7:759-67.
9. De Barros Cunha CHP, Lopes LRM, Guimarães NS, Carvalho LO, Silva LRM, Batista DCO. Fatores genéticos e epigenéticos no câncer colorretal hereditário e esporádico. Braz J Implantol Health Sci. 2025;7(2):1784-94.
10. Desaulniers D, Vasseur P, Jacobs A, Aguila MC, Ertych N, Jacobs MN. Integration of epigenetic mechanisms into non-genotoxic carcinogenicity hazard assessment: focus on DNA methylation and histone modifications. Int J Mol Sci. 2021;22(20):10969.
11. Donovan MG, Wren SN, Cenker M, Selmin OI, Romagnolo DF. Dietary fat and obesity as modulators of breast cancer risk: focus on DNA methylation. Br J Pharmacol. 2020 Jan 26;177(6):1331-50.
12. Du P, Zeng H, Xiao Y, Zhao Y, Zheng B, Deng Y, et al. Chronic stress promotes EMT-mediated metastasis through activation of STAT3 signaling pathway by miR-337-3p in breast cancer. Cell Death Dis. 2020 Sep;11(9).
13. Falcinelli M, Thaker PH, Lutgendorf SK, Conzen SD, Flaherty RL, Flint MS. The role of psychologic stress in cancer initiation: clinical relevance and potential molecular mechanisms. Cancer Res. 2021 Jul 15;81(20):5131-40.

14. Hong H, Ji M, Lai D. Chronic stress effects on tumor: pathway and mechanism. Front Oncol. 2021 Dec 20;11.
15. Huang M, Wu Q, Jiang Z-H. Epigenetic alterations under oxidative stress in stem cells. Oxid Med Cell Longev. 2022 Aug 29;2022:1-11.
16. Khan NG, Correia J, Adiga D, Rai PS, Dsouza HS, Chakrabarty S, et al. A comprehensive review on the carcinogenic potential of bisphenol A: clues and evidence. Environ Sci Pollut Res Int. 2021 Mar 5;28(16):19643-63.
17. Kobets T, Smith BPC, Williams GM. Food-borne chemical carcinogens and the evidence for human cancer risk. Foods. 2022 Jan;11(18):2828.
18. Lewandowska A, Rudzki M, Rudzki S, Lewandowski T, Laskowska B. Environmental risk factors for cancer: review paper. Ann Agric Environ Med. 2019 Mar 22;26(1):1-7.
19. Liang Z, Li X, Liu S, Li C, Wang X, Xing J. MiR-141-3p inhibits cell proliferation, migration and invasion by targeting TRAF5 in colorectal cancer. Biochem Biophys Res Commun. 2019 Jun;514(3):699-705.
20. Melanda VS, Galiciolli MEA, Lima LS, Figueiredo BC, Oliveira CS. Impact of pesticides on cancer and congenital malformation: a systematic review. Toxics. 2022 Nov 9;10(11):676.
21. Nicolella HD, De Assis S. Epigenetic inheritance: intergenerational effects of pesticides and other endocrine disruptors on cancer development. Int J Mol Sci. 2022 Apr 23;23(9):4671.
22. Novak D, Huser L, Elton JL, Umansky V, Altevogt P, Utikal J. SOX2 in development and cancer biology. Semin Cancer Biol. 2020 Dec;67(Pt 1):74-82.
23. Sadri Nahand J, Moghoofei M, Salmaninejad A, Bahmanpour Z, Karimzadeh M, Nasiri M, et al. Pathogenic role of exosomes and microRNAs in HPV-mediated inflammation and cervical cancer: a review. Int J Cancer. 2020 Jan 15;146(2):305-20.
24. Shu C, Jaffe AE, Sabunciyan S, Ji H, Astemtorki J, Sun J, et al. Epigenome-wide association scan identifies methylation sites associated with HIV infection. Epigenomics. 2020 Nov;12(21):1917-27.
25. Sule RO, Condon L, Gomes AV. A common feature of pesticides: oxidative stress: the role of oxidative stress in pesticide-induced toxicity. Oxid Med Cell Longev. 2022 Jan 19;2022:1-31.
26. Sun L, Zhang H, Gao P. Metabolic reprogramming and epigenetic modifications on the path to cancer. Protein Cell. 2022 Dec;13(12):877-919.
27. Taroeno-Hariadi KW, Hardianti MS, Sinorita H, Aryandono T. Obesity, leptin, and deregulation of microRNA in lipid metabolisms: their contribution to breast cancer prognosis. Diabetol Metab Syndr. 2021 Jan 22;13(1).
28. Teng Y, Yu Y, Li S, Huang Y, Xu D, Tao X, et al. Ultraviolet radiation and basal cell carcinoma: an environmental perspective. Front Public Health. 2021 Jul 22;9.
29. Wu R, Wang L, Yin R, Hudlikar R, Li S, Kuo HCD, et al. Epigenetics/epigenomics and prevention by curcumin of early stages of inflammatory-driven colon cancer. Mol Carcinog. 2020 Feb;59(2):227-36.
30. Zhang H, Pan YZ, Cheung M, Cao M, Yu C, Chen L, et al. LAMB3 mediates apoptotic, proliferative, invasive, and metastatic behaviors in pancreatic cancer by regulating the PI3K/Akt signaling pathway. Cell Death Dis. 2019 Mar 8;10(3):230.
31. Zhang L, Liao Y, Tang L. MicroRNA-34 family: a potential tumor suppressor and therapeutic candidate in cancer. J Exp Clin Cancer Res. 2019 Feb 4;38(1).

Capítulo **8**

Epigenética e câncer: fatores prognósticos e tratamento

Suzanny Oliveira Mendes
Bruna Aparecida Borges Dutra
Davi Bonella Lopes
Brunella Curto Cristianes Lacerda
Julia Toneto Neves
Juliana Carvalho Passos
Caio Effigen Bortolini

> *"Até o seu núcleo molecular inato, as células cancerígenas são cópias hiperativas, dotadas de sobrevivência, desconexas, fecundas e inventivas de nós mesmos."*
> *Siddharta Mukherjee*

CONVERSA COM O LEITOR

O câncer continua a ser um dos grandes desafios da medicina moderna, despertando crescente interesse e inquietação tanto na comunidade científica quanto na população em geral. O conhecimento sobre as causas e mecanismos por trás do desenvolvimento do câncer tem evoluído exponencialmente, revelando que a origem dessa doença complexa vai muito além de mutações genéticas. É nesse contexto que se torna essencial compreender o papel dos mecanismos moleculares envolvidos, não apenas para entender o surgimento do câncer, mas também para desenvolver abordagens terapêuticas mais eficazes.

Este capítulo abordará, de maneira detalhada, os processos moleculares que culminam na transformação de uma célula saudável em uma célula cancerosa. Entre os fatores destacados, a epigenética surge como área de grande importância, oferecendo uma nova perspectiva sobre como alterações no controle da expressão gênica podem promover o desenvolvimento do câncer, sem a necessidade de mudanças diretas na sequência do DNA. As modificações epigenéticas, como a metilação do DNA e as modificações das histonas, são exploradas aqui como elementos-chave na regulação do destino celular e na carcinogênese.

Convidamos você, leitor, a mergulhar nos conteúdos deste capítulo com a mente aberta e curiosa. A ciência está constantemente avançando, e a compreensão desses mecanismos pode não apenas ampliar o conhecimento sobre o câncer, mas também inspirar novas formas de pensar sobre a prevenção e o tratamento dessa doença devastadora, como será apresentado nos capítulos seguintes.

BASES CIENTÍFICAS

Remetendo à introdução deste capítulo, à frase dita por Siddhartha Mukherjee comparando as células cancerosas a nós mesmos, pode-se concluir que o estudo acerca do prognóstico envolvido nesse adoecimento não é algo trivial. Como também, concordando com o último subtópico, os fatores ambientais que podem, por meio dos mecanismos genéticos, levar à formação de tumores são os mais variados, abrangendo de maneira significante os prognósticos possíveis para cada tumorigênese. Consequentemente, este tópico foi edificado de modo a manter uma linha de raciocínio lógico simples, por constituir um apanhado geral de apontamentos feitos por diversos estudos de formas tumorais diferentes. Assim, a temática a seguir abordará separadamente cada mecanismo epigenético e seus relacionados fatores de prognóstico, justamente para facilitar o entendimento.

Metilação do DNA

A disfunção na metilação do DNA está intimamente associada à carcinogênese, doenças autoimunes e doenças fibrosas. Em particular, a hipometilação em todo o genoma e a antimetilação localizada nos promotores de genes supressores de tumor são características de vários tipos de câncer, e anormalidades de metilação são biomarcadores potenciais e alvos terapêuticos. Seus fatores de prognósticos serão apontados a seguir.

Prognóstico geral

Em pacientes nos quais se desenvolveu o carcinoma hepatocelular (HCC), os dados apontavam que a análise de sequenciamento do genoma mostrou que o intensificador da proteína beta CCAAT/*enhancer-binding* (C/EBP-beta), um fator de transcrição superexpresso em pacientes com esse tipo de carcinoma, é repetidamente hipometilado em todo o genoma, e essa hipometilação demonstrou estar correlacionada com a superexpressão de C/EBP-beta e a um pior prognóstico geral em pacientes.

Da mesma forma, um estudo que examinou os níveis de metilação do DNA em tecidos normais e 34 tipos de tecidos cancerosos mostrou que a expressão de mRNA de PGK1 (fosfoglicerato cinase 1) diminui após a hipometilação de sua região promotora, e isso está associado a um pior prognóstico geral em vários tipos de câncer, incluindo HCC.

Foi apontado também que uma expressão elevada de enzimas como DNA-metiltransferase (DNMT) também causa alterações na metilação do DNA, e um estudo recente indicou que DMNT1 é relativamente superexpresso em linhas celulares e tecidos de HCC e está associado a um pior prognóstico.

Quanto ao LC (câncer de pulmão), foi observado que elementos longos intercalados (Line), que cobrem quase 17% do genoma humano, são transcricionalmente ativos em muitos cânceres. A desmetilação da região *Line-1*, tecidos acometidos pelo LC, resulta na transposição desse mesmo elemento, aumentando a instabilidade genômica e, por fim, contribuindo para a formação de alterações cromossômicas. Sua hipometilação em estágio inicial foi apontada como fator de pior prognóstico geral.

Promoção de metástase

Existem vários relatos acerca do metiloma, ocasionando alterações mediadas por DNMT e ligando-o à regulação da metástase do HCC. Com relação ao papel do DNMT1, o *knockdown* da osteopontina, proteína da matriz óssea não colágena, nas células do HCC, que têm propriedades de células-tronco cancerígenas, suprime a expressão de DMNT1 e, consequentemente, promove a metástase do HCC.

Dessa forma, algumas proteínas de ligação à sequência rica em AT 1 (SATB1) regulam a metilação de certos genes, que, quando expressos, têm a função de regular o ciclo celular, o que confere maior agressividade aos tumores e um pior prognóstico se metilados. Por sua vez, a regulação desses genes pode ajudar a estratificar pacientes para cirurgia com base no risco de metástases a distância.

Resistência a medicamentos

Recentemente, a metilação do DNA foi relatada como um fator importante na aquisição de resistência a medicamentos, e a quimioterapia é conhecida por causar alterações epigenéticas na expressão gênica sem induzir mutações genéticas.

Desse modo, no HCC, alterações na metilação do DNA nos promotores do gene MET (transição epitélio-mesenquimal) podem ser importantes na aquisição de resistência a drogas. A MET induzida pela metilação do DNA é a base da resistência ao tratamento de primeira linha com sorafenibe em pacientes com HCC avançado.

Entretanto, em pacientes cuja doença foi inicialmente controlada mas que posteriormente desenvolveram resistência aos medicamentos, foram observadas alterações consistentes nos padrões de metilação do DNA acionados por MET, no entanto essas alterações não foram observadas no grupo que continuou a responder bem ao tratamento com sorafenibe.

Progressão tumoral

Em estudos específicos que abordavam o carcinoma adenopancreático (PDAC), foi observado que a WNK2, uma serina-treonina quinase citoplasmática, caracterizada como uma supressora tumoral, é hipermetilada em comparação com os tecidos circundantes em tumores PDAC. Assim, seu mRNA e sua expressão em forma de proteína são regulados negativamente no tumor, associando-se, portanto, à progressão tumoral de tal.

Dessa mesma forma, também foi mostrado que o gene KLF10 é regulado por meio da modulação epigenética. Esse gene sofre metilação de sua região promotora pelas DNMT1, que o silenciam, resultando na sinalização de TGF-beta-1 (fator de crescimento transformante beta 1). Essas mudanças resultam em aumento da proliferação, invasão e migração de células tumorais e foram observadas durante a progressão do carcinoma pancreático.

Sobrevida global

Quanto aos estudos que avaliaram o desenvolvimento de melanomas, foi estudado o perfil de metilação de todo o genoma de 45 pacientes. Com base na metilação global, o estudo foi dividido em um grupo favorável, com sobrevida média de 31,5 meses, e um grupo desfavorável, com sobrevida média de 10,3 meses, com sobrevida global em 5 anos de 41,2 e 0%, respectivamente. O estudo identificou uma assinatura de metilação de 17 genes, suficiente para distinguir o grupo de melhor prognóstico, caracterizado por baixa densidade de metilação. A hipometilação foi um preditor significativo de aumento da sobrevida global.

Modificações de histonas

A arquitetura da cromatina e a acessibilidade à ligação do fator de transcrição são de longe as modificações epigenéticas mais abrangentes que determinam a expressão biológica de certos *loci* gênicos. Múltiplas camadas de regulação estão interconectadas para modificar a estrutura da cromatina e completar todo o processo de expressão gênica. Assim, por meio de mecanismos que incluem ativação ou tradução alterada, a expressão de genes específicos pode ser ativada rapidamente em resposta às sugestões e pressões ambientais, dessa forma influenciando diretamente o desenvolvimento e a formação de possíveis tumores. Consequentemente, esse mecanismo epigenético também estará ligado aos fatores de prognóstico.

Prognóstico geral

Quanto ao HCC, um experimento *in vitro* mostrou que as células dessa tumorigênese têm densidade de nucleossomo relativamente menor com acetilação da histona H3K9 do que as células que faziam parte dos grupos de controle, independentemente do estado de ativação transcricional, o que pode desempenhar um papel importante no início do desenvolvimento do HCC. Alternativamente, para a metilação H3K, foi demonstrado que, quanto maior o nível de trimetilação H3K4 no HCC, pior o prognóstico geral.

Desse mesmo modo, o aumento da expressão de HDAC1 e HDAC2 nesse mesmo tumor está associado à baixa expressão de frutose-1,6-bisfosfatase (FBP1), que está envolvida no metabolismo da glicose, e a um pior prognóstico em pacientes com HCC. A inibição de HDAC no HCC restaura a expressão de FBP1, a depleção de glicose e a secreção de lactase, e assim interrompe o crescimento do tumor *in vitro* e *in vivo*.

Ainda sobre esse tipo de tumor, uma análise funcional mostrou que a inativação de G9a (um tipo de metiltransferase de histonas – HMT) inibe acentuadamente a desmetilação de H3K9 e suprime o crescimento de HCC e a metástase *in vitro* e *in vivo*. Outro relatório também demonstrou que G9a e DNMT1, juntamente com seu adaptador molecular, a ubiquitina-símile com domínios PHD e RING *finger* 1 (sítios de ligação da ubiquitina), são superexpressos no HCC e estão associados a um pior prognóstico.

Resistência a medicamentos

Devido ao fato de serem difíceis de serem encontrados em relação com alguma resistência direta, ainda é necessário um estudo mais aprofundado dessa relação. Apesar disso, um estudo usando linhagens celulares de leucemia linfoblástica resistentes a antagonistas metabólicos de nucleotídeos mostrou que não há diferença no estado de metilação dos alelos CpG no promotor da desoxicitidina quinase entre as linhagens celulares resistentes e parentais. Entretanto, a acetilação total de histonas e a acetilação da histona H3 e H4 são significativamente menores nas linhagens celulares resistentes do que nas linhagens celulares parentais, justificando suas posições como antagonistas à resistência medicamentosa.

Progressão tumoral

A princípio, pesquisas sobre o melanoma indicaram que a acetilação da histona H3 no nível de 27 resíduos de lisina (H3K27ac) é um importante regulador da expressão do MITF (fator de transcrição indutor de melanócitos) e está associada a um aumento do potencial de progressão tumoral para células desse tumor.

As variantes de histonas, também chamadas de histonas não canônicas, macroH2A, H2A.Z e H3.3, são importantes no melanoma. O macro-H2A tem duas regiões: domínio H2A semelhante à histona e NHR (região não histona). O papel da macro-H2A é ser um fator regulador da transcrição, diferenciação celular e reprogramação. A macro-H2A suprime a progressão do melanoma, e sua expressão no melanoma é geralmente perdida.

Alterações nas atividades da histona acetiltransferases (HAT) e da histona deacetilases (HDAC) também foram observadas em vários tipos de câncer. Como também o gene que codifica a proteína de ligação HAT E1A p300 (EP300) está mutado em cânceres epiteliais, sugerindo sua função como um gene supressor de tumor, e, como contrário, sua alteração atua como um fator de promoção tumoral.

Sobrevida global

Uma metanálise de nove estudos descobriu que o aumento da expressão da histona demetilase SIRT1 se correlaciona com um tamanho maior do tumor e maior expressão de p53 (símile à acima) e está associado a uma pior sobrevida global e a sobrevida livre de doença em pacientes com HCC.

Outros relatórios anteriores sugeriram que a superexpressão de H3K27me3 no HCC está associada ao aumento do tamanho do tumor, invasão vascular e metástase. Assim, níveis elevados de H3K27me3 no estão associados a uma pior sobrevida global nessa tumorigênese.

RNA não codificantes

A maior parte da transcrição do genoma humano (90%) não é transcrita em proteínas e tem um papel na regulação da expressão gênica. Ele modifica esta por meio de sua transcrição e de regulação da tradução, alterações da cromatina, alterações do RNA mediante edição ou *splicing* ou degradação e sequestro de miRNA. No nível celular, a alteração da expressão gênica se traduz na regulação da proliferação, diferenciação, migração e invasão celular. Esse mecanismo epigenético é composto por miRNA (micro-RNA), LncRNA (RNA longos não codificantes) e RNA circulares.

Prognóstico geral

Devido ao fato de existirem altos níveis de expressões de várias famílias de lncRNA em tumores como o melanoma, várias dessas foram estudadas, incluindo as famílias SPRY4-IT1, MALAT-1, BANCR, UCA1, HOTAIR e SNHG8. Os níveis de UCA1 e MALAT-1 foram notavelmente mais elevados em pacientes com melanoma em comparação com controles saudáveis, e seus níveis foram associados ao estágio da doença, relacionados, assim, a um pior prognóstico.

Já no HCC, foi descoberto que o RNA 1 *antisense* do lncRNA MCM3AP (MCM3AP-AS1) também foi superexpresso em tecidos e linhagens celulares afetadas por este e se correlacionou positivamente com tumor de tamanho grande, alto grau tumoral, estágio avançado do tumor e a um pior prognóstico, indicando que o *knockdown* de MCM3AP-AS1 inibe o crescimento do HCC.

Ainda sobre esse tipo tumoral, vários lncRNA estão associados aos mecanismos de resistência a drogas citotóxicas. Um lncRNA associado ao HCC, HANR, é superexpresso nos tecidos do carcinoma e está associado a um pior prognóstico em pacientes.

Tratando-se do câncer de mama, a superexpressão de miR-221 foi identificada como um marcador de um melhor prognóstico e está associada à positividade do receptor de estrogênio (ER) e à negatividade dos linfonodos.

Promoção metastática

Uma descoberta extremamente importante pôde possibilitar uma via de melhoria no prognóstico: o achado de que os miRNA são responsáveis por papéis mecanísticos críticos em uma ampla variedade de processos, tanto patológicos quanto normais. Isso sugere sua utilidade potencial para produzir biomarcadores úteis correlacionados com a propensão de promover a metástase. Os níveis de vários miRNA individuais – incluindo miR-10b, miR-21, miR-31, miR-126, miR-335 e miR-373 – foram correlacionados com o resultado metastático em pacientes com carcinoma.

Quanto ao PDAC, descobriu-se que o miR-141, a família miR-200 (miR--200a, miR-200b e miR-200c) e o miR-429 também estão altamente correlacionados com a EPT. Nesse sentido, o miR-200b mostrou-se um regulador crítico de quimiossensibilidade, metástase e invasão tumoral nesse tipo de câncer

Além disso, outras classes de RNA não codificantes, incluindo grandes RNA não codificantes intervenientes (lincRNA), também foram propostas como biomarcadores para propensão metastática em tumores de mama humanos, citados acima com BC.

Resistência a medicamentos

Em particular, a expressão de miRNA foi significativamente modificada em várias células afetadas pelo HCC e resistentes a drogas em comparação com a expressão em células sensíveis a drogas. Isso sugere que a expressão de vários miRNA pode contribuir para a previsão do efeito terapêutico no HCC.

Assim, vários miRNA estão associados à resistência a drogas citotóxicas nesse tipo de tumor. Em tecidos e células afetados por isso e resistentes à cisplatina, tanto o miR-130a quanto o miR-182 são significativamente regulados positivamente, o que sugere a associação desses miRNA à resistência à cisplatina, por exemplo.

Progressão tumoral

Quanto ao HCC, foi apontado que os lncRNA estão associados diretamente às características clínicas desse carcinoma, como metástase, prognóstico, recorrência e resistência ao tratamento por meio de vários mecanismos. O transcrito 1 associado ao câncer de pulmão (LC) (Lucat1) é um lncRNA conhecido por regular o crescimento e a metástase em vários tipos de câncer. A expressão desse transcrito também foi associada a esses fatores de progressão tumoral nos tecidos e células do HCC.

Além disso, em mais de 90% dos melanomas, um lncRNA Sammson, que desempenha um papel oncogênico em associação com o fator de transcrição indutor de melanócitos (MITF), está presente, portanto, diretamente ligado à proliferação e progressão tumoral.

Sobrevida global

No melanoma cutâneo, foi encontrada elevada expressão de LINC02249 (RNA intergênico não codificante longo 2249). A alta expressão corresponde a uma pior sobrevida global e a uma pior sobrevida específica da doença, que é um fator prognóstico independente.

Dessa mesma maneira, em estudos visando ao PDAC, foi identificado que os mRNA como ceRNA homólogos de biomarcadores lncRNA estão envolvidos tanto na morte celular quanto na adesão e no ciclo celular. Em contraste, os níveis de expressão de BC008363 (um tipo de lncRNA) são mais baixos em células acometidas por esse tumor em comparação com tecido normal, com pior sobrevida entre esses pacientes do que pacientes com níveis de expressão aumentados.

O padrão de expressão do miR-21 se correlaciona com expressão nuclear reduzida de PDCD4 (proteína de morte celular programada 4) e citoplasmática de TIMP3 (inibidor de metaloproteinase 3). Claramente, reduzindo a presença dessas moléculas relacionadas com o ciclo celular, o aumento da expressão de miR-21 foi associado com redução da sobrevida global.

Como visto, o estudo dos fatores de prognóstico ligado aos mecanismos epigenéticos ainda é bastante incipiente. Pode-se afirmar isso devido à ausência de uma pesquisa na qual seja feita essa análise geral, coletando informações e, assim, gerando uma base de dados de biomarcadores epigenéticos de prognóstico. Esta seção do capítulo teve como objetivo realizar essa análise geral, embora modesta.

Reafirma-se, como mencionado, a necessidade de um rebuscamento e de um empenho maior da comunidade científica para atingir um nível satisfatório de estudo acerca desse saber. Diante da importância de um prognóstico bem avaliado e conciso sobre a tumorigênese, essa conclusão convida os participantes dessa comunidade a embarcar na pesquisa relacionada ao assunto, encorajando-os também a buscar outros estudos que complementem este. Assim, nossa compreensão dos epigenomas do câncer e da carcinogênese se manterá em evolução, lançando nova luz sobre as etapas de progressão do câncer e possíveis intervenções, algumas já tratadas no seguinte subtópico.

EPIGENÉTICA E TRATAMENTO

Observa-se, com base nos conhecimentos elucidados anteriormente, uma tendência científica a explorar o cenário epigenético na busca por reverter os fenômenos da oncogênese. Diferentemente das mutações genéticas, as modificações epigenéticas podem ser reversíveis, o que permite uma série de estudos de possibilidades terapêuticas.

Nesse contexto, é possível perceber que células tumorais morrem quando são reativados genes antes desligados por anomalias epigenéticas, tais como genes supressores de câncer (programadores de morte celular, por exemplo). Outro fator de morte celular tumoral vem da inibição de genes de replicação celular ativados indevidamente. Assim, surgem estudos cujos objetos de análise são técnicas de ativação e supressão desses genes, de modo a pesquisar quais partes do genoma seriam eficazes na reversão do câncer, quando alteradas, e quais são as melhores maneiras de manipular isso nos indivíduos acometidos pela doença.

Nesses estudos, evidencia-se a diferença de eficácia de intervenções epigenéticas em diferentes tipos de câncer. Entre as variáveis nos tratamentos, está a quantidade de alterações epigenéticas de cada tipo tumoral e o local de fixação das células cancerosas, podendo ser mais ou menos exposto a drogas do tratamento. Dessa forma, diferentes tipos de câncer levam a diferentes ferramentas e abordagens de estudos, sendo essencial examinar a influência da epigenética em diversos sistemas e órgãos, como será feito a seguir por meio de alguns exemplos.

Epigenética e tratamento do câncer de mama

A começar pelo câncer de mama, o cenário atual alavanca os estudos a partir da metilação das ilhas promotoras CpG de determinados genes e nas modificações de histonas.

Nota-se que a hipermetilação das ilhas promotoras CpG está associada a tumores primários de mama. Essa constatação é obtida ao comparar o grau de metilação em lesões mamárias pré-malignas com lesões já diagnosticadas com câncer de mama e com amostras de tecido mamário normal. Os genes identificados nas amostras afetadas estão associados a funções de supressão tumoral, regulação do ciclo celular, metástase, como os genes *RAR-beta-2* e *RASSF1A, MINT17* e *MINT13*. Outros genes objeto de estudos a respeito de sua metilação aberrante são *DLEC1, GRIN2B, HOXA1, MT1G, SFRP4, TMEFF2, APC, GSTP1, HOXA10, IGF2, RAR-beta, RASSF1A, RUNX3, HIN-1* e *SFRP1*.

A partir da identificação desses genes, o cenário atual de estudo explora técnicas de reversão da hipermetilação aberrante a fim reduzir o silenciamento do gene e de retomar a expressão gênica padrão no indivíduo saudável, com o intuito de provocar a morte celular da célula cancerígena e a diminuição do tumor. Uma das formas de tratamento encontradas vem de drogas desmetilantes inibidoras de DNMT.

Esse tratamento baseia-se no conhecimento das enzimas que metilam resíduos de citosina de Cpgs: DNA (5-citosina)-metiltransferases (DNMT). As DNMT 1, 2, 3a e 3b são as mais conhecidas. Com essa informação, o caminho reverso surge com substâncias desmetilantes, sendo as mais pesquisadas a 5-azacitidina (VidazaTM) e a 5-aza-2'-desoxicitidina (decitabina). Essas drogas substituem a citosina durante a replicação do DNA e fazem captura covalente das DNMT. As DNMT aderidas são impedidas de realizar a metilação e o DNA é desmetilado.

Ainda nos estudos referentes ao câncer de mama, as modificações de histonas foram analisadas de forma complementar à metilação aberrante. Sabe-se que a modificação anormal das histonas, em conjunto com a hipermetilação do DNA, contribui para o silenciamento do gene e agrava a reversão da expressão. Assim, é nítido que as terapias epigenéticas devem ser direcionadas duplamente para modificações ao nível do DNA e das histonas.

No câncer de mama, um tipo de câncer de tumores sólidos, tratamentos combinados se mostram mais relevantes ainda. Um exemplo disso vem das linhas celulares MDA-MB231 (TNBC), SKBR3 (HER2+), BT474 (HER2-positivo) e MCF -7 (ER-positivo) de câncer de mama advindas da metilação do gene Caspase 8, ligado à apoptose. Inicialmente, a terapia realizada com 5-aza-2'-desoxicitidina silenciou DNMT3a e DNMT3b e retomou a expressão do gene CASP8 nas linhas celulares MDA-MB231, SKBR3 e BT474, mas não teve o mesmo efeito nas linhas MCF-7. Porém, a inativação do gene CASP8 na linha celular MCF-7 foi associada à metilação da histona H3 (Lys27); assim, por meio da terapia conjunta com 5-aza-2'-desoxicitidina e com o inibidor de HDAC, tricostatina A, o silenciamento do gene Caspapsep 8 foi solucionado, tendo ele sua expressão retomada.

Esse é um exemplo de atuação conjunta do tratamento desmetilador de DNA e da reparação das histonas, representando uma abordagem que pode ser explorada em diversas manifestações de câncer de mama.

Epigenética e tratamento do câncer de próstata

Ao analisar a manifestação do câncer de próstata, a hipermetilação aberrante do DNA desempenha papel tumoral de forma semelhante à vista acima. Genes supressores de tumor envolvidos em várias vias celulares são silenciados, bem como genes de controle de ciclo celular e de reparos ao DNA. A hipermetilação resulta em perda funcional, contribuindo para o começo, avanço e metástase do câncer em questão.

Nas pesquisas sobre câncer de próstata, ao comparar amostras de tecidos com câncer e sem câncer, identificaram-se 16 genes de 7 linhas celulares cancerosas: LNCaP, PC-3, DU-145, LAPC-4, CWR22Rv1, VCaP e C42B. Em mais de 85% das linhas celulares de câncer analisadas, as ilhas CpG em GSTP1, APC, RASSF1a, PTGS2 e MDR1 foram hipermetiladas. Já as ilhas CpG em EDNRB, ESR1, CDKN2a e hMLH1 não foram altamente hipermetiladas, porém apresentaram índices moderados de hipermetilação, o que já as diferencia de tecidos não cancerosos, cujas taxas de metilação são nulas. Ainda vale ressaltar a hipermetilação da ilha CpG na linha celular EDNRB, relacionada aos câncer de próstata primário, e o mesmo fenômeno na ilha PTGS2 CpG, associado a maiores chances de recorrência do câncer de próstata.

O panorama geral de estudo, no câncer de próstata, envolve 25 genes notadamente mais metilados em tecidos cancerosos que em tecidos saudáveis. São eles: AOX1, CYBA, EDG3, ELF4, EPB41L3, FLJ12056, FLJ90650, FLT4, GAS6, GRASP, GSTP1, HAAO, HIF3A, HOXC11, LEP, MGC39606, MOBKL2B, RAB34, RAR-beta-2, RHCG, RND2, SLC34A2, SPATA6, TPM4 e ZNF154. Tais genes, quando metilados, são indicativos de maior risco de desenvolvimento da doença de forma agressiva.

A partir dessas informações a respeito desses genes, pesquisas futuras devem explorar esses padrões epigenéticos como biomarcadores em diversas amostras populacionais, com o objetivo de compreender os mecanismos e alvos da epigenética no câncer de próstata e, assim, estabelecer processos de reversão de metilação e modificação de histonas, da mesma forma do câncer de mama, explorado anteriormente.

Os avanços estabelecidos até o cenário atual adentram na interação de agentes desmetilantes combinados (5-aza-2'-desoxicitidina) com inibidores de HDAC (tricostatina A). Essa abordagem foi inspirada em terapias de outros tipos de câncer, a exemplo das leucemias, e está em processo de esclarecimento em terapias destinadas ao câncer de próstata. O desafio das pesquisas está na necessidade de reduzir taxas de falhas e aumentar a especificidade das enzimas antimetilantes usadas para os genes alvo específicos, citados acima.

Aliás, tal obstáculo está presente em todo o contexto do estudo da manipulação do epigenoma relacionada a terapias no câncer: o desenvolvimento de biomarcadores epigenéticos confiáveis. Isso porque as terapias epigenéticas existentes requerem um alto nível de especificidade a custo de poder alterar muito o padrão das manifestações genéticas, incluindo as saudáveis e necessárias nas funções biológicas dos indivíduos. O risco de ativar não apenas genes inibidores de tumor, mas também outros que deveriam estar inibidos, existe. Para contornar esse risco, é importante desenvolver uma regulação imunológica seletiva, o que demanda alta compreensão dos mecanismos moleculares.

O cenário atual indica a possibilidade de os reguladores epigenéticos agirem com alvos seletivos, já que os componentes epigenéticos agem em poucos genes, normalmente não tendo efeitos globais na expressão gênica. Um exemplo disso são os inibidores da proteína BET, que influenciam somente centenas de genes diferenciados a depender do tipo de célula. Ou seja, os instrumentos de ação epigenética podem sim fornecer a especificidade necessária para a reversão tumoral, contudo é importante controlar como essa direção específica é traçada e como esses genes conseguem ser associados somente a determinados reguladores.

Dominado tal conhecimento, será possível disponibilizar as novas técnicas de tratamento epigenético aos pacientes, inclusive trazendo benefícios sinérgicos às quimioterapias convencionais. Dessa forma, as diferentes drogas disponíveis no mercado poderiam interagir de forma a aumentar seus efeitos e a reduzir a chance de resistência e efeitos colaterais aos medicamentos.

Vale ressaltar, ainda, que os conhecimentos científicos obtidos ao longo dos anos a respeito das alterações genéticas no câncer são muito superiores aos das desregulações epigenéticas. Ou seja, o entendimento epigenético relacionado com essa patologia ainda está nos estágios mais iniciais. Portanto, muitos estudos do tema surgirão nos próximos anos, confirmando sua atualidade e relevância.

PERSPECTIVAS

O campo da epigenética aplicada ao câncer de próstata apresenta avanços promissores, mas ainda está em construção, abrindo um vasto horizonte de possibilidades terapêuticas e diagnósticas. A identificação de assinaturas epigenéticas específicas, como padrões de hipermetilação em genes supressores de tumor, permite projetar biomarcadores com potencial para diagnóstico precoce, estratificação prognóstica e acompanhamento terapêutico individualizado.

A tendência futura é o aperfeiçoamento das terapias epigenéticas combinadas – como o uso conjunto de agentes desmetilantes e inibidores de deacetilases de histonas – com foco em aumentar a especificidade, reduzir efeitos colaterais e melhorar os desfechos clínicos. Nesse cenário, a integração da epigenética com terapias convencionais, como quimioterapia e imunoterapia, poderá resultar em abordagens mais eficazes e personalizadas, diminuindo a resistência ao tratamento e aumentando a sobrevida dos pacientes.

Além disso, o desenvolvimento de tecnologias de edição epigenética, como o uso de CRISPR/dCas9 acoplado a moduladores epigenéticos, representa uma fronteira inovadora, com potencial para corrigir diretamente alterações epigenéticas em *loci* específicos sem modificar a sequência do DNA. Essa precisão poderá minimizar os riscos atualmente associados à manipulação epigenética global.

Outro ponto central nas perspectivas é o aprofundamento do conhecimento sobre os mecanismos moleculares que regulam a especificidade dos alvos epigenéticos. À medida que essas vias forem elucidadas, será possível ampliar a segurança dos tratamentos e limitar efeitos indesejados sobre a expressão gênica de células saudáveis.

Por fim, é esperado um crescimento expressivo na produção científica voltada à epigenética do câncer de próstata, uma vez que esse é um dos tipos de câncer mais incidentes entre os homens. Com isso, espera-se que a epigenética deixe de ser apenas um campo complementar e passe a ocupar papel de destaque no manejo clínico da doença, tanto na prevenção quanto no tratamento.

REFERÊNCIAS

1. Ambrosini G, Cordani M, Zarrabi A, Alcon-Rodriguez S, Sainz RM, Velasco G, et al. Transcendendo fronteiras no câncer de próstata: o papel dos oncometabólitos na regulação epigenética, CSCs e microambiente tumoral para identificar novas estratégias terapêuticas. Cell Commun Signal. 2024;22:36.
2. Czarnecka-Chrebelska KH, Perkowska-Ptasińska A, Krenke R, Domagała-Kulawik J. Biological and genetic mechanisms of COPD, its diagnosis, treatment, and relationship with lung cancer. Biomedicines. 2023 Feb 3;11(2):448.
3. Dai W, Qiao X, Fang Y, Guo R, Bai P, Liu S, et al. Epigenetics-targeted drugs: current paradigms and future challenges. Sig Transduct Target Ther. 2024;9:332.
4. Dawson MA, Kouzarides T. Cancer epigenetics: from mechanism to therapy. Cell. 2012 Jul 6;150(1):12-27.
5. Fardi M, Solali S, Farshdousti Hagh M. Epigenetic mechanisms as a new approach in cancer treatment: an updated review. Genes Dis. 2018 Jun 18;5(4):304-11.
6. Jin N, George TL, Otterson GA, Verschraegen CF, Carbone DP, Nana-Sinkam P. Advances in epigenetic therapeutics with focus on solid tumors. Clin Epigenetics. 2021 Apr 20;13(1):45.
7. Montalvo-Javé EE, Domínguez-Rosado I, Méndez-Sánchez N, Zamora-Valdés D, Carlos-Bustamante MA. Pancreatic cancer: genetic conditions and epigenetic alterations. J Gastrointest Surg. 2023 May 1;27(5):1001-10.

8. Nebbioso A, Tambaro FP, Dell'Aversana C, Altucci L. Cancer epigenetics: moving forward. PLoS Genet. 2018 Jun 7;14(6):e1007362.
9. Nepali K, Liou JP. Recent developments in epigenetic cancer therapeutics: clinical advancement and emerging trends. J Biomed Sci. 2021;28:27.
10. Oura K, Morishita A, Masaki T. The roles of epigenetic regulation and the tumor microenvironment in the mechanism of resistance to systemic therapy in hepatocellular carcinoma. Int J Mol Sci. 2023 Feb 1;24(3):2805.
11. Topper MJ, Vaz M, Chiappinelli KB, DeStefano Shields CE, Niknafs N, et al. The emerging role of epigenetic therapeutics in immuno-oncology. Nat Rev Clin Oncol. 2020 Feb;17(2):75-90.
12. Valastyan S, Weinberg RA. Tumor metastasis: molecular insights and evolving paradigms. Cell. 2011 Oct 14;147(2):275-92.
13. Villanueva L, Álvarez-Errico D, Esteller M. The contribution of epigenetics to cancer immunotherapy. Trends Immunol. 2020 Aug;41(8):676-91.
14. Wu Y, Sarkissyan M, Vadgama JV. Epigenetics in breast and prostate cancer. Methods Mol Biol. 2015;1238:425-66.

Capítulo **9**

Epigenética, cérebro e comportamento humano

Polyana Lima Meireles Dalpiaz
Adriana Madeira Álvares da Silva
Bárbara Risse Quaioto
Amanda Schwanz Turra
Elisa Soares Fassarella
João Victor Heringer Rosa
Renato do Nascimento de Martine
Anna Karolyna da Silva Moreira

"A memória é o único paraíso do qual não podemos ser expulsos."
Johann Paul Richter

CONVERSA COM O LEITOR

O cérebro é o órgão mais complexo e delicado de nosso corpo, é a central de funcionamento de todo o organismo. Por isso, qualquer tipo de doença ou falha nessa central de funcionamento pode alterar seu desempenho. Essas alterações podem ocorrer em uma via molecular específica ou até mesmo em um sistema ou integração fisiológica e, finalmente, no comportamento de um indivíduo.

Com o avanço da epigenética, os fatores intrínsecos e extrínsecos ao organismo, como nutrição, exercício, estresse, tabagismo e outros, são reconhecidos como potenciais modificadores do neurodesenvolvimento.

Os pesquisadores da área direcionaram o interesse para a epigenética a partir da hipótese de que mecanismos epigenéticos poderiam explicar como o ambiente e o genoma operam em conjunto para definir a variação individual tanto à saúde quanto uma extensa gama de comportamentos e características específicos. Dessa forma, a epigenética pode ajudar a desvendar os segredos da mente humana, a origem de psicopatologias e até mesmo auxiliar no tratamento e prática clínica.

Diversos estudos relacionam a desregulação epigenética e a modificação da cromatina ao desenvolvimento de doenças neurodegenerativas, incluindo a doença de Alzheimer, a doença de Parkinson e a doença de Huntington. O campo das alterações epigenéticas no cérebro e sua influência no comportamento humano são emergentes e ainda em fase de descobertas. Pesquisas atuais buscam elucidar gradualmente de que forma essas modificações epigenéticas podem impactar o comportamento e qual a extensão de seu envolvimento em processos psicopatológicos. Pesquisas nesse campo de conhecimento ainda estão em progresso no intuito de compreender seus efeitos em cada processo fisiológico e patológico com o objetivo de quem sabe encontrar caminhos para o tratamento de doenças ainda incuráveis, como a doença de Alzheimer e a dependência química.

A neuroepigenética é uma área da fronteira do conhecimento que une nossos genes e as experiências de vida para moldar a forma de ser, aprender, pensar e agir de um indivíduo e leva a um impacto profundo nos processos mentais e emocionais.

Neste capítulo será possível abordar o cérebro com uma nova perspectiva, valorizando o papel fundamental da epigenética nos processos cerebrais básicos. Ao final da leitura, espera-se que o leitor compreenda melhor a relevância da epigenética nos mecanismos fundamentais do funcionamento cerebral.

BASES CIENTÍFICAS

A epigenética investiga as modificações na estrutura do DNA que alteram a expressão gênica sem modificar a sequência de nucleotídeos. Por meio de mecanismos epigenéticos, é possível regular a cascata bioquímica que permite ao DNA produzir RNA e proteínas, a partir de alterações químicas e físicas. Essas modificações são influenciadas por fatores ambientais e fisiológicos, como diferenciação celular, experiências de vida, estresse e uso de drogas. Além de poderem ser duradouras, há evidências de que essas mudanças podem ser transmitidas entre gerações. Embora não se apliquem a todos os genes, a literatura científica tem revelado um número crescente de exemplos desse tipo de regulação.

O'Donnel e Meaney (2020) dizem que, de maneira análoga ao funcionamento de um computador, o epigenoma é um *software* que manda e direciona as atividades do *hardware* da sequência do DNA. O *software* epigenético é montado no desenvolvimento embrionário, porém está sujeito a atualizações ao longo da vida, sendo essas modificações moldadas pelo ambiente e auxiliares à adaptação contínua da função cerebral. De modo a agregar tal comparação, pesquisas recentes demonstram o envolvimento de mecanismos epigenéticos em diversas funções cerebrais, incluindo a regulação da expressão gênica de diversas proteínas essenciais ao neurodesenvolvimento, maturação neuronal, neuroplasticidade e proteínas essenciais à regulação da neurotransmissão e sinalização intracelular.

Nessa linha de raciocínio, novos estudos buscam investigar como as alterações epigenéticas são capazes de influenciar no desenvolvimento e função cerebral, assim como no comportamento humano. Sabe-se que, apesar de não ser completamente compreendido, o cérebro humano é extremamente complexo, composto por 86 bilhões de neurônios e células gliais que atuam de maneira coordenada e integrada. Dessa forma, as lacunas do conhecimento acerca das peculiaridades do sistema nervoso e seus componentes, assim como o crescente estudo do epigenoma, somam-se de maneira a instigar pesquisadores a explorar o mecanismo dessas alterações em fisiopatologias neuronais.

As modificações epigenéticas desempenham um papel essencial no desenvolvimento cerebral durante as fases pré e pós-natal, sendo responsáveis pela regulação da formação de diferentes tipos celulares e pela coordenação dos processos envolvidos na geração de conexões neurais. Essas modificações são fundamentais para explicar, por exemplo, como mais de 200 tipos celulares distintos podem ser originados a partir do mesmo material genético presente na célula-ovo. Nessa fase, a diferenciação celular é precisa no equilíbrio entre ativação e silenciamento de genes específicos. Essa dança dos genes é mediada por mecanismos epigenéticos e moleculares. Assim, mesmo que o molde seja o mesmo, a porção ativamente transcrita é diferente entre cada tipo de célula. Dessa forma ocorre uma especialização que garante que a célula do tecido epitelial seja diferente de um neurônio.

Tratando-se do neurodesenvolvimento, é importante salientar que se refere a um período crítico, no qual qualquer falha pode gerar anormalidades neurológicas e futuros prejuízos estruturais, funcionais e comportamentais, como antecipação de distúrbios genéticos e transtornos mentais na vida adulta. Experiências no período fetal e na primeira infância são capazes de moldar a função cerebral em processos psicológicos de forma individual e estável, capazes de influenciar na qualidade da saúde mental, resiliência e vulnerabilidade aos transtornos mentais. Ou seja, um estressor em determinado período crítico pode atuar como pressão ambiental na modulação epigenética e alterar o desenvolvimento de circuitos neurais para muito além da duração do estresse, contudo de forma duradoura, determinadora do padrão adulto. Raffington et al., no Texas Twin Project, demonstraram, em estudo com 1.183 participantes, com idades entre 8 e 19 anos, que crianças que crescem em famílias e bairros mais desfavorecidos socioeconomicamente e crianças de grupos raciais/étnicos marginalizados exibem perfis de metilação de DNA indicativos de maior inflamação crônica, menor funcionamento cognitivo e um ritmo mais rápido de envelhecimento biológico. Da mesma forma, a privação do cuidado materno, crianças que moram em orfanatos, está associada à diminuição das respostas autonômicas, ou seja, alteração no controle de processos internos do corpo, como pressão arterial, frequência cardíaca e respiratória. Ou ainda aumento do volume da amígdala, estrutura responsável por processar e regular as emoções, principalmente o medo e a ansiedade.

Assim, devemos considerar também que as modificações epigenéticas atuam na capacidade de adaptação e plasticidade da função em determinadas regiões cerebrais e são induzidas pelo ambiente ao longo da vida. A compreensão dessa remodelação dinâmica de conexões neurais pode ser a chave para alterar a suscetibilidade ou risco do desenvolvimento de psicopatologias. Dito isso, este capítulo visa explorar, com base na literatura científica moderna, de que maneira alterações não sequenciais no DNA humano moldam a fisiologia do cérebro, assim como os prejuízos e benefícios que fatores extrínsecos podem gerar sobre o comportamento e fisiopatologias neuronais.

Epigenética e neuroplasticidade

Quando falamos sobre adaptação por meio da epigenética, não podemos deixar de citar a neuroplasticidade, capacidade excepcional dinâmica do cérebro de se adaptar, modificar suas conexões neurais e se reorganizar morfológica e funcionalmente em face de estímulos percebidos como experiências, lesões, mudanças ambientais e ao aprendizado ao longo da vida. A neuroplasticidade trabalha em vários níveis organizacionais, desde a neurogênese até a migração celular. Alterações epigenéticas e a neuroplasticidade trabalham unidas. Mecanismos epigenéticos são apontados por influenciarem diretamente a plasticidade cerebral, atuando na expressão gênica de importantes genes para o cérebro, reprimindo ou ativando-os. Dessa forma, ocorre fortalecimento ou enfraquecimento de sinapses e reorganização de áreas do cérebro. Esse ajuste fino nas conexões neurais pela neuroplasticidade influenciada pela epigenética forma circuitos complexos que governam todas as nossas atividades mentais e comportamentais.

A epigenética tem desempenhado um papel central na compreensão do desenvolvimento neurocomportamental humano, com a placenta sendo descrita como um "terceiro cérebro" devido a sua função de interligar o cérebro materno e o cérebro fetal em desenvolvimento. Durante a gestação, a placenta não apenas regula a função imunológica e hormonal, mas também demonstra padrões únicos de metilação do DNA que influenciam diretamente o neurodesenvolvimento. A metilação de genes placentários, como *NR3C1* e *HSD11B2*, por exemplo, tem sido associada a perfis neurocomportamentais distintos nos recém-nascidos, refletindo a influência do ambiente pré-natal na formação de comportamentos futuros. Essas alterações epigenéticas podem redefinir parâmetros fisiológicos e predispor os bebês a condições psicopatológicas, como indicado em estudos que correlacionam o baixo peso ao nascer a desordens neuropsiquiátricas. A análise de características epigenéticas placentárias, como indicadores moleculares da experiência intrauterina, surge, então, como ferramenta promissora para prever e intervir em resultados neurodesenvolvimentais.

É possível traçar um paralelo entre o comportamento humano e a capacidade automatizada de ação de robôs com inteligência artificial. Enquanto os robôs respondem a sensores e comandos, o cérebro humano reage a estímulos ambientais por meio de receptores e vias aferentes cerebrais. Nos robôs, o processamento dessas informações ocorre por meio de algoritmos e programação, enquanto nos humanos esse processamento se dá por um complexo sistema neural, desenvolvido ao longo da vida e constantemente modificado pelo aprendizado a partir de experiências. Esse processo ajusta continuamente o comportamento diante de novos conhecimentos e informações.

Embora robôs possam ser programados para aprender a partir de novas situações, eles necessitam de atualizações constantes. Em ambos os casos, as informações fornecem a base para a tomada de decisões e a resolução de problemas complexos. No entanto, enquanto os robôs utilizam algoritmos e lógicas programadas, os humanos tomam decisões com base em uma combinação de intuição, emoções, experiências e conhecimentos armazenados na memória. É relevante notar que o comportamento humano é fortemente influenciado por fatores emocionais, memórias, ambiente, cultura, sociedade e interações sociais, elementos que não podem ser reproduzidos de maneira integral nos sistemas de inteligência artificial atuais. O comportamento é toda ação que pode ser observada. No humano, entre outras ações, observa-se que ele abrange tanto atividades conscientes quanto inconscientes, o que inclui expressões emocionais, como sorrir ao encontrar alguém; expressões físicas como a forma de falar, expressões de tomada de decisão, como adiar um prazer imediato para receber uma recompensa maior no futuro ou ainda traçar metas e agir em direção a um resultado. Isso permite inferir que o comportamento envolve múltiplos processos relacionados ao aprendizado, à memória e à adaptação ao ambiente. Nesse contexto, a epigenética surge como um elo fundamental na interação gene-ambiente, conectando esses processos com as alterações no comportamento, conforme amplamente discutido.

Sistema límbico e emoções

Uma das funções mais complexas que o cérebro humano é capaz de desempenhar, juntamente com a razão, é a expressão das emoções. Característica que auxilia na formação da personalidade do ser humano, a emoção é um estado corporal e mental que envolve sentimentos muito subjetivos acompanhado de manifestações comportamentais e de respostas fisiológicas específicas. O surgimento de uma emoção envolve um conjunto complexo de processos cerebrais e do sistema nervoso como um todo. Nesse contexto, a epigenética se apresenta como importante moduladora desses processos.

O sistema límbico é um conjunto de regiões cerebrais interligadas morfofuncionalmente relacionadas com a memória e as emoções. Está localizado, em sua maioria, na face medial dos hemisférios cerebrais e no diencéfalo. Inclui o córtex cingulado, núcleo *accumbens*, hipocampo, hipotálamo, núcleos anteriores do tálamo, amígdala, córtex pré-frontal, dentre outras regiões que interagem e formam uma rede complexa de processamento e regulação das emoções e da memória. Seu funcionamento interfere diretamente na natureza e intensidade das emoções, que são controladas e manifestadas fisiologicamente por meio do hipotálamo e de sua integração com o sistema nervoso autônomo, endócrino e imune.

Essas regiões regulam as emoções por meio, principalmente, da ação de neurotransmissores. Serotonina, dopamina, noradrenalina e outros neurotransmissores desempenham um papel essencial na regulação de emoções como medo e ansiedade, raiva e agressividade, alegria e prazer. Já o sistema nervoso autônomo, por meio do hipotálamo, manifesta fisiologicamente as emoções com a ativação simpática (manifestada, p. ex., com o aumento da frequência cardíaca, a sudorese etc.) ou a ativação parassimpática (manifestando relaxamento e calma).

Mudanças na metilação do DNA e modificações nas histonas estão envolvidas com genes responsáveis pela regulação das emoções. Um exemplo são modificações epigenéticas em genes relacionados à produção de neurotransmissores, como dopamina, serotonina, entre outros. Mudanças epigenéticas podem ocorrer também em resposta a estresse crônico ou qualidade do cuidado parental e gerar alterações em genes envolvidos com resposta a estresse e regulação emocional, predispondo a transtornos mentais como ansiedade e depressão. Esse tema já foi discutido anteriormente e será mais detalhado no capítulo seguinte.

Epigenética e neurodesenvolvimento

A epigenética tem-se mostrado envolvida com diversas fases no neurodesenvolvimento: desde sua fase inicial, no período pré-natal, durante a infância e até mesmo na puberdade, quando ocorrem mudanças significativas no neurodesenvolvimento e uma grande reorganização e amadurecimento cerebral. O desenvolvimento cerebral depende de um equilíbrio complexo entre fatores genéticos e de experiências vividas ao longo da vida. Enquanto a informação genética fornece um plano básico preestabelecido para o neurodesenvolvimento, a regulação hormonal orienta o controle desse processo e da maturação, enquanto as experiências vividas ajudam a moldar os circuitos neurais, os padrões de atividade e as conexões sinápticas. Assim, a regulação epigenética serve de ligação entre as influências ambientais e fisiológicas ocorridas nesse período. Ao final, tudo isso contribui para gerar um cérebro único e moldar o comportamento individual.

No ambiente uterino, vários fatores podem afetar o desenvolvimento neurológico e cognitivo do feto durante a gestação. A programação fetal é o fenômeno pelo qual mudanças no ambiente durante períodos sensíveis de desenvolvimento podem causar mudanças duradouras na estrutura e função do cérebro. Entre as condições que podem alterar a expressão genética e o desenvolvimento fetal, está a ansiedade materna, que pode ocasionar alterações fisiológicas no feto que persistem por toda a vida. Esse estado emocional, se exacerbado e prolongado, pode alterar a secreção de glicocorticoides, e a transmissão destes ao feto é amplificada devido ao enfraquecimento da barreira placentária. A ansiedade materna pré-natal está associada a uma regulação negativa da enzima placentária 11-beta-hidroxiesteroide desidrogenase tipo 2, que catalisa a rápida inativação de glicocorticoides na placenta, aumentando assim a exposição fetal ao cortisol materno. Alterações nas vias neuroendócrinas, como o eixo hipotálamo-hipófise (HPA), também foram observadas em crianças nascidas de mães ansiosas.

Outras situações, como o abuso de substâncias, têm um impacto bem conhecido no neurodesenvolvimento do feto. A nicotina e as toxinas presentes no tabaco são capazes de atravessar a barreira placentária, e a exposição intrauterina ao tabaco diminui a expressão de genes reguladores cerebrais fetais, responsáveis pelo crescimento cerebral, mielinização e migração neuronal, alterando tanto a estrutura como a função cerebral. As deficiências comportamentais duradouras associadas ao tabagismo pré-natal incluem reduções no funcionamento cognitivo e motor, comprometimento do desenvolvimento mental e risco de transtorno bipolar, depressão e dependência na prole. O transtorno de déficit de atenção/hiperatividade (TDAH) também é mais prevalente em crianças expostas ao tabaco durante o período pré-natal.

O TDAH é um distúrbio do neurodesenvolvimento caracterizado por impulsividade, hiperatividade e desatenção prevalentes em idade escolar. Sabe-se que o TDAH apresenta um forte fator hereditário, contudo fatores ambientais, como tabagismo materno, estresse pré-natal e exposição ao chumbo, são suspeitos de afetá-lo. A exposição a determinados fatores ambientais pode levar a modificações epigenéticas, resultando na hipermetilação do DNA, principalmente dos genes relacionados à função da dopamina (*DRD5*, *DRD4* e *DAT1*). Hábitos dietéticos e exposição a metais pesados alteram os padrões de metilação do DNA, de modo a causar mudanças geracionais cruzadas, fenômeno conhecido como herança epigenética transgeracional. Outros mecanismos ligados à patogênese desse transtorno são o aumento da desacetilação de histonas (HDAC1) nos tecidos periféricos de pacientes com TDAH e, mais recentemente, a desregulação dos miRNA (responsáveis por silenciar a expressão gênica, inibindo a tradução do mRNA), que modulam a expressão dos genes DAT1 e do receptor de dopamina 1 (*DRD1*). Compreender esses mecanismos é de grande importância, principalmente para que possamos buscar novos tratamentos. Um exemplo: sabe-se que o ácido valproico e seu sal, o valproato de sódio, atuam inibindo o gene HDAC quando usados em concentrações terapêuticas, apresentando efeitos benéficos em indivíduos com TDAH.

A exposição pré-natal ao estresse materno afeta o neurodesenvolvimento da prole, a função neurocognitiva, o processamento cerebral, a conectividade funcional e estrutural do cérebro envolvendo a amígdala e o córtex pré-frontal, e o eixo HPA. Todas essas mudanças aumentam o risco de problemas comportamentais e de saúde mental na vida adulta. Os achados de estudos de neuroimagem sugerem redução do volume e/ou da espessura nas áreas frontal, temporal e límbica (por ressonância magnética) e aumento da ativação frontal (por estudos de eletroencefalografia) em crianças cujas mães apresentaram maior ansiedade pré-natal. Bebês aos 6 meses de idade nascidos de mães com sintomas depressivos maternos pré-natais mais elevados apresentam maior conectividade funcional da amígdala com o córtex temporal esquerdo e a ínsula, bem como os córtices cingulado anterior bilateral, orbitofrontal medial e pré-frontal ventromedial, que são em grande parte consistentes com os padrões de conectividade observados em adolescentes e adultos com transtorno depressivo maior. Essas alterações no ambiente uterino também podem ser um mecanismo por meio do qual a ansiedade materna influencia a estrutura e a função cerebral das crianças.

Já quanto ao período pós-gestacional, o estresse na infância revela-se de suma importância no neurodesenvolvimento, principalmente ao se tratar dos tipos de abuso por parte dos pais ou cuidadores que crianças e adolescentes podem sofrer, como abuso infantil, negligência e perda. Crianças que experimentaram estresse na infância têm um risco três a quatro vezes maior de depressão do que crianças não expostas. A gravidade dos sintomas e a taxa de recorrência também são altas nessas crianças. No período pós-natal vários estudos mostram as consequências epigenéticas das interações dentro da díade mãe-bebê. O cuidado materno e a separação demonstraram alterar a reatividade ao estresse do eixo HPA e a ansiedade em adultos por meio de mudanças duradouras nos epigenomas. Especificamente, foi demonstrado que a separação materna sensibiliza o eixo HPA da prole ativação, por outro lado, intervenções no início da vida, incluindo enriquecimento ambiental, atenuam esse efeito. Demonstrou-se que más condições de criação aumentam a liberação de fator liberador de corticotrofina no núcleo paraventricular, na amígdala e no hipocampo. Por outro lado, cuidados maternos e boas condições de criação podem reverter, em parte, esse efeito.

Na adolescência, período transitório bem caracterizado em humanos em que ocorrem inúmeras modificações fisiológicas e neurocomportamentais, taxas de crescimento acelerado com surtos de crescimento quando o cérebro sofre alterações neurobiológicas e anatômicas críticas, a epigenética é capaz de orientar a maturação do cérebro na puberdade, período importante de plasticidade, tornando-o mais sensível ao ambiente. Modificações no ambiente com modulação epigenética, tanto na fase inicial quanto nesse período crítico da adolescência, podem alterar a trajetória do desenvolvimento cerebral e estão envolvidas com o aumento do risco para doenças.

Muitos transtornos psiquiátricos surgem na adolescência, quando ocorrem interferências ambientais durante o período crítico de maturação cerebral. Fatores externos como o estresse crônico e o uso de substâncias, como maconha e álcool, estão associados a alterações no epigenoma e a alterações neurocomportamentais, aumento de percepção de dor, entre outros efeitos na vida adulta. De maneira semelhante, estímulos positivos podem influenciar a trajetória de desenvolvimento do cérebro adolescente por meio de mecanismos epigenéticos.

É relevante destacar que estão em discussão dois processos que ainda não são completamente compreendidos: a epigenética e o desenvolvimento cerebral. Contudo, as pesquisas têm avançado consideravelmente, revelando a crescente importância dos processos epigenéticos, que podem influenciar o neurodesenvolvimento. Evidências mostram que fatores ambientais, tanto no período pré-natal quanto no pós-natal, têm a capacidade de interferir de maneira significativa nesses processos epigenéticos, afetando diretamente o desenvolvimento cerebral. Esses achados reforçam a necessidade de investigações contínuas para esclarecer as interações entre o ambiente e a epigenética no contexto do desenvolvimento neurológico.

Cognição e doenças neurodegenerativas

As funções executivas complexas cerebrais não seriam viáveis se não existisse um eficiente processo de aquisição, conversão e armazenamento de dados. O comportamento humano necessita diretamente do aprendizado e memória, que é dependente do processo de neuroplasticidade cerebral. Ao aprender algo novo, como andar de bicicleta ou um número de telefone, o cérebro cria novas conexões neurais específicas entre os neurônios como forma de representar essa informação, o que é conhecido como plasticidade sináptica de curto prazo. Com a repetição e a prática, a neuroplasticidade permite que essas novas conexões sejam fortalecidas, tornando o aprendizado consolidado e a memória mais duradoura – formação de memórias a longo prazo.

Quando evocamos, ou seja, nos lembramos de algo, estamos reativando e reforçando essas novas conexões. No aprendizado, o cérebro cria padrões de ativação neural específicos que representam essa informação. É um processo ativo que exige a ativação de novos genes, e a epigenética age ativamente nesse processo ao ativar ou desativar genes relacionados ao fortalecimento dessas sinapses.

À medida que se explora a complexa interação entre genética, epigenética, neurodesenvolvimento e neuroplasticidade, torna-se essencial destacar a relevância desses processos para a cognição e para as doenças que afetam a

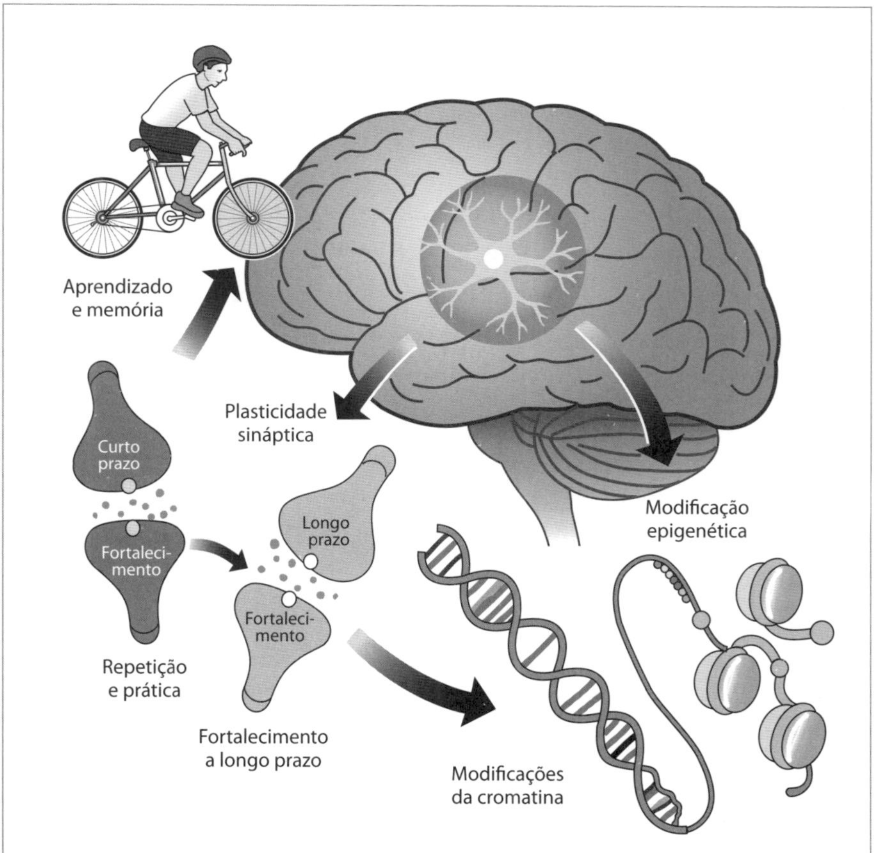

Figura 1 Ações cotidianas modificadoras do epigenoma e da plasticidade cerebral.

mente humana. A cognição abrange um conjunto de habilidades mentais, como memória, atenção, linguagem e raciocínio, que são fundamentais para a interação com o ambiente, além de serem cruciais para a capacidade de adaptação e aprendizado diante do mundo em constante mudança. Esses processos são diretamente influenciados pelo desenvolvimento cerebral e pelas alterações epigenéticas ao longo da vida.

Alterações na metilação do DNA, no remodelamento da cromatina e modificações pós-traducionais das histonas são fatores que contribuem para diversos processos cerebrais e o desenvolvimento neuronal de um indivíduo. Mudanças nesses mecanismos parecem estar envolvidas em determinadas neuropatologias e processos neurodegenerativos. Muito se tem discutido sobre funções críticas epigenéticas da cromatina no cérebro de idosos, principalmente para manutenção de processos cerebrais. Modificações epigenéticas das histonas que regulam vários processos que necessitam do acesso ao DNA têm sido amplamente implicadas em diversas doenças neurodegenerativas, como doença de Alzheimer, doença de Huntington e esclerose lateral amiotrófica (ELA).

Dentre essas doenças, destaca-se o Alzheimer, distúrbio neurodegenerativo mais comum e que afeta milhões de pessoas em todo o mundo. No Alzheimer, ocorre a progressiva morte de células cerebrais e a perda de conexões neurais, decorrente do acúmulo de placas extracelulares formadas por proteínas beta amiloides e emaranhados neurofibrilares compostos de Tau hiperfosforilada, resultando no aumento da toxicidade neuronal e na deterioração das funções cognitivas. Embora a etiologia do Alzheimer ainda não seja completamente compreendida, alterações epigenéticas parecem estar envolvidas com a patogênese da doença.

Estudos recentes mostram que alterações na metilação do DNA e modificação de histonas desempenharam um papel importante no desenvolvimento da doença de Alzheimer, influenciando a expressão de genes envolvidos com a formação de placas amiloides e em processos inflamatórios cerebrais. Em particular, alterações na metilação do gene da proteína precursora amiloide (APP) parecem estar associadas ao aumento da produção de proteínas amiloides e de seu acúmulo e degeneração.

Além disso, o papel do DNA mitocondrial (mtDNA) está sendo estudado na doença de Alzheimer, visto que disfunções na mitocôndria foram

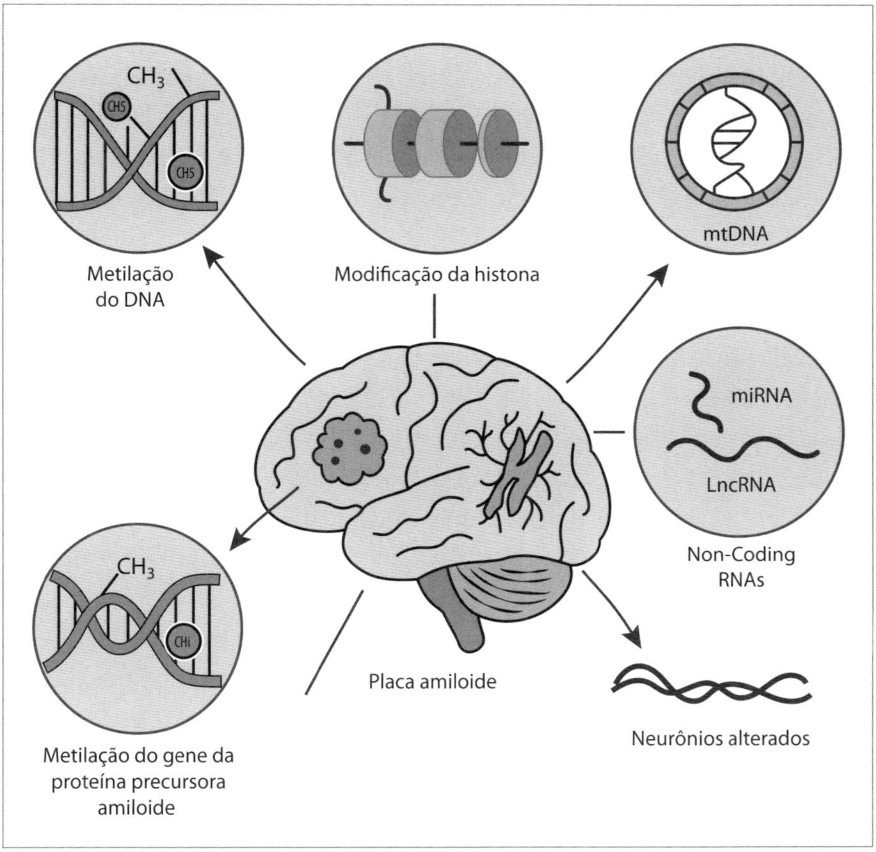

Figura 2 Mecanismo epigenético na doença de Alzheimer.

associadas à fisiopatologia dessa enfermidade. Embora controverso, essas mudanças epigenéticas podem ser detectadas no sistema nervoso central (SNC) e no fluido cerebrospinal, além do sistema nervoso periférico. RNA não codificantes, como micro-RNA (miRNA), e longos RNA não codificantes (LncRNA) também têm sido implicados na regulação da expressão gênica de proteínas envolvidas na patogênese dessa doença, como miRNA reguladores da expressão de genes associados à produção de proteínas amiloides e tau fosforilada.

Alguns estudos verificaram alterações no epigenoma global de pacientes com Alzheimer, incluindo modificações em genes envolvidos com resposta imunológica crônica, funções sinápticas, metabolismo energético celular, entre outras. Em conjunto, esses dados nos permitem afirmar que existe uma complexa interação epigenética na patogênese da doença de Alzheimer que precisa ser aprofundada para melhor compreensão da doença e que contribui para estudos futuros que busquem encontrar marcas biológicas, bem como terapias para a doença.

Algumas pesquisas se arriscam a levantar algumas hipóteses para prevenção do desenvolvimento da doença de Alzheimer, envolvendo a modulação da metilação do DNA nos estágios iniciais da doença, bem como drogas epigenéticas com ação em modificação de histonas, ou ainda técnicas terapêuticas que colocassem foco em alterações genéticas específicas.

Em um estudo da Universidade de Zurique, na Suíça, Gapp et al. (2014) afirmam que, especificamente na doença de Alzheimer, fatores ambientais como estresse na infância, exposição a metais e lesão cerebral traumática foram envolvidos na predisposição para o acometimento dessa doença. Além disso, esses indivíduos apresentaram disfunções na metilação do DNA e alterações na expressão gênica atribuídas ao desenvolvimento da doença. A desregulação na compactação de histonas, o aumento da acetilação, assim como a desacetilação de histonas como um todo no cérebro de um indivíduo com Alzheimer, estiveram relacionadas à doença.

O fato de alterações em diversos mecanismos epigenéticos estarem associados à doença de Alzheimer torna difícil compreender a patogênese da doença segundo uma visão epigenética, inclusive desenvolver terapias eficazes. No entanto, segundo o mesmo estudo, medicamentos epigenéticos como inibidores de desacetilação de histonas (HDACi) prometem ser úteis futuramente. De maneira semelhante, manipulações que permitam reverter alterações na metilação observadas em indivíduos com a doença de Alzheimer podem ser vistas como uma possibilidade futura.

Um fator de risco considerável para doenças neurodegenerativas é a idade. O risco de desenvolvimento da doença de Alzheimer aumenta com a longevidade. Alterações da cromatina como acetilação e metilação de histonas estão associadas ao envelhecimento, e podem ser alvos importantes para prevenção cognitiva. Alterações nas modificações das histonas com o envelhecimento podem contribuir com reentrada neuronal no ciclo celular, processo envolvido com muitas doenças neurodegenerativas. Os estudos sugerem que com o aumento da idade há tendência à hipometilação de células como fibroblastos e linfócitos T nos vertebrados, incluindo os seres humanos. Infere-se ainda que tal processo ocorre devido ao declínio do DNMT1, responsável por manter a metilação do DNA dos sítios de CpG, que também é progressivamente reduzido com o avançar da idade. Alterações epigenéticas em genes associados à neuroplasticidade, como o *BDNF*, também podem estar envolvidas com a idade, piora do desempenho cognitivo e doenças neurodegenerativas. O aumento de desacetilases de histonas (HDAC2) e alterações na metilação global de H3K9 são alvos de diversos estudos na doença de Alzheimer, doença de Parkinson e doença de Huntington.

Entretanto, ainda não se sabe se todas essas alterações epigenéticas estão causalmente envolvidas com início, progressão ou desenvolvimento dessas doenças. A compreensão mais aprofundada do papel desses mecanismos nessas doenças e de sua reversibilidade pode permitir que novos tratamentos sejam desenvolvidos futuramente, e quem sabe uma cura possa ser encontrada para essas doenças.

O grande desafio é saber a natureza de cada um dos mecanismos envolvidos nessas patologias para que seja possível desenvolver medicamentos específicos, a fim de evitar ou reverter tais alterações epigenéticas, visto que cada doença contém múltiplos mecanismos epigenéticos atuando em conjunto. Um inibidor de HDAC, por exemplo, alvo de muitos estudos e uma promessa em ensaios clínicos para doenças degenerativas, ainda promove efeitos colaterais indesejados devido a sua inespecificidade. É possível que em um futuro próximo inibidores mais seletivos possam ser desenvolvidos como meio de retardo da progressão de doenças graças a essas descobertas dentro da epigenética, o que revela sua importância para processos básicos cerebrais.

Neuroepigenética e microbiota intestinal

Uma nova área que vem sendo explorada no campo das pesquisas é a associação entre nossa microbiota intestinal e a neuroepigenética. Nosso intestino é o maior microecossistema do corpo humano e contém mais de 100 vezes o DNA genômico dos seres humanos. Sabe-se há alguns anos

Quadro 1 Relação de distúrbios neurológicos com alterações epigenéticas

Distúrbios neurológicos	Estado de metilação	*Loci* genéticos específicos
Síndrome de Rett	Desconhecido	Gene MECP2
Doença de Alzheimer	Hipometilação	PS1, Bace1, APP
	Hipermetilação	Neprilisina (NEP)
Acidente vascular cerebral (AVC)	Hipermetilação	Metilação global (Krupinski et al., 2018)
Esclerose múltipla	Hipometilação	PAD2
Epilepsia	Hipermetilação	Reelin
Doença de Parkinson	Hipometilação	Intron1 do SNCA
Síndrome de imunodeficiência, instabilidade centromérica e anomalias faciais tipo 1 (ICF1)	Mutação hipomórfica do DNMT3B	DNMT3B
ICF2	Hipometilação	ZBTB24
ADCA-DN	Hipometilação	DNMT1
Esclerose lateral amiotrófica (ELA)	Hipometilação	VEGF, SOD1
Esquizofrenia	Hipermetilação	GAD67, RELN
Síndrome do X frágil	Hipermetilação	FMR1
HSAN1	Hipometilação	DNMT1

Fonte: adaptado de Souza AM, et al.

sobre a existência do chamado "eixo intestino-cérebro", de modo que a microbiota produz metabólitos neuroativos e envia rapidamente sinais para o cérebro por meio de neurotransmissores, como o glutamato, e participa não somente do desenvolvimento neuronal, mas também da modulação dos processos de função cerebral e regulação cognitiva, por meio dos mecanismos de neuroplasticidade.

A neuroplasticidade é a capacidade do cérebro de se adaptar em resposta aos estímulos e aprendizados externos. Ela ocorre desde o nível molecular até o nível funcional. A microbiota intestinal também pode afetar a neuroplasticidade, por meio da regulação da maturação e da função da microglia.

Atualmente, diversos estudos demonstraram essa relação bidirecional entre a microbiota intestinal e o cérebro. Em condições fisiológicas, a microbiota intestinal vive em equilíbrio, todavia fatores internos ou externos podem influenciar esse equilíbrio de forma negativa, ocasionando o desenvolvimento de distúrbios ou doenças neuropsicológicas, como doença de Alzheimer, doença de Parkinson, transtorno do espectro autista (TEA), transtornos de ansiedade e depressão.

A qualidade de nossa alimentação é essencial para o funcionamento adequado da microbiota intestinal. Nutrientes com potencial epigenético, presentes na dieta ou produzidos via metabolismo microbiano, como as vitaminas complexas de B, ácidos graxos de cadeia curta (SCFA) e polifenóis, desempenham papel crucial na programação fetal durante períodos críticos do desenvolvimento gestacional. Por isso, os hábitos alimentares da mãe durante a gestação são de extrema importância. Por exemplo, alimentos ricos em fibras são fermentados no intestino, liberando SCFA, que conseguem atravessar a barreira hematoencefálica e influenciar o remodelamento da cromatina e modular aspectos estruturais e funcionais do SNC. Esses ácidos graxos também desempenham um papel na regulação das funções das células dendríticas e das células T, além de inibir a produção de citocinas, que podem impactar o desenvolvimento cerebral, com efeitos capazes de perdurar ao longo da vida do feto.

As células epiteliais intestinais reconhecem os alimentos, iniciando uma cascata hormonal que promove a absorção de nutrientes e seu transporte pelo organismo. A microbiota intestinal funciona como um "filtro", transformando os alimentos ingeridos em nutrientes. A regulação epigenética é controlada por enzimas específicas, cuja atividade depende de metabólitos que atuam como cossubstratos ou como ativadores/inibidores. A microbiota intestinal pode ser uma fonte desses metabólitos, afetando a expressão gênica em todo o corpo e influenciando funções metabólicas, imunológicas e neuronais.

Estudos têm evidenciado alterações na composição da microbiota em quadros de doenças neurodegenerativas, sendo observada a desregulação de vários neurotransmissores associada ao comprometimento cognitivo muito presente na doença de Alzheimer e na doença de Parkinson. Foi detectado aumento de microrganismos, como *Escherichia, Shigella, Bacteroides* etc. em fezes de idosos, que estão envolvidos na produção de neurotransmissores, como Gaba e glutamato, associados à doença de Alzheimer, o que indica uma relação entre a disbiose e a patogênese dessa doença.

O TEA é o distúrbio do neurodesenvolvimento mais comum em todo o mundo, sendo caracterizado por déficits de comunicação social e comportamentos estereotipados. Embora os mecanismos associados ao desenvolvimento do autismo ainda não sejam totalmente esclarecidos, acredita-se que a plasticidade sináptica apresenta um papel crítico, uma vez que muitos dos genes relacionados ao TEA são regulados pela atividade neural e estão envolvidos nesse tipo de plasticidade. Problemas no trato gastrointestinal, como constipação, diarreia, náusea e vômitos, são frequentemente presentes em indivíduos com TEA. O aumento dos gêneros *Bacteroides*, *Prevotella* etc. e a redução de *Clostridium XIVa*, *Eisenbergiella*, *Clostridium IV*, *Flavonifractor*, *Escherichia* etc. resultam no desequilíbrio entre os neurotransmissores glutamato, dopamina e serotonina associados ao TEA.

O neurotransmissor Gaba é produzido por *Bacteroides* da microbiota intestinal. No transtorno depressivo, por exemplo, há a desregulação dos níveis de Gaba, serotonina e dopamina. Esses pacientes costumam apresentar aumento da permeabilidade intestinal e translocação bacteriana, o que implica uma reação inflamatória e alteração da função cerebral.

Esses achados sugerem uma estreita conexão entre o microbioma intestinal, neurotransmissores e a função cerebral, evidenciando que o desequilíbrio da microbiota pode contribuir para a patogênese do TEA e de outros transtornos neuropsiquiátricos, como a depressão. Compreender as interações entre o eixo intestino-cérebro é essencial para o desenvolvimento de estratégias terapêuticas mais eficazes, voltadas não apenas para a regulação dos neurotransmissores, mas também para a modulação da microbiota intestinal e da integridade da barreira intestinal.

PERSPECTIVAS

A epigenética é um campo ainda recente que está em pleno desenvolvimento, com muitas descobertas por serem feitas. Nesse contexto, diversas evidências começam a se alinhar para demonstrar como a epigenética influencia o comportamento humano e modula o sistema nervoso. A neuroepigenética, uma área promissora de pesquisa, está apenas começando a desvendar como as alterações epigenéticas no cérebro impactam o comportamento humano. Essas alterações podem influenciar a expressão gênica, a sensibilidade dos neurônios a neurotransmissores e hormônios, bem como o desenvolvimento cerebral. À medida que mais estudos avançam, será possível compreender melhor o papel da epigenética nas psicopatologias e explorar novas estratégias para prevenir a manifestação de diversas doenças que afetam o cérebro.

REFERÊNCIAS

1. Adamson B, Letourneau N, Lebel C. Prenatal maternal anxiety and children's brain structure and function: a systematic review of neuroimaging studies. J Affect Disord. 2018;241:117-26.
2. Bale TL. Epigenetic and transgenerational reprogramming of brain development. Nat Rev Neurosci. 2015;16(6):332-44.
3. Bekdash RA. Methyl donors, epigenetic alterations, and brain health: understanding the connection. Int J Mol Sci. 2023;24(3):2346.
4. Berson A, Nativio R, Berger SL, Bonini NM. Epigenetic regulation in neurodegenerative diseases. Trends Neurosci. 2018;41(9):587-98
5. Bludau A, Royaer M, Meister G, Neumann ID, Menon R. Epigenetic regulation of the social brain. Trends Neurosci. 2019;42(7):471-84.
6. Chen Y, Xu J, Chen Y. Regulation of neurotransmitters by the gut microbiota and effects on cognition in neurological disorders. Nutrients. 2021;13(6):2099.
7. Claes S. Neuroepigenetics of prenatal psychological stress. Prog Mol Biol Transl Sci. 2018;158:83-104.
8. Damiani F, Cornuti S, Tognini P. The gut-brain connection: exploring the influence of the gut microbiota on neuroplasticity and neurodevelopmental disorders. Neuropharmacology. 2023;231:109491.
9. Day JJ. Genetic and epigenetic editing in nervous system. Dialogues Clin Neurosci. 2019;21(4):359-68.
10. Dong T, Hu W, Zhou X, Lin H, Lan L, Hang B, et al. Prenatal exposure to maternal smoking during pregnancy and attention-deficit/hyperactivity disorder in offspring: a meta-analysis. Reprod Toxicol. 2018;76:63-70.
11. Dufault RJ, Crider RA, Deth RC, Schnoll R, Gilbert SG, Lukiw W, et al. Higher rates of autism and attention deficit/hyperactivity disorder in American children: Are food quality issues impacting epigenetic inheritance?. World J Clin Pediatr. 2023;12(2):25.
12. Fitz-James MH, Cavalli G. Molecular mechanisms of transgenerational epigenetic inheritance. Nat Rev Genet. 2022;23(6):325-41.
13. Franke K, Bublak P, Hoyer D, Billiet T, Gaser C, Witte OW, et al. In vivo biomarkers of structural and functional brain development and aging in humans. Neurosci Biobehav Rev. 2020;117:142-64.
14. Gebicke-Haerter PJ. The computational power of the human brain. Front Cell Neurosci. 2023;17.
15. Generoso JS, Giridharan VV, Lee J, Macedo D, Barichello T. The role of the microbiota-gut-brain axis in neuropsychiatric disorders. Braz J Psychiatry. 2020;43:293-305.
16. Hamilton PJ, Nestler EJ. Epigenetics and addiction. Curr Opin Neurobiol. 2019;59:128-36.
17. Harvey PD. Domains of cognition and their assessment. Dialogues Clin Neurosci. 2019;21(3):227-37.
18. Kaliman P. Epigenetics and meditation. Curr Opin Psychol. 2019 Aug;28:76-80.
19. Lossi L, Castagna C, Merighi A. An overview of the epigenetic modifications in the brain under normal and pathological conditions. Int J Mol Sci. 2024;25(7):3881.

20. Maier Cechetto LD, Noro G, Silveira JM, Gon MCC, Dittrich A. Em busca de um diálogo entre a Análise do comportamento e a epigenética. Acta Comportamentalia. 2021;29(1).
21. Maity S, Farrell K, Navabpour S, Narayanan SN, Jarome TJ. Epigenetic mechanisms in memory and cognitive decline associated with aging and Alzheimer's disease. Int J Mol Sci. 2021;22(22):12280.
22. Mallick R, Duttaroy AK. Epigenetic modification impacting brain functions: effects of physical activity, micronutrients, caffeine, toxins, and addictive substances. Neurochem Int. 2023:105627.
23. Maurya SK, Gupta S, Mishra R. Transcriptional and epigenetic regulation of microglia in maintenance of brain homeostasis and neurodegeneration. Front Mol Neurosci. 2023;15:1072046.
24. Mirkovic B, Chagraoui A, Gerardin P, Cohen D. Epigenetics and attention-deficit/hyperactivity disorder: new perspectives?. Front Psychiatry. 2020;11:579.
25. Moreno IAA, Oliveira DR, Borçoi AR, Rissatti LF, Freitas FV, Arantes LMRB, et al. Methylation of BDNF gene in association with episodic memory in women. Front Neurosci. 2023;17:1092406.
26. Neumann A, Walton E, Alemany S, Cecil C, González JR, Jima DD, et al. Association between DNA methylation and ADHD symptoms from birth to school age: a prospective meta-analysis. Transl Psychiatry. 2020;10(1):398.
27. Ng R, Kalinousky A, Harris J. Epigenetics of cognition and behavior: insights from Mendelian disorders of epigenetic machinery. J Neurodev Disord. 2023;15(1):16.
28. Nikolac Perkovic M, Paska AV, Konjevod M, Kouter K, Strac DS, Erjavec GN, et al. Epigenetics of Alzheimer's disease. Biomolecules. 2021;11(2):195.
29. O'Donnell KJ, Meaney MJ. Epigenetics, development, and psychopathology. Annu Rev Clin Psychol. 2020;16:327-50.
30. Peedicayil J. The role of epigenetics in the pathogenesis and potential treatment of attention deficit hyperactivity disorder. Curr Neuropharmacol. 2022;20(9):1642.
31. Pineda-Cirera L, Shivalikanjli A, Cabana-Dominguez J, Demontis D, Rajagopal VM, Borglum AD, et al. Exploring genetic variation that influences brain methylation in attention-deficit/hyperactivity disorder. Transl Psychiatry. 2019;9(1):242.
32. Ratsika A, Codagnone MC, O'Mahony S, Stanton C, Cryan JF. Priming for life: early life nutrition and the microbiota-gut-brain axis. Nutrients. 2021;13(2):423.
33. Romaní-Pérez M, Bullich-Vilarrubias C, López-Almela I, Liébana-García R, Olivares M, Sanz Y. The microbiota and the gut-brain axis in controlling food intake and energy homeostasis. Int J Mol Sci. 2021;22(11):5830.
34. Seo MK, Kim SG, Seog DH, Bahk WM, Kim SH, Park SW, et al. Effects of early life stress on epigenetic changes of the glucocorticoid receptor 17 promoter during adulthood. Int J Mol Sci. 2020;21(17):6331.
35. Souza AM, et al. The roles of innate immunity in cardiovascular diseases. Journal of Cardiovascular Research.
36. Weaver UG, Cervoni N, Champagne FA, D'Alessio AC, Sharma S, Seckl JR, et al. Epigenetic programming by maternal behavior. Nat Neurosci. 2004;7(8):847-54.
37. Van den Bergh BRH, Van Calster B, Smits T, Van Huffel S, Lagae L. Antenatal maternal anxiety is related to HPA-axis dysregulation and self-reported depressive symptoms in adolescence: a prospective study on the fetal origins of depressed mood. Neuropsychopharmacology. 2008;33(3):536-45.
38. Walker DM, Nestler EJ. Neuroepigenetics and addiction. Handb Clin Neurol. 2018;148:747-765.
39. Weaver ICG, Meaney MJ, Szyf M. Maternal care effects on the hippocampal transcriptome and anxiety-mediated behaviors in the offspring that are reversible in adulthood. Proc Natl Acad Sci USA. 2006;103(9):3480-5.

Capítulo **10**

Epigenética e psicopatologias

Bárbara Risse Quaioto
Aline Ribeiro Borçoi
Ester Ribeiro Cunha Acacio
Adriana Madeira Álvares da Silva
Ivana Alece Arantes Moreno
Anita Vargas de Castro
Isabela de Sousa Bianchini Marins
Manuela Schade da Mota
Renato do Nascimento de Martine
Dowglas Barros Pereira

"O amor é a sabedoria dos loucos e a loucura dos sábios."
Samuel Johnson

CONVERSA COM O LEITOR

No filme *Uma mente brilhante*, John Nash é um matemático excepcional que obtém sucesso em diversas áreas da matemática e constrói uma carreira acadêmica respeitável. Porém, quando é chamado para fazer um trabalho em criptografia para o governo dos Estados Unidos, Nash começa a ser atormentado por delírios e alucinações. Mais tarde ele é diagnosticado com esquizofrenia, e luta contra essa condição de saúde até o fim, tentando manter uma vida normal.

Esse filme é baseado em uma história real. John Nash é um dos matemáticos mais brilhantes da história, e quem não conhece sua história de vida não imagina que ele tem uma das psicopatologias comportamentais mais graves.

Em um outro cenário, quando observamos um grupo de amigos em uma conversa animada, não conseguimos imaginar quais são os desafios emocionais que cada um deles enfrenta, e o porquê de uns serem tão resilientes e levarem a vida de forma leve e tranquila, mesmo diante de grandes desafios, enquanto outros são afetados de forma significativa por desafios leves. A resposta para essas perguntas nos leva a uma jornada pelo mundo da neurociência, da genética, das experiências do ambiente social e da epigenética, em suas relações íntimas com as psicopatologias.

Dentro desse contexto, a epigenética ajuda a responder a uma das questões mais importantes dentro da psiquiatria: por que ocorre a manifestação de doenças psiquiátricas após determinada experiência vivida pela pessoa?

Do ponto de vista da epigenética, o epigenoma é modificado pela pressão ambiental da experiência vivida, o que leva à manifestação da condição psiquiátrica, em decorrência do "ligar ou desligar" das chavinhas químicas de regulação epigenética. O importante é compreender que o indivíduo tem, sim, suscetibilidade genética; porém, dentro de um contexto social, nutricional, da microbiota intestinal, do nível de neuroinflamação e de outros fatores de pressão ambiental ocorre a modulação do epigenoma, de modo que exista uma adaptação a esse meio e com isso acontece a manifestação de determinada condição psiquiátrica. É por essa razão que o medicamento psiquiátrico ajuda a tratar o paciente, mas não a curar.

Portanto, o tratamento químico psiquiátrico é uma parte da estratégia de tratamento do paciente. As demais envolvem mudanças de comportamento, ajustes nutricionais, treinamento em meditação ou atividades de corpo e mente, suplementação com nutracêuticos anti-inflamatórios e antioxidantes, além da implementação da atividade física e da modulação intestinal.

Este capítulo mostrará que até mesmo pequenas mudanças causadas por experiências de vida podem interagir com nosso DNA e desempenhar um papel significativo em nossa saúde mental e no desenvolvimento de transtornos mentais como depressão, ansiedade e esquizofrenia. Muitos deles, até o momento, são transtornos controláveis, mas não curáveis, mas são redefinidos de maneira promissora na perspectiva da epigenética.

BASES CIENTÍFICAS

Transtorno depressivo maior

O transtorno depressivo maior (TDM) é uma doença crônica e debilitante que afeta mais de 300 milhões de pessoas no mundo. De acordo com o Manual Diagnóstico e Estatístico de Transtornos Mentais (DSM-V), o TDM é caracterizado por um amplo espectro de sintomas, incluindo humor deprimido, anedonia, alterações no apetite, distúrbios do sono, redução da energia e da concentração, sentimentos de inutilidade ou culpa excessiva e pensamentos suicidas.

Assim como outros transtornos psiquiátricos, a depressão apresenta etiologia complexa. Uma metanálise estimou a herdabilidade da depressão entre 31 e 42%, indicando a influência dos fatores genéticos no desenvolvimento da doença. Outros estudos também relataram a contribuição de fatores ambientais, especialmente a exposição a eventos estressantes. Nesse contexto, o risco aumentado de desenvolver o TDM tem sido associado à disfunção na regulação do eixo hipotálamo-hipófise-adrenal (HPA), por meio de uma resposta alterada ao estresse.

O *NR3C1* é o gene que codifica o receptor de glicocorticoides (GR), responsável pela regulação do eixo HPA em resposta ao estresse. A exposição a um agente estressor pode desencadear a hiperativação do eixo HPA pela ativação do hipotálamo, que produz o hormônio liberador de corticotropina (CRH), estimulando a hipófise anterior a secretar o hormônio adrenocorticotrófico (ACTH). O ACTH, por sua vez, estimula o córtex adrenal a produzir cortisol. As altas concentrações de cortisol no sangue podem se ligar aos GR presentes no hipotálamo, hipocampo e hipófise e causar *feedback* negativo, restaurando os níveis normais de resposta ao estresse. Entretanto, experiências estressantes podem comprometer essa regulação por *feedback* negativo, modulando assim a capacidade de resposta ao estresse.

Estudos apontam que a metilação do gene *NR3C1* diminui a expressão de GR, influenciando assim a modulação do eixo HPA. Além disso, foi relatado que eventos estressantes precoces estão associados a mudanças nos padrões de metilação na região promotora 1F do *NR3C1* e na responsividade ao estresse, que são fatores de risco conhecidos para depressão. Entretanto, devido a estudos discordantes torna-se difícil determinar se a depressão está associada a uma hipermetilação da região promotora 1F do *NR3C1*, conforme observado em Roy et al. (2017), ou a uma hipometilação, como relatado em Tyrka et al. (2016).

Em relação ao TDM, níveis baixos de cortisol, mesmo dentro do que se considera normal nos exames bioquímicos, também estão associados à depressão, no que chamamos de estado de "exaustão". Da mesma forma, nesses casos também existe uma desregulação do eixo HPA que é vista nos altos níveis de cortisol. Esse tipo de ocorrência pode acontecer após vários impactos de níveis altos de cortisol durante vários anos de estilo de vida estressante, o que promove alterações epigenéticas no gene *NR3C1*. Assim, não é a presença ou ausência de metilação no gene do receptor do glicocorticoide quem determina o TDM, mas a desregulação provocada por um ambiente disfuncional em um indivíduo menos resiliente ao estresse.

Por essa razão, para melhores resultados do tratamento da depressão, é importante a realização de atividades de treino de resiliência, o que pode ser feito com atividades meditativas e de corpo e mente. O ioga, por exemplo, faz estimulação vagal e estimulação do parassimpático, com a promoção da liberação de dopamina, acetilcolina, endorfina, irisina e outras substâncias reguladoras no corpo.

Outro gene frequentemente associado ao TDM é o *BDNF*, que codifica o fator neurotrófico derivado do cérebro, pertence à família das neurotrofinas e é um importante regulador da sobrevivência neuronal, desenvolvimento, função e plasticidade sináptica no sistema nervoso central (SNC). Estudos apontam que modificações epigenéticas como metilação de DNA na região promotora (de regulação) do gene *BDNF* estão associadas ao TDM. Por exemplo, Carlberg et al. (2014) observaram que pacientes com TDM apresentam hipermetilação do éxon I do gene *BDNF*. Entretanto, esse e outros estudos que relataram essa associação apresentam limitações como tamanho da amostra, farmacoterapia e outros, sendo, portanto, necessários mais estudos para elucidar essa associação.

No caso da farmacoterapia, estudos mostram que o uso de medicamentos pode interagir com o epigenoma de modo a alterar as marcas epigenéticas de vários genes, como do *BDN* e do *NR3C1*, por isso os estudos de indivíduos com condições psiquiátricas devem levar em conta o consumo de medicamentos como o clonazepam e a venlafaxina.

Transtorno de estresse pós-traumático

O transtorno de estresse pós-traumático (TEPT) é um transtorno considerado psiquiátrico, que pode surgir após a exposição direta ou indireta a eventos potencialmente traumáticos ou ameaçadores. O TEPT pode alterar profundamente sistemas biológicos fundamentais, como o eixo HPA, o sistema imunológico e o SNC. O eixo HPA desempenha um papel crucial na resposta ao estresse, e alterações nesse sistema podem levar a uma série de disfunções neurobiológicas. Além disso, o estresse traumático pode comprometer o sistema imunológico, aumentando o risco de inflamação crônica, que pode levar a distúrbios imunes e autoimunes.

No SNC, áreas relacionadas à memória e à regulação emocional, como o hipocampo e o córtex pré-frontal, também podem ser afetadas pelo trauma, com impactos diretos na cognição e no comportamento (Figura 1).

O eixo HPA é um dos principais sistemas biológicos responsáveis pela regulação da resposta ao estresse. Pesquisas mostram que genes associados ao eixo HPA, como *FKBP5* e *NR3C1*, sofrem alterações epigenéticas significativas após a exposição ao estresse traumático.

A metilação do DNA nesses genes pode modular a expressão gênica, influenciando a maneira como o corpo reage a novos estressores. No gene *FKBP5*, por exemplo, estudos revelaram que traumas na infância podem desencadear mudanças epigenéticas duradouras, que afetam a resposta do eixo HPA ao estresse e aumentam a vulnerabilidade ao desenvolvimento de TEPT e outras condições. Então, o modo como os eventos estressantes são sentidos pode ser diferente em indivíduos com traumas na infância, o que pode levar ao TEPT.

Em um estudo com veteranos de guerra, Yehuda et al. (2015) observaram redução na metilação do promotor do éxon 1F do gene *NR3C1* em células mononucleares do sangue periférico de veteranos de combate e com sintomas de TEPT, em comparação com veteranos sem o transtorno. Foi concluído que a redução na metilação do *NR3C1* pode tanto aumentar o risco de desenvolvimento de TEPT quanto ser decorrente do próprio transtorno, sugerindo que as alterações epigenéticas no *NR3C1* podem modificar a função do sistema neuroendócrino. Essas "vias de mão dupla" nos estudos epigenéticos são frequentes, pois alteram a metilação de genes, modificam a resiliência ao estresse e geram outras modificações.

Um ponto importante na discussão epigenética dos transtornos é que existem evidências que mostram que diferentes traumas promovem marcas epigenéticas em locais diferentes da região reguladora do gene. Da mesma

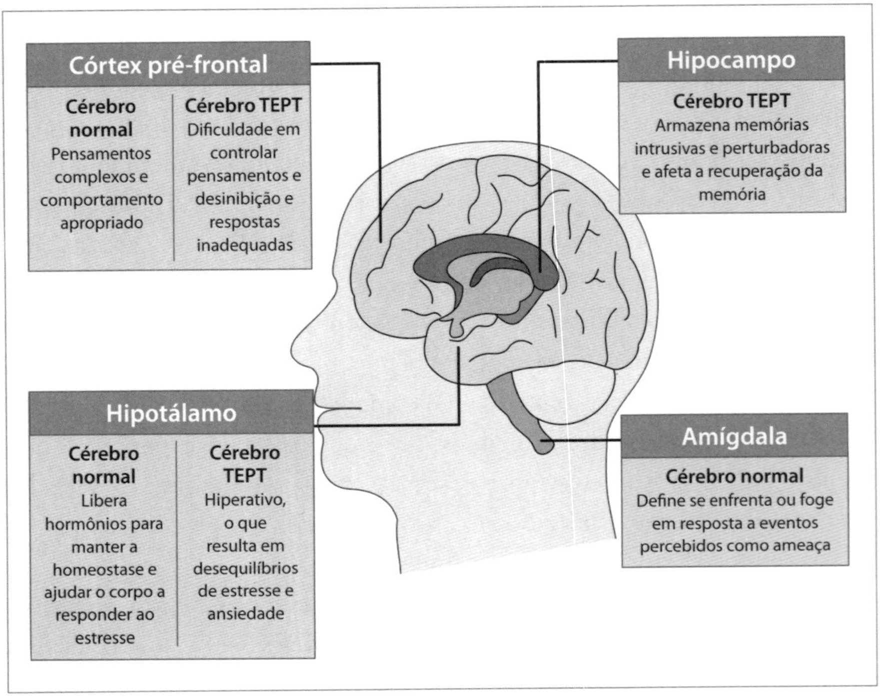

Figura 1 Diferenças no processamento da informação entre um cérebro saudável e um cérebro afetado pelo transtorno de estresse pós-traumático (TEPT).

forma, a idade de acometimento do trauma e a intensidade e duração da pressão ambiental do evento estressante fazem diferença na marcação epigenética.

Outro sistema profundamente afetado pelo estresse traumático é o sistema imunológico. O trauma pode desregular a resposta inflamatória, levando a alterações epigenéticas em genes envolvidos na produção de citocinas inflamatórias, como o NF-kappa-B, a interleucina IL-6, fator de necrose tumoral alfa (TNF-alfa) e interleucinas-8 e 18 (IL-8 e IL-18). Essas citocinas desempenham um papel fundamental na regulação da inflamação e podem contribuir para o desenvolvimento de doenças inflamatórias crônicas e distúrbios autoimunes. O estresse traumático crônico pode aumentar a metilação em genes relacionados ao sistema imune, como foi observado em veteranos de guerra com TEPT, o que sugere que o trauma não só impacta a saúde mental como pode produzir efeitos sistêmicos sobre o sistema imunológico, aumentando a suscetibilidade a outras doenças.

É importante salientar que o cortisol, quando em estado fisiológico, é um anti-inflamatório natural. Ele se liga ao fator de transcrição NF-kappa-B, o que impede a transcrição de genes pró-inflamatórios. Da mesma forma, estados de desregulação do cortisol provocados pelo estresse crônico liberam o NF-kappa-B e sua ação como fator de transcrição para genes de inflamação.

O estresse traumático também exerce impactos diretos no SNC, especialmente em regiões associadas à memória, emoção e regulação do estresse, como o hipocampo, a amígdala e o córtex pré-frontal.

Estudos têm mostrado que alterações epigenéticas no gene *BDNF*, importante na plasticidade sináptica e no aprendizado, estão relacionadas à exposição ao trauma. Essas alterações podem resultar em disfunções no processamento emocional e cognitivo, com aumento do risco de TEPT e outras psicopatologias.

A metilação do gene *NR3C1* também foi correlacionada com mudanças na estrutura cerebral e na função de áreas associadas ao controle da memória e da resposta ao estresse, sugerindo que o trauma pode alterar de maneira duradoura o funcionamento cerebral.

Esses aspectos nos mostram a importância da promoção da paz e da justiça social e do real tamanho do impacto do sofrimento no custo social e no bem-estar a partir dessas considerações. A epigenética nos precede, mantém comportamentos, pode ser disseminada pela sociedade e ainda ser transmitida através das gerações. Aliás, um aspecto intrigante da pesquisa epigenética do estresse traumático é o impacto transgeracional do trauma.

Estudos em sobreviventes de genocídios, como o holocausto e o genocídio de Ruanda, indicam que as alterações epigenéticas observadas em sobreviventes podem ser transmitidas para seus descendentes. Isso foi evidenciado em estudos que mostraram que os filhos de sobreviventes apresentavam alterações epigenéticas em genes como *NR3C1* e *FKBP5*, semelhantes às encontradas em seus pais, mesmo quando os filhos não foram diretamente expostos ao trauma. Essas descobertas sugerem que o trauma pode ter consequências biológicas duradouras que se estendem além de uma geração, possivelmente aumentando o risco de desenvolvimento de transtornos psiquiátricos em descendentes de indivíduos expostos ao trauma.

O campo da epigenética do estresse traumático avançou significativamente, proporcionando novas perspectivas sobre os modos como o trauma pode ser "impresso" no material biológico, afetando a saúde mental e física. As pesquisas destacam a importância de estudar genes envolvidos na resposta ao estresse, como aqueles pertencentes ao eixo HPA, bem como genes reguladores do sistema imunológico e do SNC. Com o avanço das técnicas moleculares e de neuroimagem, a pesquisa futura poderá elucidar melhor os mecanismos epigenéticos que contribuem para a resiliência ou vulnerabilidade do estresse traumático, além de explorar os efeitos transgeracionais do trauma. Esses estudos são importantes inclusive para a validação de tratamentos para as psicopatologias, pois é possível acompanhar e avaliar o antes e depois da modificação da pressão ambiental e do estilo de vida, e seu impacto nas "marcas" epigenéticas.

Ansiedade

Os transtornos de ansiedade (TA) estão entre os transtornos psiquiátricos mais frequentes, com ocorrência em cerca de um terço da população dos Estados Unidos. Eles também são altamente comórbidos com depressão e transtornos por abuso de substâncias, com a patogênese provavelmente inter-relacionada com esses transtornos.

Embora os TA sejam considerados de transmissão hereditária, a maior parte do risco está relacionada a fatores ambientais. Nesse sentido, o estresse, particularmente na infância, o abuso de substâncias, os ritmos circadianos alterados e a mudança na microbiota intestinal têm demonstrado influência no risco de desenvolvimento de TA. Os fatores de risco ambiental apontados aqui podem demonstrar que componentes epigenéticos estão envolvidos, pois aparecem como fatores de pressão ambiental moduladores do epigenoma.

Além disso, é provável que os fenótipos ansiosos sejam influenciados por fatores mais sutis, como a interação entre um pai ansioso e uma criança, cuja vida precoce é definida, em parte, pela adaptação ao comportamento desse pai.

Nesse contexto, a herdabilidade pode incluir mecanismos epigenéticos, tanto comportamentais quanto moleculares, além da herança estritamente genética, com a qual a herdabilidade, de forma geral, muitas vezes é confundida. Os TA têm herdabilidade moderada, com a maioria dos transtornos nessa classificação apresentando herdabilidade em torno de 30%.

Embora fatores ambientais, como o estresse, sejam claramente significativos em muitos TA, seus efeitos podem variar muito entre indivíduos. O papel do ambiente é mais evidente no TEPT, em que a maioria das pessoas é resiliente e apenas uma fração desenvolve o transtorno após a exposição ao trauma, porém a questão da suscetibilidade diferencial nos TA deve ser outra, pois as explicações genéticas até o momento têm sido insuficientes para definir o aparecimento do TA.

Dessa forma, a proeminência relativa do ambiente e a contribuição moderada dos fatores genéticos na patogênese dos TA tornaram o estudo desses transtornos sob a ótica da epigenética uma linha de pesquisa frutífera nos últimos anos. Muitos mecanismos moleculares epigenéticos têm sido implicados nos TA, incluindo modificações no DNA e nas histonas, bem como RNA não codificante (ncRNA). Essas marcas epigenéticas estão intimamente ligadas ao estado da cromatina, um complexo de DNA, RNA e proteína. De maneira sintética, a cromatina aberta é associada à transcrição ativa, enquanto a cromatina fechada é associada ao silenciamento transcricional.

Da forma como vimos ao longo de todo este livro até então, resume-se: as marcas epigenéticas que definem o epigenoma incluem a metilação do DNA e várias modificações (p. ex., metilação, acetilação) das proteínas histonas que estão complexadas com o DNA. A metilação do DNA ocorre nas citosinas dos dinucleotídeos CpG e é catalisada por enzimas da família das DNA metiltransferases. A metilação do DNA pode inibir a expressão gênica por meio da interação direta com fatores que reprimem a transcrição ou, indiretamente, por meio do recrutamento de proteínas de ligação ao metil-CpG (MeC2 e MBDs) complexadas com enzimas que modificam as proteínas histonas. Essas modificações podem transformar a cromatina de um estado ativo para um estado reprimido, ou vice-versa. Erros ou alterações no epigenoma podem ocorrer como eventos estocásticos primários ou secundariamente em resposta a mutações genéticas (p. ex., eventos de transposição) ou exposições ambientais. Portanto, uma discussão sobre possíveis etiologias epigenéticas dos TA envolve necessariamente tanto fatores genéticos quanto ambientais.

A partir desse conhecimento, encontrou-se que modificações significativas na metilação do DNA e nas histonas foram relatadas entre indivíduos com ansiedade e indivíduos saudáveis, impactando uma variedade de genes. Muitos estudos sugerem que a exposição a diversos fatores de estresse durante o período intrauterino, como hormônios maternos liberados durante o estresse, depressão ou ansiedade, exposição aos disruptores endócrinos presentes em poluentes, baixos níveis de oxigênio, bem como medicamentos, podem alterar os padrões de metilação do DNA na prole, tornando-os mais resilientes ou vulneráveis ao desenvolvimento de um TA.

Como já estabelecido, a metilação do DNA é modulada por enzimas conhecidas como DNMT. A expressão reduzida de DNMT3a e DNMT3b foi relatada em várias ocasiões, tanto em modelos humanos quanto animais de ansiedade, assim como em amostras de tecidos periféricos e do SNC. Em particular, a redução da expressão de DNMT3b parece acompanhar o aumento da expressão de CRH/ACTH – hormônio liberador de corticotrofina (CRH) e ACTH (hormônio adrenocorticotrófico ou corticotropina), observado na hiperatividade do eixo HPA e no fenótipo ansioso, sugerindo que DNMT3b é responsável por suprimir CRH/ACTH por meio da metilação repressiva na região promotora.

Da mesma forma, a superexpressão do receptor de CRF (fator liberador de corticotrofina – CRF), o CRHR, também foi relatada em vários modelos de ansiedade, enfatizando ainda mais que a regulação aberrante do eixo HPA é uma característica desse fenótipo. O aumento da metilação do gene do receptor de glicocorticoides, *NR3C1*, tem sido relatado com frequência em modelos de ansiedade.

Além disso, é sabido que a diminuição da expressão de receptores de glicocorticoides (GR) pode prejudicar o mecanismo de *feedback* negativo na função do eixo HPA, levando à hiperatividade e ao fenótipo ansioso observado. Nesse panorama, a marca de histona H3K9ac (acetilação da histona H3 na posição 9 do aminoácido lisina) também foi observada em um modelo de ansiedade crônica, de modo que a diminuição de H3K9ac (acetilação no aminoácido 9 de lisina na histona H3) resultou em menor expressão de GR e aumento da produção de CRF.

Tendências de metilação diferencial de genes associados ao Gaba, ácido gama-aminobutírico, principal neurotransmissor inibidor no SNC dos mamíferos, e ao glutamato, neurotransmissor excitatório do SNC, também são discutidas. Nesse sentido, a regulação para cima ou para baixo dessas substâncias tem impactos variáveis no fenótipo ansioso, dependendo da idade dos animais, das regiões cerebrais envolvidas e do tipo de estresse usado para induzir o fenótipo. Notavelmente, a DNMT1 parece regular a produção de Gaba por meio da expressão de GAD67, a enzima glutamato descarboxilase 67, de modo que um aumento em DNMT1 é concomitante com a diminuição da transcrição de GAD67, possivelmente por meio de um aumento na metilação. Assim, uma subsequente diminuição no Gaba é observada.

Como é mais crucial para a função cerebral e para os transtornos psiquiátricos, a expressão de *BDNF* tem sido estudada em detalhes. Este gene fornece um ótimo modelo para ilustrar o princípio de que as modificações epigenéticas estão intrinsecamente ligadas, de modo que uma variedade de marcadores coopera para silenciar ou ativar genes. Em outras palavras, nenhuma alteração epigenética atua de forma independente. As marcas de metilação no promotor de *BDNF* são ligadas por MeCP2, uma proteína de ligação ao metil-CpG que parece recrutar HDAC, histonas desacetilases. Essas HDAC, particularmente a HDAC2, parecem silenciar a expressão de *BDNF* removendo marcas de acetilação permissivas em histonas associadas, como na retirada da marca de acetilação da histona H3 – H3K9ac, tornando-a H3K9 (desacetilada) e com consequente cromatina menos acessível à transcrição ativa de *BDNF*. Como resultado, a expressão reduzida de *BDNF* pode ser resgatada com a administração de inibidores de HDAC, assim como com a exposição aguda ao etanol, um achado que possivelmente explica os efeitos ansiolíticos do consumo de álcool.

O aumento da acetilação de H4, por sua vez, também foi relatado com expressão concomitante de *BDNF* IV. No entanto, as marcas de acetilação das histonas não são as únicas modificações das histonas associadas ao *BDNF*. A diminuição da marca repressora H3K9me2 no (dupla metilação na lisina 9 da histona H3) promotor do éxon IV de *BDNF* também foi associada ao aumento da expressão de *BDNF*, e o aumento de H3K9me2 foi mostrado diminuir essa expressão, destacando uma relação inversa direta entre a marca e a expressão de *BDNF*.

Além disso, a metiltransferase de histonas G9a/GLP parece ser responsável pela presença de H3K9me2 (bimetilação do resíduo de lisina na posição

9 da histona H3), de modo que um aumento em G9a é concomitante com um aumento em H3K9me2, e uma diminuição em G9a/GLP é observada quando níveis reduzidos de H3K9me2 são detectados. Isso é relevante na medida em que níveis reduzidos de G9a e H3K9me2 foram associados a fenótipos de baixa ansiedade. É possível que essa diminuição em G9a/GLP e a subsequente diminuição em H3K9me2 permitam a expressão de *BDNF*, o que pode explicar as tendências de aumento de expressão de *BDNF* observadas em fenótipos de ansiedade reduzida. Sob essa ótica, é necessário não presumir que um aumento na expressão de *BDNF* diminuirá os fenótipos de ansiedade, pois, dependendo da idade do organismo e da região cerebral que está sofrendo neurogênese facilitada por *BDNF*, o *BDNF* pode promover o aprendizado de comportamentos positivos, como a extinção do medo mais tarde na vida ou o aprendizado associado a memórias negativas, como o condicionamento do medo em idades mais jovens.

Outros genes implicados em estudos sobre ansiedade incluem *FKBP5* e as enzimas modificadoras de histonas desmetilases HDAC5, HDAC8 e histona metiltransferase HMT SUV39H1. Mais uma vez, é importante compreender que outros fatores epigenéticos subjazem à patologia dos TA por meio de interações cruzadas. Fatores de remodelamento da cromatina dependentes de ATP, como SNF2H e CHD3, foram apontados como diferencialmente expressos na amígdala e no hipocampo ventral, de camundongos com alta ansiedade. Esses fatores de remodelamento da cromatina, como CHD3, são capazes de formar complexos NuRD, grandes complexos proteicos de remodelamento, com HDAC1/2. Esse mecanismo destaca a ideia de que nenhuma marca epigenética atua de forma independente; ao invés disso, elas trabalham em conjunto com outros fatores de remodelamento da cromatina para alterar os estados da cromatina e modular a expressão gênica.

Destacamos, ainda, que, embora haja uma quantidade substancial de literatura investigando tendências específicas de metilação do DNA e modificações das histonas subjacentes ao fenótipo de ansiedade, o consenso raramente é unânime ou simples devido a vários fatores.

Enquanto estudos realizados em humanos tendem a utilizar amostras de sangue e saliva, os fluidos periféricos não representam com precisão a neuroquímica cerebral envolvida nos TA, pois cada tipo de tecido carrega seu próprio padrão único de epigenética. No entanto, estudos longitudinais em participantes neonatais utilizando metilação do sangue do cordão umbilical poderiam elucidar potenciais marcadores de risco ou resiliência para o desenvolvimento de um TA ou outras condições psiquiátricas na vida adulta. Além disso, estudos *post-mortem* utilizando amostras cerebrais de pacientes conhecidos com TA acrescentariam diversidade aos biomarcadores epigenéticos atualmente relatados. Da mesma forma, o desenvolvimento de ferramentas investigativas, como o BECon, que visam interpretar os achados de metilação do DNA baseados no sangue no contexto do cérebro, poderia incentivar mais estudos psiquiátricos focados em humanos no futuro.

Mencionamos também que, apesar de existirem vários métodos para modelar a ansiedade em animais, como roedores, bem como testar e medir comportamentos semelhantes à ansiedade nesses modelos, relacionar diretamente os achados com a psicopatologia humana muitas vezes corre o risco de simplificação excessiva, uma vez que os transtornos psiquiátricos são característicos de seres humanos e de nossos processos complexos de pensamento e emocionalidade.

Outro ponto a destacar é que a maioria dos estudos de ansiedade tende a se concentrar em regiões cerebrais específicas, omitindo outras estruturas relevantes, ou a agrupar todas as amostras usando o cérebro como um todo. Cada região do cérebro carrega seu próprio padrão de alterações epigenéticas, dependendo da natureza do estressor e do momento de aplicação. Assim, focar uma única região cerebral dentro de um estudo não é suficiente para construir uma visão mais ampla das vias cerebrais alteradas na ansiedade, enquanto as medições globais muitas vezes são tendenciosas, atribuindo mudanças epigenéticas gerais ao fenótipo ansioso sem considerar mudanças locais. Estudos que investigam várias regiões cerebrais individualmente dentro de um único modelo poderiam, portanto, ajudar a construir um panorama maior do fenótipo de ansiedade em nível epigenético.

Da mesma forma, embora os estudos focados em ansiedade geralmente se concentrem em marcas específicas de metilação do DNA ou modificações das histonas, é importante não perder de vista o fato de que esses marcadores regulatórios funcionam em conjunto para alterar a expressão gênica e não são independentes entre si. Muitas vezes, cascatas de sinalização envolvendo essas modificações não são investigadas. Enquanto estudos futuros poderiam se concentrar em modificações epigenéticas recém-estudadas, como a serotonilação e a dopaminilação das histonas, ou em mecanismos menos investigados no campo da ansiedade, como o posicionamento dos nucleossomos e a regulação de micro-RNA de genes codificadores de proteínas, estudos mais holísticos que tentem conectar padrões de metilação do DNA e expressão de DNMT à expressão de enzimas modificadoras de histonas e às marcas de histonas poderiam levar a uma visão mais ampla do panorama subjacente ao fenótipo de ansiedade.

Por fim, muitos estudos concluem, antes de elucidar os genes-alvo, os locais específicos de metilação e os padrões de expressão gênica sob a regulação dessas modificações epigenéticas diferenciais. Seria prudente que estudos futuros preenchessem as lacunas dos trabalhos anteriores. O desenvolvimento de um TA, como outros diagnósticos psiquiátricos, é multifatorial, com os genes de um indivíduo e o ambiente contribuindo para a patologia da doença. Isso é refletido nas incidências de comorbidade, de modo que indivíduos que atendem aos critérios para o diagnóstico de um TA podem também ser diagnosticados com um transtorno de abuso de substâncias ou um transtorno de humor, como a depressão. Essa realidade, juntamente com a noção de que cada componente biológico que subjaz ao fenótipo de ansiedade é complexamente interligado, significa que identificar causas individuais da psicopatologia específica da ansiedade continua sendo um desafio.

Em outras palavras, essa área da pesquisa neuroepigenética busca identificar padrões de modificações epigenéticas que impactam globalmente genes e produtos proteicos correspondentes que desempenham papéis-chave na sustentação dos TA. Este capítulo busca não apenas compreender melhor a psicopatologia em curso, ao identificar padrões correspondentes entre os estudos, mas também fornecer *insights* sobre como abordar essas alterações subjacentes de forma eficaz para aliviar a gravidade dos sintomas e melhorar a qualidade de vida.

Sob essa perspectiva, notavelmente, modelos de roedores têm sido um grande recurso para discernir a eficácia de medicamentos ansiolíticos e antidepressivos no comportamento relacionado à doença, e, embora as modificações epigenéticas diferenciais variem entre os tipos de modelo, esses animais podem ser usados para elucidar ainda mais os mecanismos pelos quais esses medicamentos atuam, para tratamentos mais seguros e direcionados no futuro.

Embora a falta de consenso sobre os níveis de DNMT entre os modelos de ansiedade torne essas enzimas um alvo de tratamento mais difícil, possíveis tratamentos para a ansiedade incluem inibidores de HDAC mais específicos, uma vez que essa classe de drogas tem mostrado incentivar a expressão de *BDNF* e a neurogênese, um fenômeno que pode reforçar a terapia cognitivo-comportamental (TCC) e a extinção de memórias de medo no tratamento de TA.

Outro ponto importante na compreensão do transtorno é a detecção de proteínas-chave, como FKBP5, que, quando regulada para baixo, mostrou resgate do fenótipo de ansiedade, também oferece vias promissoras para futuras intervenções farmacológicas. Além disso, o desenvolvimento de programas ou algoritmos que possam preencher a lacuna entre os dados obtidos de amostras de tecidos periféricos como biomarcadores e as informações coletadas do SNC seria benéfico para todo o campo da psiquiatria como ferramenta diagnóstica que pode ser usada para rastrear populações de risco.

Conclui-se, então, que o campo está avançando em uma direção positiva, mas é imperativo continuar com maior colaboração entre laboratórios e institutos, harmonização de estudos humanos e animais e a conexão dos achados das pesquisas passadas.

Esquizofrenia

A esquizofrenia é um transtorno psicótico grave prevalente em aproximadamente 1% da população mundial, altamente debilitante social e economicamente. A doença é caracterizada por sintomas positivos como delírios, alucinações e pensamentos desorganizados, sintomas negativos como motivação prejudicada, redução na fala espontânea, retraimento social e anedonia, além de comprometimento cognitivo.

Por se tratar de uma doença multifatorial, a esquizofrenia apresenta etiologia complexa, envolvendo uma combinação de fatores genéticos e ambientais, nos quais os fatores ambientais podem contribuir para a etiologia do transtorno em parte por meio de processos epigenéticos.

As alterações nos padrões de metilação do DNA estão entre as principais alterações epigenéticas associadas à esquizofrenia. Estudos indicaram que a transcrição reduzida da proteína da matriz extracelular reelina (*RELN*) nos cérebros de indivíduos com esquizofrenia pode ser causada pela hipermetilação de sua região promotora. Essa hipótese é fortemente apoiada por descobertas que mostram que pacientes com esquizofrenia apresentam expressão cortical e subcortical aumentada de DNMT1, enzima responsável pela manutenção dos padrões de metilação.

A reelina é uma proteína da matriz extracelular que participa da migração e posicionamento de neurônios à medida que o cérebro se desenvolve. Além disso, desempenha um papel essencial em vários processos cerebrais, como a extensão de axônios e dendritos que são importantes para a transmissão de impulsos nervosos. Na esquizofrenia, foi observada em estudos *post-mortem* redução de até 50% na expressão de reelina em diferentes áreas do cérebro de pacientes acometidos pela condição.

Além do *RELN*, vários outros genes de risco para esquizofrenia foram encontrados como diferencialmente metilados, incluindo genes envolvidos em funções gabaérgicas como o *GAD1*, funções dopaminérgicas, como os receptores de dopamina *DRD2, DRD3,* além do *COMT, IGF2,* funções serotoninérgicas como *HTR2A* e funções dos oligodendrócitos, o *SOX10.*

Outro mecanismo envolvendo a esquizofrenia muito estudado é a modificação de histonas. Descoberto inicialmente pela observação de que doses terapêuticas de valproato, um estabilizador de humor com uso frequente no tratamento da esquizofrenia, é um inibidor da histona desacetilase (HDAC). Esse fato abre perspectiva para estudo de novos alvos terapêuticos que envolvam a epigenética.

Estudos observaram também a expressão cortical e subcortical alterada de vários miRNA, incluindo miR-130, miR-181b, miR-497, miR-185, miR-9, miR-195, miR-301a, miR-132, miR-1307 e miR-137 em indivíduos com esquizofrenia. O miR-137, por exemplo, é importante no desenvolvimento e funções do cérebro, incluindo na sinalização de orientação do axônio, na sinalização do receptor de efrina e na atividade sináptica, sendo essas atividades conhecidas por serem interrompidas na esquizofrenia e em distúrbios relacionados.

Transtorno do espectro autista

O transtorno do espectro autista (TEA) constitui um grupo complexo de condições neurodesenvolvimentais caracterizadas por déficits significativos na comunicação e interação social, além de padrões restritos de comportamento, interesses e modificações sensoriais.

No âmbito do TEA, que demonstra uma variabilidade fenotípica e genética substancial, a investigação das modificações epigenéticas oferece novas perspectivas sobre a interação entre fatores genéticos e ambientais no desenvolvimento da condição.

Nesse sentido, estudos recentes revelaram um aumento da deriva epigenética em indivíduos com TEA, tanto em amostras de sangue quanto em tecidos cerebrais. A deriva epigenética refere-se ao acúmulo de erros na manutenção dos padrões epigenéticos ao longo da vida, potencialmente resultando em disfunções celulares e teciduais. Esse fenômeno é particularmente relevante durante as fases iniciais do desenvolvimento, como os períodos fetal e neonatal, quando a replicação celular está intensificada.

O aumento da deriva epigenética observado em indivíduos com TEA sugere que os mecanismos de controle epigenético podem estar comprometidos desde os primeiros estágios de desenvolvimento, possivelmente contribuindo para a neuroplasticidade alterada associada ao TEA. Os erros estocásticos acumulados ao longo do tempo podem impactar funções cerebrais essenciais, resultando nas manifestações clínicas do TEA.

A identificação de variações epigenéticas raras em estudos recentes sugere que certos genes podem ser fundamentais para a compreensão dos mecanismos moleculares subjacentes ao TEA, apresentando novos alvos terapêuticos promissores. Um exemplo notável é o gene NPY, que desempenha um papel na regulação de comportamentos emocionais e de ansiedade. Alterações epigenéticas no NPY foram identificadas e assim esse gene se tornou um alvo potencial para futuras intervenções terapêuticas, dado seu papel central no SNC.

Outro ponto interessante de estudos foram as alterações em proteínas da densidade pós-sináptica (PSD), que têm sido associadas a diversas desordens neurológicas, incluindo o TEA. Essa classe de proteínas abrange moléculas de adesão celular, proteínas de ancoragem, receptores e proteínas do citoesqueleto, todas fundamentais para a transmissão sináptica e a plasticidade neural.

Além disso, as neurexinas (NRXN) e as neuroliginas (NLGN) são proteínas sinápticas transmembranas que formam o complexo neurexina-neurolgina, essencial para a funcionalidade sináptica. Variantes de perda de função do gene *NRXN1* foram identificadas em indivíduos com TEA em múltiplos estudos. Experimentos realizados em modelos animais *knockout* (KO) de membros da família *NLGN* e *NRXN* demonstraram que esses camundongos desenvolvem sintomas semelhantes ao TEA, corroborando o papel crítico dessas proteínas na função sináptica.

Adicionalmente, a família de genes *Shank*, que inclui *Shank1, Shank2 e Shank3,* é considerada como forte candidata para a manifestação do TEA. As proteínas Shank atuam como proteínas de ancoragem na densidade pós-sináptica, conectando receptores de neurotransmissores, canais iônicos e outras proteínas de membrana ao citoesqueleto de actina e a proteínas de sinalização. Essas proteínas são essenciais para a formação de sinapses e a maturação das espinhas dendríticas. Foram documentadas alterações genéticas, como deleções raras do gene *Shank2* e variantes *de novo* que resultam em perda de função da proteína em indivíduos com TEA.

Recentemente, nossos estudos levaram à identificação de um novo gene candidato promissor para o TEA, denominado *CAPG*. Esse gene codifica uma proteína pertencente à família das gelsolinas, que é crucial para a regulação da arquitetura da actina e a remodelação dessa estrutura. Importante ressaltar que foi observada uma expressão reduzida de *CAPG*, tanto em nível transcricional quanto proteico, em membros de famílias sardenhas portadoras da deleção. Além disso, níveis reduzidos de mRNA de *CAPG* foram detectados em uma coorte independente de 13 casos de TEA não sardos, quando comparados a controles saudáveis pareados por idade.

No entanto, dada essa imensa gama de estudos, de genes e proteínas apontados, é inegável a participação da pressão ambiental no aumento dos casos de TEA. Com o aumento da exposição ambiental aos agrotóxicos, medicamentos e alimentos ultraprocessados, substâncias desconhecidas entraram em contato com o corpo, especialmente durante a gestação. Estudos mostram que esse contato promoveu alterações epigenéticas que, somadas a fatores genéticos e familiares de herança epigenética, que desencadearam um leque de manifestações incluídas no espectro. A manifestação do TEA em roedores a partir da administração do ácido valproico é um indicativo de que substâncias modificadoras do epigenoma, quando administradas durante o desenvolvimento intrauterino, podem contribuir para o aparecimento dessa condição.

Fatores ambientais e risco de autismo

Diversos fatores ambientais, tanto antes quanto depois do nascimento, têm sido associados ao aumento do risco de autismo. Durante a gravidez e no período perinatal, por exemplo, infecções maternas e complicações no parto estão descritas como ligadas ao desenvolvimento do transtorno.

Estudos indicam que infecções virais na gestação podem desencadear uma resposta imunológica na mãe, que, por sua vez, afeta o desenvolvimento do cérebro do bebê. Experimentos em animais mostram que essa resposta imunológica aumenta a liberação de substâncias chamadas citocinas, como a interleucina-6 (IL-6), que interferem na formação do cérebro e aumentam o risco de autismo. Outros fatores, como baixo peso ao nascer, falta de aporte de oxigênio para o bebê no momento do parto, nascimentos prematuros e baixos índices de Apgar (uma avaliação de saúde feita ao nascer), também foram relacionados a um risco maior para o autismo, já que essas condições podem causar lesões ou dificuldades no desenvolvimento neurológico.

Além disso, a exposição a algumas substâncias químicas e medicamentos durante a gravidez também foi associada ao aumento do risco do espectro autista. Um exemplo é o uso do medicamento anticonvulsivante valproato, especialmente no primeiro trimestre da gestação, que foi fortemente relacionado a esse risco. Evidências mostram que o valproato pode alterar a expressão de genes essenciais para a formação do cérebro.

Outro risco identificado é o uso de antidepressivos durante a gravidez, como os inibidores seletivos de recaptação de serotonina (SSRI), que também podem afetar o desenvolvimento do sistema nervoso do feto. Exposições a pesticidas, como o clorpirifós, e a outros poluentes, presentes durante a gestação, são outros fatores ligados a um aumento no risco de autismo. Essas substâncias podem interferir na sinalização celular e no desenvolvimento das sinapses – conexões cerebrais importantes para a comunicação e a cognição.

As modificações epigenéticas, que regulam a expressão dos genes sem alterar a sequência de DNA, também podem ser influenciadas pelo ambiente. A exposição a poluentes, por exemplo, pode levar a maior metilação de genes que estão ligados ao desenvolvimento do cérebro. Em alguns casos, crianças com autismo apresentam padrões diferentes de metilação em certos genes, o que pode contribuir para o desenvolvimento do transtorno.

A influência do ambiente é ainda mais forte quando combinada a uma predisposição genética específica. Esse efeito conjunto, conhecido como interação gene-ambiente, faz com que indivíduos geneticamente predispostos ao autismo possam expressar características do espectro de maneira mais intensa quando expostos a certos fatores ambientais.

Em estudos com camundongos portadores de mutações associadas ao autismo, foi observada maior sensibilidade a influências ambientais, como na presença de estresse oxidativo. Em modelos animais nos quais a resposta imunológica da mãe é ativada durante a gravidez, o impacto no cérebro do feto é ainda mais severo quando existe predisposição genética.

Embora o autismo seja altamente hereditário, fatores ambientais durante o desenvolvimento pré e pós-natal ajudam a entender a variabilidade e o aumento na prevalência do transtorno. Dessa forma, é comum. durante a consulta de avaliação para diagnóstico do TEA, outros membros da família também serem apontados como portadores do transtorno, muitas vezes com um grau menor de manifestação, ou nível menor de suporte. Muitas vezes esses indivíduos não diagnosticados durante anos estão adaptados à condição que interferiu em suas vidas esse tempo todo e nunca poderiam supor, antes do diagnóstico dos filhos ou parentes, a presença do diagnóstico do TEA neles mesmos.

Pesquisar mais sobre essas interações entre genes e ambiente é de fundamental importância para o esclarecimento das causas multifatoriais do autismo e para o desenvolvimento de estratégias de prevenção e intervenções personalizadas para famílias em risco.

Com essa visão ampliada, fica mais fácil a compreensão de que o autismo resulta de uma complexa interação entre predisposições genéticas, mudanças

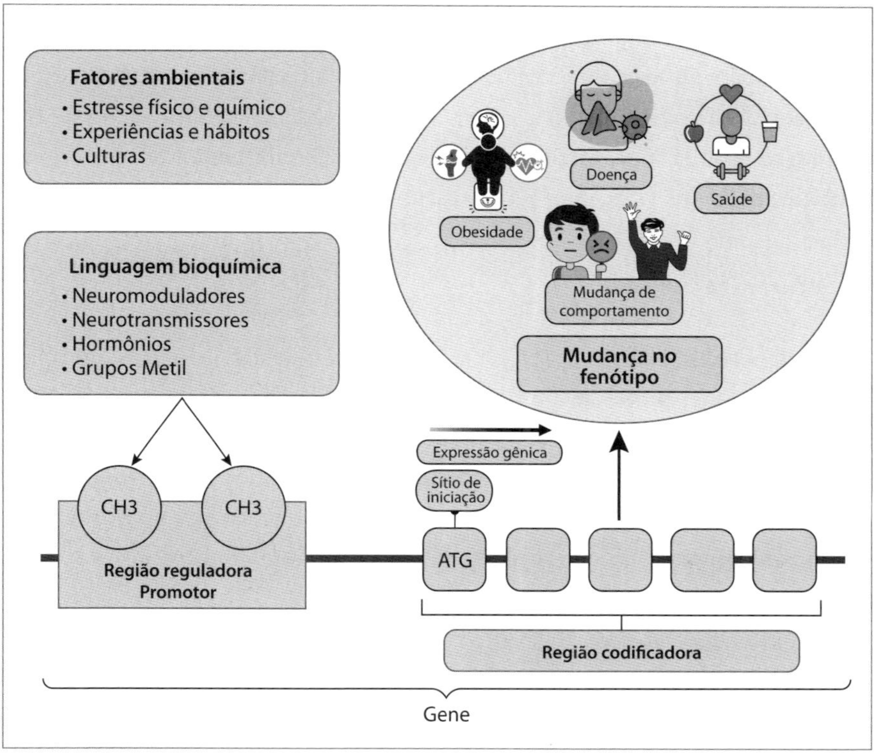

Figura 2 Modelo epigenético para interações genético-ambientais reguladas por metilação do DNA associado aos comportamentos.

epigenéticas e influências ambientais. Esse entendimento reforça a importância de políticas de saúde das populações para a redução da exposição a fatores de risco moduladores da epigenética, que têm plasticidade, já que, até o momento, a modificação dos riscos genéticos não é possível.

Recentemente, um estudo publicado na revista *Nature*, de Simeão et al. (2024), relacionou alterações da expressão da aromatase, uma substância importante no neurodesenvolvimento, à exposição ambiental ao bisfenol A (derivado do plástico). O estudo relacionou o desenvolvimento de TEA em meninos com exposição precoce ao bisfenol A. Essa associação foi confirmada em estudos animais, nos quais ratas prenhas expostas ao bisfenol A apresentaram nascimento de filhotes machos TEA-*like* (com comportamento parecido com o TEA) e diminuição da atividade da aromatase cerebral. O possível mecanismo apontado foi que o bisfenol A poderia interferir na expressão da aromatase cerebral por mecanismos regulatórios epigenéticos. Esses achados são importantes, pois a contaminação ambiental por BPA é ainda reforçada pela exposição aos plásticos das embalagens e utensílios e pela contaminação dos microplásticos no ambiente.

Dependência química

A dependência química é caracterizada pela busca e consumo compulsivo de substâncias, apesar das consequências adversas. A vulnerabilidade ao vício surge em partes aproximadamente iguais de predisposição genética e risco ambiental, sugerindo fortemente um papel importante dos mecanismos epigenéticos. As drogas abusadas têm como alvo o circuito dopaminérgico mesolímbico, que serve ao propósito evolutivo de reforçar atividades importantes para a sobrevivência e a reprodução do indivíduo, como buscar alimentos saborosos e sexo.

O circuito mesolímbico é composto por neurônios dopaminérgicos na área tegmental ventral (VTA) do mesencéfalo e sua inervação dos neurônios espinhosos médios (MSN), o tipo celular predominante no núcleo *accumbens* (NAc). Todas as recompensas naturais e drogas abusadas compartilham a propriedade de aumentar agudamente a neurotransmissão dopaminérgica no NAc. O uso crônico de drogas induz mudanças estruturais, eletrofisiológicas e de transcrição duradouras nessa região, que são consideradas os substratos biológicos sustentados do vício. Por esse motivo, pesquisadores estão examinando as más adaptações epigenéticas nas células do NAc como causadoras da patogênese do vício.

A consequência funcional das modificações pós-traducionais das histonas (PTM) no NAc é bem ilustrada pela acetilação das histonas. Essa PTM ocorre em todas as subunidades centrais das histonas, é catalisada por acetiltransferases de histonas (HAT) e revertida por desacetilases de histonas (HDAC). A acetilação das histonas está tipicamente associada à "abertura" da estrutura cromatínica de ordem superior, ou seja, ao aumento do espaçamento entre os nucleossomos, o que facilita a ativação da transcrição ao tornar o DNA ao redor mais acessível aos fatores de transcrição e à maquinaria de transcrição. Em apoio à importância da acetilação das histonas no vício em drogas, a exposição aguda ou crônica a psicoestimulantes, opiáceos, álcool ou nicotina aumenta os níveis celulares totais de acetilação das histonas H3 e H4 no NAc. Esse aumento nos níveis de acetilação é o resultado líquido das alterações induzidas pelas drogas no equilíbrio entre a função das HAT e HDAC. A proteína de ligação ao elemento de resposta ao AMPc (CBP), uma HAT crítica para o aprendizado e a memória, é necessária para o aumento induzido pela cocaína na acetilação das histonas no NAc. Por outro lado, o uso crônico de cocaína ou álcool reduz a atividade enzimática das HDAC e interrompe a localização subcelular dessas enzimas. Além disso, enquanto a exposição crônica à cocaína promove um aumento na expressão de sirtuínas, um tipo de HDAC de classe III, a acessibilidade genômica, particularmente dentro dos promotores gênicos, é reduzida. Isso limita a capacidade dessa enzima de reduzir a acetilação das histonas, especificamente em sítios genéticos-chave.

De fato, a deposição de acetilação das histonas que ocorre no NAc em modelos de vício é altamente específica ao lócus. Por exemplo, em resposta à exposição aguda a psicoestimulantes, a acetilação de H4 ocorre nos promotores de genes imediatos, como c-Fos e Fosb, que estão associados a sua rápida expressão em resposta ao consumo de drogas. No caso de Fosb, esse aumento na acetilação das histonas requer CBP, indicando ações gene-específicas desses modificadores de cromatina após a experiência com drogas.

A relevância biológica dos modificadores de cromatina para o comportamento relacionado a drogas é ainda mais fortalecida por manipulações virais ou genéticas direcionadas ao NAc. Por exemplo, a superexpressão viral do fator de transcrição CREB reduz as propriedades recompensadoras da cocaína e da morfina, indicando que a ativação de CREB pode ser um mecanismo geral para a tolerância à recompensa. Por outro lado, a superexpressão viral de delta-FosB promove as propriedades recompensadoras da cocaína e da morfina, revelando como reguladores de transcrição podem impactar de maneira oposta os comportamentos relacionados a drogas. Além disso, a deleção genética da HAT CBP prejudica a sensibilidade à cocaína e a memória relacionada à cocaína, e uma quantidade considerável de estudos demonstra que manipulações diretas nas HDAC alteram comportamentos relacionados a várias classes de substâncias abusadas.

A manipulação das enzimas que controlam a acetilação das histonas ou a metilação do DNA também controla as respostas comportamentais às drogas de abuso. Da mesma forma, a entrega viral de subunidades acessórias a proteínas remodeladoras de cromatina altera os comportamentos relacionados a drogas. Em conjunto, essas manipulações diretas aos modificadores de cromatina indicam que as ações desses fatores contribuem para a patogênese do vício. No entanto, ainda não está claro se essas e muitas outras modificações da cromatina são eventos causais que impulsionam adaptações de transcrição-chave ou se elas estão simplesmente correlacionadas com essa regulação. Essa tem sido uma questão desafiadora, já que todas as ferramentas farmacológicas, virais e genéticas manipulam as PTM das histonas em todo o genoma.

O advento da edição neuroepigenética específica ao lócus em tipos celulares cerebrais específicos permitiu aos pesquisadores avanços cruciais para estabelecer as consequências causais das PTM gene-específicas no contexto do vício em drogas. A capacidade de depositar ou remover marcas epigenéticas específicas em locais gênicos restritos dentro de tipos celulares-alvo em regiões cerebrais-chave oferece aos pesquisadores uma habilidade incomparável de investigar experimentalmente a contribuição causal desses mecanismos moleculares epigenéticos para síndromes neuropsiquiátricas, como a toxicodependência: o vício. A modularidade e a flexibilidade das abordagens de edição neuroepigenética as tornam ferramentas ideais e adaptáveis para desvendar a complexidade epigenética *in vivo*. É teoricamente possível, por exemplo, usar CRISPR/dCas9 para atingir vários genes dentro das mesmas células e, assim, manipular experimentalmente redes de genes regulados por drogas. Ao combinar essas abordagens com modelos animais de ponta de vício, como a autoadministração de drogas, os pesquisadores poderão isolar as maladaptações epigenéticas específicas que impulsionam os elementos mais prejudiciais do vício em drogas, como *binge*, desejo e recaída. Essas novas percepções orientarão o desenvolvimento de farmacoterapias direcionadas, e provavelmente mais eficazes, em um esforço para aliviar o sofrimento humano associado à dependência química.

O abuso de cocaína e compostos semelhantes à anfetamina permanece em proporções epidêmicas, apesar das tentativas de conter seu uso por meios legais. Além disso, muitos anos de pesquisa que se concentraram nos efeitos dessas drogas sobre os sistemas neurotransmissores não ajudaram a desenvolver agentes específicos que possam ser usados como medidas preventivas ou como tratamento para episódios repetidos de consumo excessivo. Na verdade, embora esses psicoestimulantes possam facilitar a transmissão nas sinapses monoaminérgicas, esse conhecimento ainda não produziu agentes farmacológicos que tenham ajudado os pacientes a se manterem abstinentes. Recentemente, no entanto, a presença de efeitos duradouros dessas drogas, mesmo após longos períodos de abstinência, levou os investigadores a focar novamente a possibilidade de que essas drogas possam causar eventos moleculares persistentes que são gerados por efeitos epigenéticos, de transcrição e de tradução de longa duração nos sistemas cerebrais.

Ademais, abordagens reducionistas levaram a uma série de descobertas relacionadas aos substratos moleculares e celulares da plasticidade induzida por drogas no cérebro. No caso do vício em psicoestimulantes, a dependência teórica dos efeitos bioquímicos, moleculares e epigenéticos demonstrados pela administração contingente e não contingente dessas substâncias promete nos ajudar a desenvolver abordagens terapêuticas mais racionais. As descobertas de que essas drogas podem influenciar significativamente a expressão de várias histonas acetiltransferases e histonas desacetilases no cérebro sugerem que mais esforços devem ser direcionados ao desenvolvimento de agentes específicos para o cérebro que evitem os efeitos periféricos das drogas atualmente usadas como terapias anticâncer. Como tanto a cocaína quanto os compostos semelhantes à anfetamina parecem influenciar os processos de metilação do DNA no cérebro, existe também a possibilidade de que os mecanismos de metilação precisem ser investigados mais a fundo em modelos de vício. Assim, espera-se que um portfólio expandido de agentes epigenéticos antivício ajude a fortalecer nosso arsenal farmacológico contra a dependência química.

Em uma perspectiva mais atualizada sobre o assunto, é importante considerar ainda os fatores sociais e as perspectivas de bem-estar e qualidade de vida na manutenção dos vícios. Trabalhos já estabelecidos mostram que animais confinados em gaiolas estão muito mais suscetíveis à manifestação da dependência química do que aqueles em gaiolas com enriquecimento ambiental, portanto a questão não é tão diferente para humanos. Uma vida justa, digna, sem sobrecarga e com qualidade de vida é fundamental para que questões relacionadas à dependência sejam minimizadas.

PERSPECTIVAS

As perspectivas da epigenética aplicadas às psicopatologias oferecem um campo promissor para intervenções terapêuticas mais personalizadas e eficazes. A epigenética, ao estudar modificações herdáveis na expressão gênica sem alteração da sequência do DNA, tem revelado como fatores ambientais, comportamentais e psicológicos podem influenciar diretamente a vulnerabilidade e na resiliência aos transtornos psiquiátricos. Com isso, o foco da pesquisa avança para a integração de intervenções não farmacológicas, como a meditação, o exercício físico e a TCC, com abordagens epigenéticas, abrindo caminho para o desenvolvimento da psiquiatria integrativa.

Nesse sentido, estudos demonstram que práticas de meditação, como a meditação *mindfulness*, podem influenciar diretamente marcadores epigenéticos relacionados ao estresse e à inflamação, como a redução da expressão de genes pró-inflamatórios por meio da modulação de enzimas epigenéticas, como a histona deacetilase (HDAC) e as DNA metiltransferases (DNMT). Estudos recentes mostraram que, após 8 horas de meditação intensa, houve uma regulação positiva de genes envolvidos na resposta ao estresse, sugerindo que o relaxamento profundo pode modular diretamente a expressão gênica.

Ademais, o exercício físico, outro importante modulador epigenético, tem sido associado a mudanças na metilação do DNA em regiões promotoras de genes relacionados à neuroplasticidade e ao controle emocional. Atividades físicas aeróbicas, por exemplo, podem aumentar a produção de fatores neurotróficos, como o *BDNF* (fator neurotrófico derivado do cérebro), que, por sua vez, influenciam positivamente a função sináptica e o crescimento neuronal, ambos modulados por vias epigenéticas.

Somado a isso, a TCC também tem mostrado impacto na epigenética. Estudos sugerem que a TCC, ao promover a reestruturação cognitiva e o manejo de emoções disfuncionais, pode alterar a expressão de genes envolvidos na resposta ao estresse. Essas alterações podem ocorrer por meio de modificações epigenéticas, como a metilação de genes reguladores do eixo HPA (hipotálamo-pituitária-adrenal), o que pode contribuir para uma redução nos sintomas de depressão e ansiedade.

Outrossim, além das intervenções comportamentais, a modulação da microbiota intestinal surge como um fator epigenético importante para a saúde mental. A interação entre o eixo intestino-cérebro e a microbiota intestinal tem impacto direto em processos epigenéticos no cérebro. A disbiose intestinal, por exemplo, pode levar a inflamação crônica de baixo grau, modulando a expressão gênica por meio de mediadores inflamatórios que atravessam a barreira hematoencefálica e afetam diretamente a função neuronal.

Nesse viés, é sugerido que os processos de disbiose intestinal e déficits neurológicos estão ligados por meio de inflamação crônica leve, incluindo estimulação inflamatória direta, produção de mediadores pró-inflamatórios e perda da função imunorreguladora.

Os transtornos neuropsiquiátricos e a inflamação estão estritamente ligados. Indivíduos portadores de transtorno bipolar, transtorno depressivo maior e esquizofrenia apresentam níveis plasmáticos elevados de citocinas pró-inflamatórias, indutores de inflamação (como padrões moleculares associados a danos), sensores ativados (como receptores do tipo *toll* [TLR] e inflamassoma), níveis aumentados de proteínas de fase aguda (como a proteína C-reativa) e moléculas de adesão em seu sangue e líquido cefalorraquidiano. Já foi demonstrada uma associação entre a inflamação e a progressão clínica dos transtornos neuropsiquiátricos.

Seguindo essa perspectiva, a microbiota intestinal influencia o cérebro e pode estar envolvida em transtornos neuropsiquiátricos, parcialmente ao modular a disponibilidade de triptofano, serotonina, quinurenina e ácidos graxos de cadeia curta (AGCC) circulantes, assim como a permeabilidade da barreira hematoencefálica (BHE) e a ativação de células imunológicas periféricas e células gliais cerebrais. O eixo intestino-cérebro envolve uma via de sinalização bioquímica entre o trato gastrointestinal (TGI) e o SNC. Quando a estrutura do TGI é comprometida, a funcionalidade da barreira protetora é prejudicada, levando ao aumento da permeabilidade intestinal e, consequentemente, à penetração de substâncias que podem alterar funções fisiológicas. Esses eventos levam à ativação da resposta imune inata, resultando em níveis cronicamente elevados de mediadores inflamatórios, conhecidos por desencadear doenças, incluindo uma ampla gama de doenças psiquiátricas.

A psiquiatria integrativa, portanto, ao unir tratamentos convencionais com intervenções holísticas, propõe uma abordagem abrangente que inclui a modulação do estilo de vida e a utilização de pré e probióticos, dietas específicas, e práticas como yoga e acupuntura, todas com o potencial de influenciar o epigenoma. Estudos recentes indicam que a combinação de estratégias comportamentais e nutricionais com tratamentos tradicionais pode otimizar a resposta terapêutica em transtornos mentais graves, como depressão e esquizofrenia, ao modular fatores epigenéticos associados à neuroinflamação e ao estresse oxidativo.

O futuro das terapias psiquiátricas, sob uma perspectiva epigenética, parece caminhar para a personalização baseada no perfil epigenético individual, levando em consideração o ambiente e os comportamentos de cada paciente. Assim, intervenções como meditação, exercício físico, TCC e modulação intestinal poderão ser integradas a terapias farmacológicas de forma mais eficaz, visando não apenas o alívio dos sintomas, mas a modificação dos mecanismos biológicos subjacentes aos transtornos psiquiátricos.

Esse avanço também dependerá de tecnologias emergentes, como a edição epigenética de loci específicos usando CRISPR/dCas9, que permitirá a manipulação de marcas epigenéticas em genes específicos no cérebro, proporcionando novas oportunidades para tratar as psicopatologias em um nível molecular mais profundo.

Concluímos, então, que o campo da epigenética e das psicopatologias está em expansão, e o futuro promete intervenções terapêuticas integradas que aproveitem tanto os benefícios de intervenções comportamentais como os avanços científicos em epigenética. A combinação de atividades como meditação, nutrição adequada, exercício físico e TCC com abordagens farmacológicas e de modulação intestinal oferece um panorama promissor para tratamentos mais personalizados e eficazes no alívio e na prevenção de transtornos mentais.

REFERÊNCIAS

1. American Psychiatric Association (APA). Diagnostic and Statistical Manual of Mental Disorders. 5.ed. Arlington, VA: American Psychiatric Publishing; 2013.
2. Barlett AA, Singh R, Hunter RG. Anxiety and epigenetics. Adv Exp Med Biol. 2017;978:145-66.
3. Borçoi AR, Turecki G, Ribeiro MS, Mechawar N, Siqueira B, Milagres DS, et al. Risk factors for depression in adults: NR3C1 DNA methylation and lifestyle association. J Psychiatr Res. 2020;121:24-30.
4. Bustamante AC, Aiello AE, Galea S, Wildman DE, Koenen KC, Uddin M. Glucocorticoid receptor DNA methylation, childhood maltreatment and major depression. J Affect Disord. 2016;206:181-8.
5. Cadet JL, McCoy MT, Jayanthi S. Epigenetics and addiction. Clin Pharmacol Ther. 2016;99(5):502-11.
6. Carlberg L, Scheibelreiter J, Stastny J, Heiden A, Zimprich F, Willeit M, et al. Brain-derived neurotrophic factor (BDNF): epigenetic regulation in unipolar and bipolar affective disorder. J Affect Disord. 2014;168:399-406.
7. Chaste P, Leboyer M. Autism risk factors: genes, environment, and gene-environment interactions. Dialogues Clin Neurosci. 2012;14(3):281-92.
8. Davide G, Arosio B, Mastronardi L, Tagliabue A, Ferri E, Mari D, et al. Epigenetics of autism spectrum disorders: a multi-level analysis combining epi-signature, age acceleration, epigenetic drift and rare Epivariations using public datasets. Curr Neuropharmacol. 2023;21(11):2362.
9. Fikri RMN, Mukaida N, Aida H, Ibrahim N, Said MAA, Ng CG, et al. Reelin (RELN) DNA methylation in the peripheral blood of schizophrenia. J Psychiatr Res. 2017;88:28-37.
Föcking M, Dicker P, Lopez LM, Hryniewiecka M, Wynne K, English JA, et al. Epigenetic factors in schizophrenia: mechanisms and experimental approaches. Mol Neuropsychiatry. 2019;5(1):6-12.
10. Hamilton PJ, Nestler EJ. Epigenetics and addiction. Curr Opin Neurobiol. 2019;59:128-36.
11. Kahn RS, Sommer IE, Murray RM, Meyer-Lindenberg A, Weinberger DR, Cannon TD, et al. Schizophrenia. Nat Rev Dis Primers. 2015;1:15067.
12. Kim TY, Kim SJ, Kim TH, Kang JI, Kim CH. Epigenetic alterations of the BDNF gene in combat-related post-traumatic stress disorder. Acta Psychiatr Scand. 2017;135(2):170-9.
13. Klengel T, Mehta D, Anacker C, Rex-Haffner M, Pruessner JC, Pariante CM, et al. Allele-specific FKBP5 DNA demethylation mediates gene-childhood trauma interactions. Nat Neurosci. 2013;16(1):33-41.
14. Masini E, Cosentino L, De Angelis E, Bordi F, Ventura R, Cirillo G. An overview of the main genetic, epigenetic and environmental factors involved in autism spectrum disorder focusing on synaptic activity. Int J Mol Sci. 2020;21(21):8290.
15. Mehta D, Klengel T, Conneely KN, Smith AK, Altmann A, Pace TW, et al. Childhood maltreatment is associated with distinct genomic and epigenetic profiles in posttraumatic stress disorder. Proc Natl Acad Sci U S A. 2013;110(20):8302-7.
16. Owen MJ, Sawa A, Mortensen PB. Schizophrenia. Lancet. 2016;388(10039):86-97.
17. Park C, Rosenblat JD, Brietzke E, Pan Z, Lee Y, Cao B, et al. Stress, epigenetics and depression: a systematic review. Neurosci Biobehav Rev. 2019;102:139-52.
18. Peña CJ, Nestler EJ. Progress in epigenetics of depression. Prog Mol Biol Transl Sci. 2018;157:41-66.
19. Persaud NS, Cates HM. The epigenetics of anxiety pathophysiology: a DNA methylation and histone modification focused review. eNeuro. 2022;10(4):Eneuro.0109-21.2021.

20. Pfeiffer JR, Mutesa L, Uddin M. Traumatic stress epigenetics. Curr Behav Neurosci Rep. 2018;5:81-93.
21. Rusiecki JA, Chen L, Srikantan V, Zhang L, Yan L, Polidoro S, et al. PTSD and DNA methylation in select immune function gene promoter regions: a repeated measures case-control study of US military service members. Front Psychiatry. 2013;4:56.
22. Richettto J, Meyer U. Epigenetic modifications in schizophrenia and related disorders: molecular scars of environmental exposures and source of phenotypic variability. Biol Psychiatry. 2021;89(3):215-26.
23. Roy B, Shelton RC, Dwivedi Y. DNA methylation and expression of stress related genes in PBMC of MDD patients with and without serious suicidal ideation. J Psychiatr Res. 2017;89:115-24.
24. Saavedra K, Molina C, Jara C, Rojas P, Salazar LA. Epigenetic modifications of major depressive disorder. Int J Mol Sci. 2016;17(8):1279.
25. Sun H, Kennedy PJ, Nestler EJ. Epigenetics of the depressed brain: role of histone acetylation and methylation. Neuropsychopharmacology. 2013;38(1):124-37.
26. Symeonides C, Vacy K, Thompson S, Eyles D, McGrath J, O'Connor T, et al. Male autism spectrum disorder is linked to brain aromatase disruption by prenatal BPA in multimodal investigations and 10HDA ameliorates the related mouse phenotype. Nat Commun. 2024;15:6367.
27. Tyrka AR, Price LH, Marsit C, Walters OC, Carpenter LL. Methylation of the leukocyte glucocorticoid receptor gene promoter in adults: associations with early adversity and depressive, anxiety and substance-use disorders. Transl Psychiatry. 2016;6(7):e848.
28. Vukojević V, Kolassa IT, Fastenrath M, Dörfel D, Quervain DJF, de Quervain DJF. Epigenetic modification of the glucocorticoid receptor gene is linked to traumatic memory and post-traumatic stress disorder risk in genocide survivors. J Neurosci. 2014;34(31):10274-84.
29. Yehuda R, Daskalakis NP, Desarnaud F, Makotkine I, Lehrner A, Koch E, et al. Lower methylation of glucocorticoid receptor gene promoter 1F in peripheral blood of veterans with post-traumatic stress disorder. Biol Psychiatry. 2015;77(4):356-64.

Capítulo **11**

Mecanismos moleculares de controle epigenético

Suzanny Oliveira Mendes
Carlos Henrique Pagani Corrêa
Ivana Alece Arantes Moreno
Weverton Pereira de Medeiros
Dowglas Barros Pereira
Bianca Alves Cabral
Elisa Favalessa de Freitas
Eder Cunha de Moura

> *"As proteínas são a personificação da transição de um mundo unidimensional de sequências para um mundo tridimensional de moléculas capazes de realizar diversas funções."*
> *Stryer*

CONVERSA COM O LEITOR

A história da ciência tem sido marcada por descobertas revolucionárias, como a de Gregor Mendel sobre os genes e a de Watson, Crick e Rosalind Franklin sobre a estrutura em dupla hélice da molécula de DNA. Essas descobertas transformaram nossa compreensão do mundo e nos permitiram fazer avanços extraordinários na biologia molecular e na medicina.

Hoje, estamos diante de outra descoberta incrível: a compreensão dos mecanismos de regulação epigenética. Esses mecanismos controlam a expressão de genes sem modificar suas bases e têm um enorme potencial para revolucionar a história humana e a área da saúde.

Os principais mecanismos de regulação epigenética incluem a metilação de DNA, a modificação de histonas, o remodelamento de cromatina e o RNA não codificante. Cada um desses mecanismos desempenha um papel importante na maneira como as células regulam a expressão de seus genes e pode afetar nossa saúde de modos que ainda estamos começando a entender.

Este capítulo oferecerá uma visão fascinante desses mecanismos de regulação epigenética e das novas descobertas que estão sendo feitas nessa área de estudo em expansão. Convidamos você a descobrir como esses mecanismos podem revolucionar nossa compreensão da biologia humana e abrir novas possibilidades na medicina.

BASES CIENTÍFICAS

Antes de avançarmos para o tema do capítulo, é importante que tenhamos uma visão geral da constituição e organização dos ácidos nucleicos (DNA e RNA) e de como as informações neles contidas são lidas e utilizadas, para que possamos compreender os processos que regulam e interagem com essas estruturas.

DNA é a abreviação de ácido desoxirribonucleico, que consiste em duas longas cadeias formadas pela união entre quatro tipos diferentes de nucleotídeos (Figura 1). Os nucleotídeos, por sua vez, são as menores estruturas que compõem o DNA, sendo formados pela união entre um grupo fosfato, um açúcar e uma base nitrogenada. O DNA é assim chamado porque todos os quatro tipos de nucleotídeos que o compõem têm uma desoxirribose como açúcar (Figura 2).

As bases nitrogenadas são as estruturas que diferenciam os nucleotídeos entre si, e, no caso do DNA, podem ser adenina (A), timina (T), citosina (C) e guanina (G). Essas estruturas interagem entre si por ligações de hidrogênio por complementaridade. Em condições normais, há complementaridade exclusiva entre os pares de base A e T com 2 ligações de hidrogênio entre si, e entre os pares C e G, com 3 ligações de hidrogênio entre si (Figura 3).

Além disso, para a formação de uma fita de DNA, os nucleotídeos são ligados entre si por uma ligação fosfodiéster, em que o grupamento fosfato (PO4) ligado ao carbono 5 da pentose de um nucleotídeo se liga ao grupamento hidroxila (grupo OH) ligado ao carbono 3 da pentose do nucleotídeo

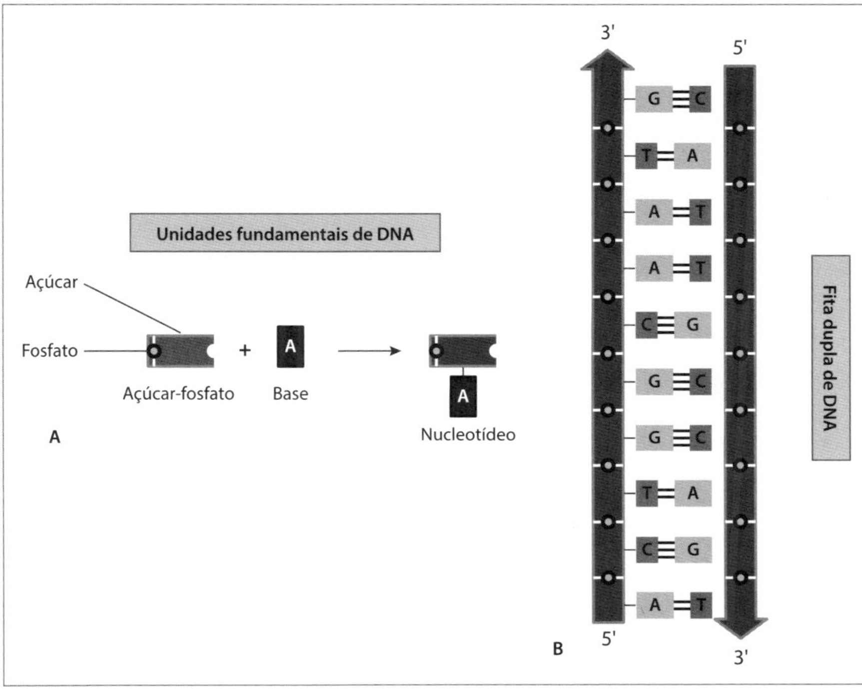

Figura 1 Esquematização de unidades fundamentais do DNA. A: os nucleotídeos são formados for grupamento fosfato, açúcar e uma base nitrogenada – adenina (A), timina (T), citosina (C) e guanina (G). B: o DNA é uma molécula formada de duas fitas antiparalelas unidas entre si por ligações de hidrogênio com base em sua complementariedade.

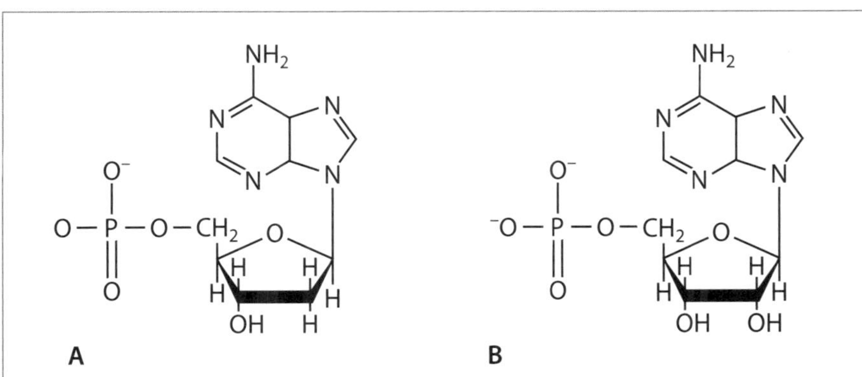

Figura 2 Desoxirribonucleotídeo e ribonucleotídeo dos ácidos nucleicos. A: representação de nucleotídeo de DNA, tendo como açúcar uma desoxirribose. B: representação de um nucleotídeo de RNA, tendo como açúcar uma ribose.

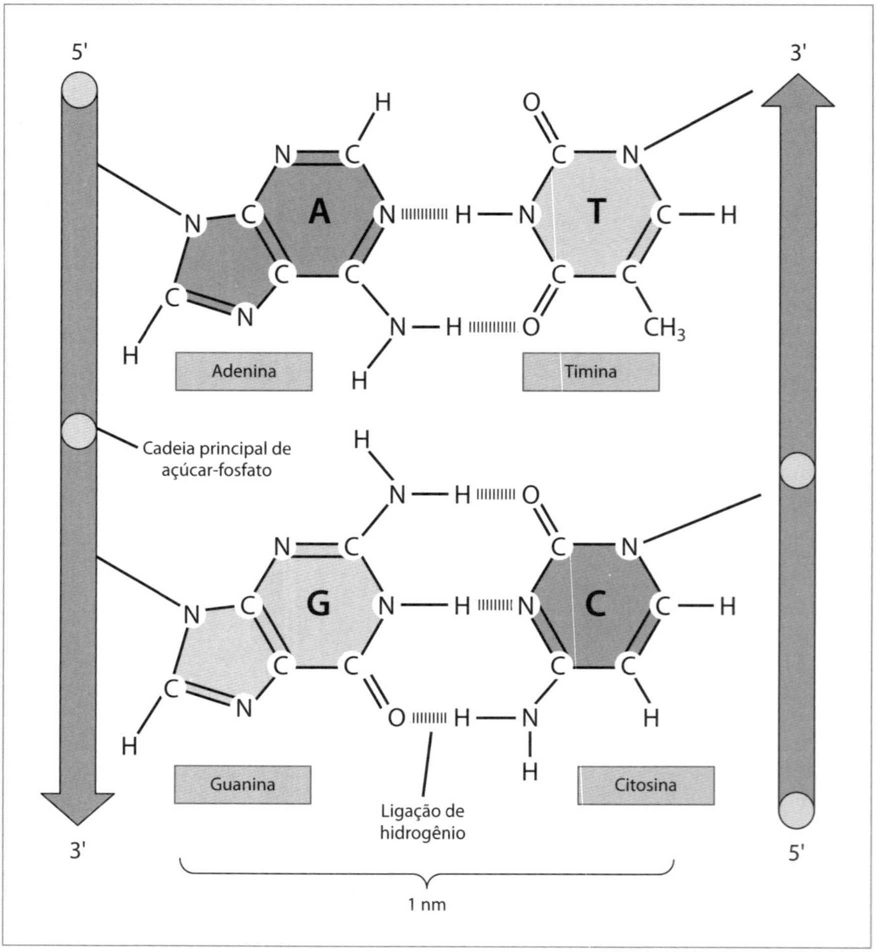

Figura 3 Esquema representativo das bases nitrogenadas adenina (A), guanina (G), timina (T) e citosina (C), incluindo a formação dos pares de base A e T, com 2 ligações de hidrogênio, bem como a formação dos pares de bases C e G, com 3 ligações de hidrogênio.
Fonte: Alberts et al. Biologia molecular da célula. 6.ed.

seguinte, realizando dessa forma uma ligação no sentido 3' → 5'. Essa ligação resulta na formação de uma fita polimérica simples, que pode tanto ser de DNA quanto de RNA (Figura 4).

É importante considerar que, ao interagirem entre si por complementaridade de bases, as fitas de DNA formam uma dupla fita antiparalela em que uma das fitas se encontra no sentido 5' → 3' pareada com a outra fita no sen-

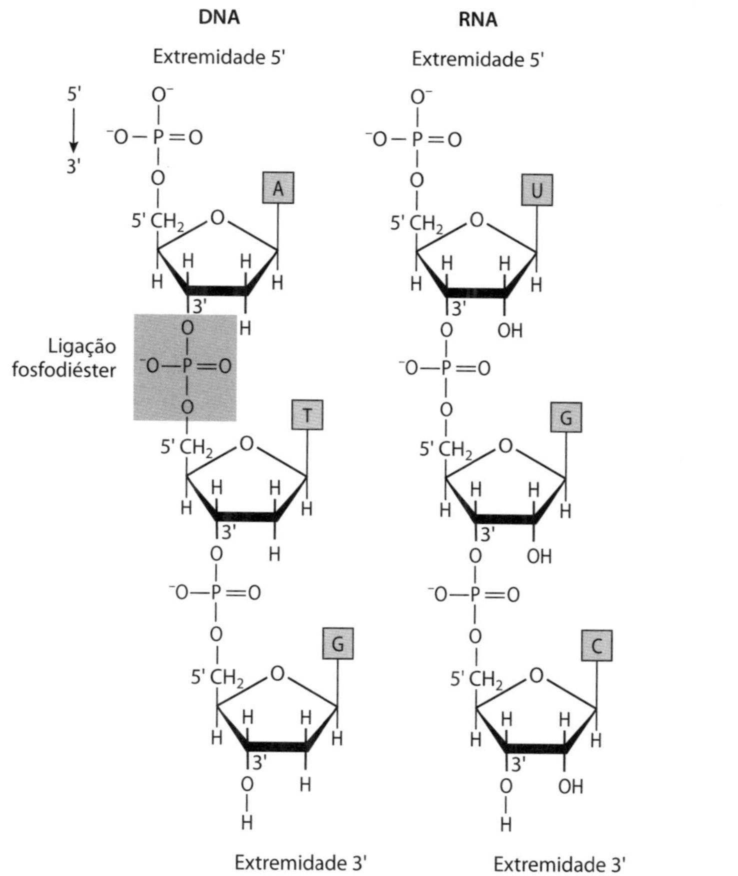

Figura 4 Ligações de fosfodiéster na formação de fitas de DNA e RNA.
Fonte: Nelson e Cox (2022).

tido 3' → 5'. Dessa forma, a estrutura tridimensional do DNA depende das características citadas, responsáveis por proporcionar uma estrutura de fita dupla que se torce entre si, formando um DNA helicoidal (Figura 5).

O DNA total presente na célula compõe o genoma em uma célula, e é por meio da sequência de nucleotídeos que a informação contida no material genético será lida. Entretanto, de todo esse genoma, apenas algumas regiões do DNA são de fato expressas, e essas são chamadas de gene. Os genes compreendem partes do DNA que serão codificadas em algum produto gênico

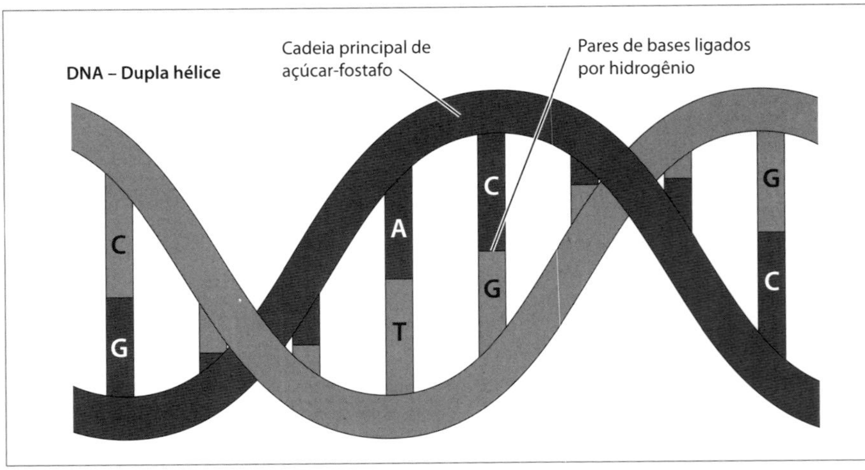

Figura 5 Esquema representativo do DNA. As duas cadeias de polinucleotídeos formam uma dupla hélice. As bases nitrogenadas unidas promovem a união das duas cadeias. O pareamento ocorre por bases complementares, caracterizado pela união de uma purina e uma pirimidina, de forma que a adenina (A) se pareia com timina (T) e guanina (G) e se pareia com citosina (C).

funcional, seja um polipeptídeo ou um RNA. Ainda, dentro dos genes, existem algumas regiões, por exemplo, regiões reguladoras, que indicarão o início de sua leitura, regiões que serão transcritas e traduzidas em proteína, chamadas éxons, e regiões que serão transcritas, porém não traduzidas, chamadas íntrons.

Já RNA é a abreviação de ácido ribonucleico, que consiste em apenas uma longa cadeia composta de outros tipos de nucleotídeos. Os nucleotídeos que compõem o RNA têm uma ribose como açúcar, diferenciando-os dos nucleotídeos do DNA (Figura 2). Outra característica que diferencia o RNA é a presença da base nitrogenada uracila (U) em vez da timina (T) (Figura 4).

Os RNA podem ser classificados entre RNA codificantes e RNA não codificantes. Como o próprio nome sugere, RNA codificantes são aqueles que, quando traduzidos, codificam uma proteína. Esse tipo de RNA é conhecido como RNA mensageiro (mRNA) e consiste em cópias de segmentos do DNA que são utilizados como moldes para produzir proteínas. Entretanto, nem todos os RNA são traduzidos em proteínas; esses são chamados de RNA não codificantes e podem exercer diversas funções na célula.

Os RNA não codificantes são ainda classificados em subtipos, sendo os principais os RNA ribossômicos (rRNA), RNA de transferência ou transportadores (tRNA), pequenos RNA nucleares (snRNA, *small nuclear RNA*), micro-RNA (miRNA, *micro RNA*), RNA de interferência (RNAi, *RNA interference*), pequenos RNAs de interferência (siRNA, *small interfering RNA*), RNA que interagem com PIWI (piRNA, *PIWI-interacting RNA*), pequenos RNA ativadores (saRNA, *small activating RNA*) e os RNA não codificadores longos (lnRNA, *long non-coding RNA*). Suas funções serão discutidas mais detalhadamente na seção "RNA não codificante".

Outro ponto a ser considerado neste capítulo é a organização do material genético do núcleo da célula. O comprimento do DNA é muito maior do que o núcleo e até mesmo do que a própria célula. Dessa forma, para que toda essa informação seja mantida dentro dos núcleos celulares é necessário que haja um grau extremamente complexo de organização. Esse sistema de organização origina o cromossomo, unidades compactadas formadas por uma longa fita dupla-hélice de DNA e proteínas.

O primeiro nível de organização dos cromossomos é formado por unidades básicas chamadas de nucleossomos. Essas unidades são compostas por uma região de DNA ligado e enovelado em proteínas conhecidas como histonas (Figura 6). Cada nucleossomo é composto por um octâmero, que consiste em oito histonas unidas, sendo duas cópias de cada histona: H2A, H2B, H3 e H4 (Figura 6). Os nucleossomos se repetem após determinados pares de

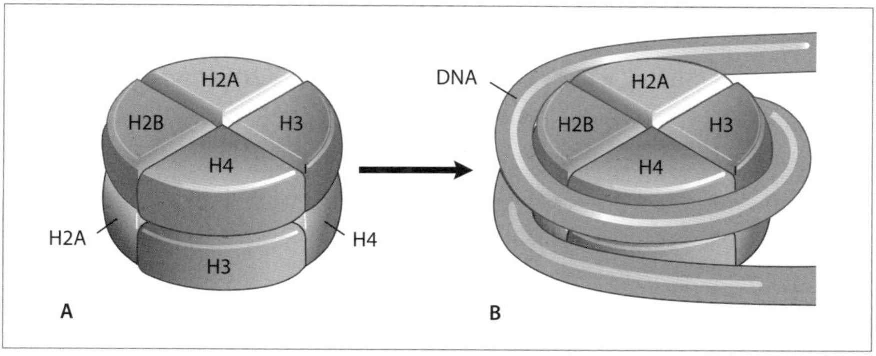

Figura 6 Octâmero de histonas sem o DNA (A) e ligado ao DNA (B).
Fonte: Nelson e Cox (2022).

bases, e parte desses pares está ligada às histonas e a outra parte está entre centros de interação DNA-histona. Ademais, auxiliando nesse centro de ligação há uma nona histona, chamada de H1, que se localiza entre os centros.

Os nucleossomos interagem uns com os outros, formando agregados que tornam o DNA mais condensado. A partir desse momento ocorrem sucessivas torções com auxílio de outras proteínas, que condensam ainda mais a fita de DNA, gerando a estrutura final do cromossomo. Na Figura 7 pode-se visualizar melhor os estágios de organização do cromossomo.

Em uma célula interfásica, um dos últimos estágios de compactação dos cromossomos é chamado de cromatina, e esta pode ser encontrada de duas formas: a heterocromatina e a eucromatina. A heterocromatina corresponde a uma forma altamente condensada do DNA, e normalmente se associa ao estado no qual os genes estão silenciados, ou seja, não podem ser acessados pela maquinaria nuclear para que sejam expressos. Já a eucromatina corresponde a uma forma menos condensada do DNA, e está associada ao estado no qual os genes podem ser acessados e transcritos.

Compreendido o modo como o DNA está organizado no núcleo, é necessário entender como a informação nele contida é utilizada, uma vez que todas as células de um organismo têm o mesmo genoma, entretanto apenas uma parte será expressa, dependendo do tipo de célula. Essa diferenciação é realizada por mecanismos de regulação da expressão gênica, que atuam nas estruturas e na forma de organização do DNA, para que apenas o gene de interesse seja expresso no momento correto.

A expressão gênica consiste em um conjunto de mecanismos que utiliza a informação contida em um gene para a produção de algum produto gênico funcional, seja RNA ou proteína. Esses mecanismos são responsáveis por regular a expressão dos genes, e compreendem desde o acesso ao DNA até a formação do produto gênico. Dessa forma, embora todas as células tenham o mesmo genoma, há diversas etapas que influenciam na formação da proteína, e todas essas etapas podem sofrer modificações, alterando o produto gênico final, dependendo da célula. Essas modificações podem ser propositais, participando do processo natural de desenvolvimento, ou ambientais, nas quais estímulos externos podem alterar a expressão de determinados genes.

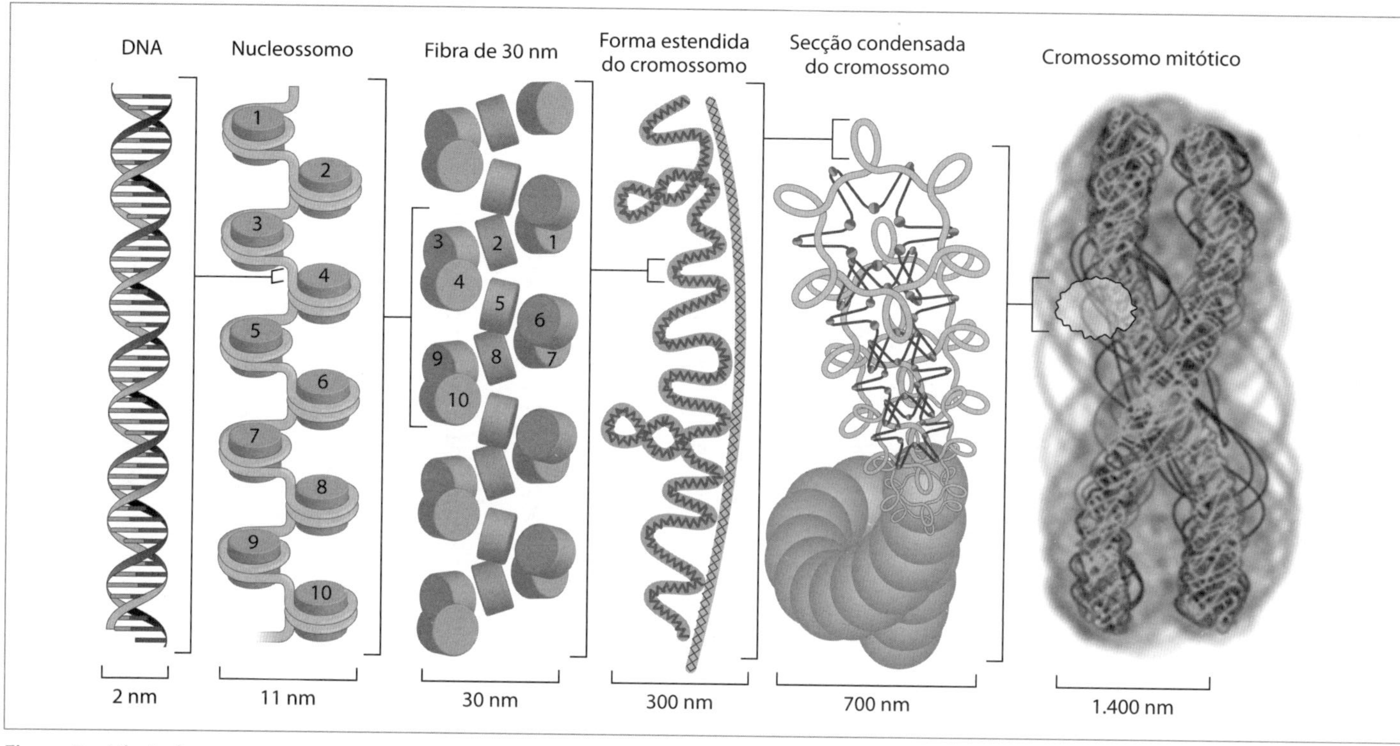

Figura 7 Níveis de empacotamento e organização do DNA.

Fonte: Nelson e Cox (2022).

Um dos ramos que estudam os mecanismos de expressão gênica é a epigenética, que, como visto no capítulo anterior, caracteriza-se por mecanismos que alteram a maneira como os genes são expressos, sem alterar a sequência de nucleotídeos que o compõem. Nos próximos tópicos serão abordados os principais mecanismos moleculares de controle epigenético e os modos como eles atuam no processo de controle da expressão gênica.

Metilação de DNA

Influenciados pelas condições ambientais – como alimentação, prática de atividades físicas, tabagismo, etilismo e demais hábitos –, os mecanismos epigenéticos ditam a transcrição dos genes. Dentre tais mecanismos, o mais estudado é a metilação de DNA. Inicialmente se acreditava que esse processo constituía uma herança estável, porém hoje se sabe que é dinâmico, já que suas marcas podem ser adicionadas ou apagadas.

De uma perspectiva química, a metilação consiste na adição de um grupamento metil (–CH3), geralmente, em uma citosina precedida de guanina (CpG), presente na molécula de DNA. Esse processo leva a formação de 5-metilcitosina (5mC), sendo mediado por enzimas de atividade catalítica conhecidas como metiltransferases de DNA (DNMT).

Entretanto, para que possa ocorrer a reação de metilação, é necessário que haja uma molécula doadora de metil, e esse papel é realizado pela S-adenosil-L-metionina (SAM). As DNMT são responsáveis pela formação de 5mC, por meio da transferência de um grupo metil do cofator SAM, que se torna S-adenosil-L-homocisteína (SAH), para a posição 5' do anel de citosina. Tal reação pode ser observada no esquema simplificado na Figura 8, juntamente com outras reações que serão abordadas nos próximos tópicos.

Papel da metilação na regulação de expressão gênica

Em geral, a metilação de DNA está associada ao silenciamento de genes, porém sua ação pode variar conforme a região em que está inserida. Em humanos, a metilação tende a ocorrer em dinucleotídeos CpG, que formam aglomerados ricos em bases de citosina e guanina conhecidos como ilhas CpG.

Essas ilhas localizam-se em regiões promotoras, nas quais se inicia a transcrição do DNA.

A metilação dessas regiões pode inibir diretamente a transcrição, ao impedir o recrutamento de proteínas ligantes de DNA a seus sítios alvo ou, ainda, pode promover o recrutamento de proteínas *methyl-CpG-binding domain* (MBD), que recrutam complexos modificadores de histonas e remodeladores de cromatina para os sítios de metilação. Assim, o gene cuja região promotora é metilada não é expresso.

O mesmo padrão ocorre nas *shores* das ilhas CpG, regiões com baixa densidade de CpG, ou seja, a metilação de tais regiões também está intimamente associada à inativação da transcrição gênica. Ademais, a metilação específica por tecido parece ocorrer, majoritariamente, nas *shores* das ilhas CpG.

Em corpos de genes, entretanto, a metilação tem efeito adverso, está positivamente associada à transcrição gênica. Dessa forma, regiões hipometiladas (ou pouco metiladas) dos corpos de genes têm maiores chances de

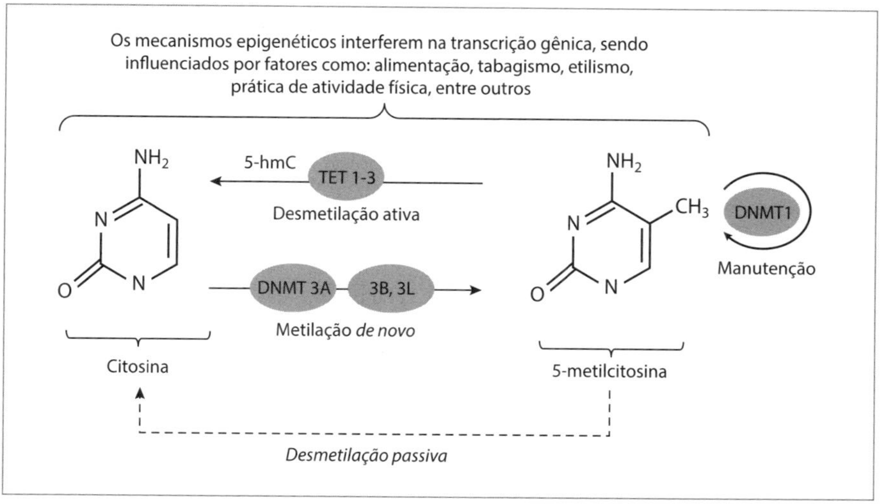

Figura 8 Componentes da via de metilação do DNA. O processo de metilação do DNA envolve a transferência do grupo metil (CH3) da S-adenosilmetionina (SAM) para a posição C-5 da citosina, gerando o subproduto S-adenosil-L-homocisteína (SAH). Essa transferência é catalisada pelas DNA metiltransferases *de novo* (DNMT3A, DNMT3B e DNMT3L). Os padrões de metilação introduzidos são preservados pelo processo de manutenção, realizado pela DNA metiltransferase 1 (DNMT1) durante a replicação do DNA. A desmetilação ativa envolve as enzimas *ten-eleven traslocation* (TET) 1, 2 e 3.

Fonte: adaptada de Ambrosi et al. (2017).

apresentar erros na transcrição, enquanto o contrário ocorre em regiões hipermetiladas. Tal fenômeno (ou muito metiladas) pode estar relacionado à eficiência de alongamento da cadeia de RNA e à prevenção de iniciações errôneas na transcrição.

Por fim, a metilação tem um papel essencial nas regiões de instabilidade cromossômica, caracterizadas por sequências repetitivas que, normalmente, encontram-se hipermetiladas. A presença de 5mC é necessária para proteger a integridade cromossômica, por meio da prevenção da reativação de sequências endoparasíticas que causam instabilidade cromossômica, translocação e disrupção gênica. Assim, em regiões de instabilidade hipometiladas há maiores chances de rompimento gênico e translocação.

O esquema apresentado na Figura 9 ilustra esses casos. O cenário normal está representado na coluna à esquerda, e alterações desse padrão, à direita.

Mecanismos de estabelecimento e manutenção de metilação de DNA

As metiltransferases de DNA podem ser classificadas dentro de dois grupos de acordo com a função que desempenham: DNMT *de novo* e DNMT de manutenção. O primeiro grupo é representado pelas DNMT3A e DNMT3B, responsáveis pelo estabelecimento de 5mC em regiões anteriormente desmetiladas. Por sua vez, o segundo grupo é representado pela DNMT1, que atua em DNA hemimetilado, de modo a manter marcas de metilação nas novas fitas formadas a partir da fita molde de DNA.

Entretanto, essa distinção entre as funções realizadas por cada tipo de enzima não é exata, já que as DNMT3A e DNMT3B também podem atuar em DNA hemimetilado, bem como, observa-se comportamento *de novo* na DNMT1.

Mecanismos de desmetilação de DNA

A 5-metilcitosina é uma molécula estável, devido à ligação carbono-carbono que ocorre entre o grupo metil e o carbono da posição 5' do anel de citosina, de modo a impedir a retirada direta do grupo metil. Entretanto, a 5mC pode ser revertida a seu estado original de citosina, processo conhecido como desmetilação, que pode ser passivo ou ativo.

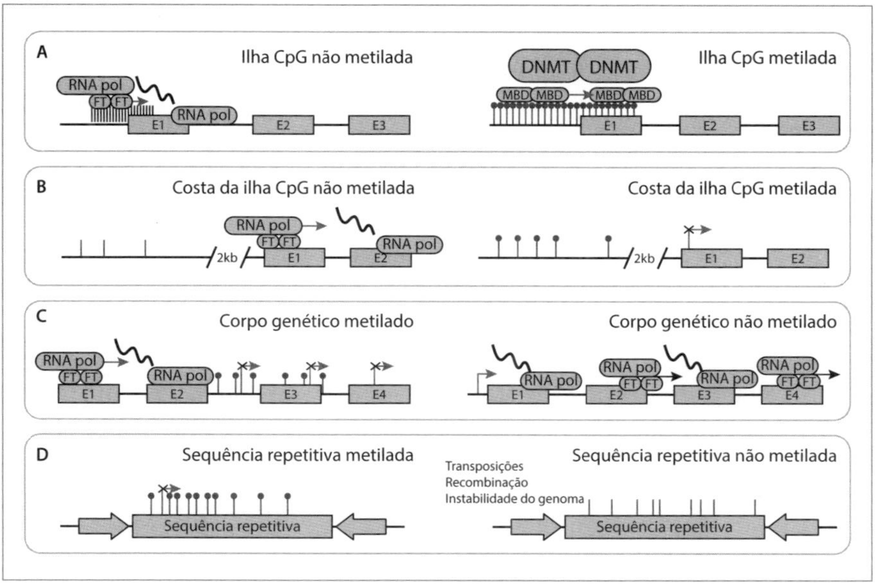

Figura 9 Padrões de metilação do DNA. Mudanças nesses padrões resultam em doenças nas células. O cenário típico é ilustrado na coluna da esquerda, enquanto as alterações desse padrão são destacadas à direita. A: ilhas CpG nos promotores dos genes geralmente não são metiladas, permitindo a transcrição. A hipermetilação anormal leva à inativação da transcrição. B: o mesmo fenômeno é observado ao examinar as regiões adjacentes às ilhas, localizadas até 2 kb a montante das CpG. C: entretanto, quando a metilação ocorre no corpo do gene, ela facilita a transcrição, prevenindo iniciações espúrias da transcrição. Na condição doente, o corpo do gene tende a perder metilação, possibilitando à transcrição iniciar em vários locais incorretos. D: por último, sequências repetitivas parecem ser hipermetiladas, impedindo instabilidade cromossômica, translocações e ruptura genética causadas pela reativação de sequências endógenas parasitárias. Esse padrão também é alterado em condições patológicas.
FT: fator de transcrição.
Fonte: adaptada de Portela e Esteller (2010).

A desmetilação passiva ocorre por meio de um erro no mecanismo de manutenção da metilação durante a replicação de DNA, devido à ausência de DNMT1. Esse erro pode resultar no desaparecimento de 5mC, de modo que a nova fita de DNA formada a partir da fita molde perde seu grupamento metil.

Já o principal mecanismo de desmetilação ativa é dependente de uma enzima chamada *Ten-Eleven Translocation methylcytosinedioxygenase* (TET), aliada à *Thymine DNA Glycosylase* (TGD). Proteínas catalisadoras da família TET (TET1, TET2 e TET3) medeiam a oxidação de 5mC em 5-hidroximetilcitosina (5-hmC), cujo substrato pode sofrer nova oxidação e dar origem a 5-formilcitosina (5-fC) e 5-carboxilcitosina (5-caC).

Em seguida, TDG reconhece e remove 5-fC e 5-caC, de modo a criar espaços aptos a receber a citosina não modificada, que será adicionada pelo mecanismo de reparo de excisão de bases (BER), restaurando o DNA transcriptível a seu estado desmetilado.

Modificação das histonas

A ideia de que as histonas fossem apenas componentes estruturais da cromatina já vem sendo substituída por uma noção mais ampla da interação dessas proteínas com o DNA, sendo possível observar que as histonas influenciam em aspectos funcionais dos cromossomos, como na transcrição e na replicação.

As histonas constituintes do nucleossomo, H2A, H2B, H3 e H4 interagem entre si e com o DNA por meio dos domínios proteicos. Além disso, suas caudas, localizadas nas extremidades N-terminais das proteínas, são as regiões que estão mais sujeitas às modificações pós-traducionais. Essas modificações podem impactar na interação DNA-histona e, assim, na regulação de diversos processos da célula.

As modificações pós-traducionais consistem na adição de grupos funcionais por meio de ligações covalentes com determinados aminoácidos de uma proteína após a tradução desta. Essas modificações podem influenciar em diversas propriedades da proteína, como sua conformação estrutural, distribuição e atividade celular. Dessa forma, as modificações pós-traducionais têm papel fundamental no metabolismo celular e na diversidade do proteoma da célula, e as histonas, assim como basicamente qualquer outra proteína, também estão sujeitas a essas modificações.

Uma vez que as histonas têm íntima relação com o DNA, as modificações pós-traducionais influenciam no grau de condensamento do material genético e, consequentemente, no grau de expressão dos genes afetados. É importante destacar que as modificações pós-traducionais podem ser, e geralmente são, fisiológicas, de maneira que sirvam, nas histonas, como um mecanismo regulador da expressão de genes.

Nesse mecanismo, um grupo funcional pode ser adicionado a um aminoácido de uma histona e favorecer o condensamento da cromatina, tornando determinada região do DNA menos acessível à maquinaria transcricional da célula e, assim, desfavorecendo a expressão desses genes. O contrário também pode ocorrer, uma vez que essas modificações também podem permitir uma configuração mais aberta da cromatina, tornando o DNA mais acessível e favorecendo a expressão de genes. Em contrapartida, também podem ocorrer modificações não fisiológicas, que vão além do funcionamento normal da célula, e estas podem ser o gatilho para inúmeras problemáticas, como a expressão inadequada de genes e o surgimento de patologias e/ou neoplasias.

Em relação à epigenética, o mecanismo de modificação de histonas é extremamente relevante, tendo em vista sua íntima relação com o controle da expressão de genes. A dinâmica da cromatina é regulada por dois principais tipos de complexos proteicos: remodeladores de cromatina dependentes de ATP, que serão discutidos mais adiante, e modificadores pós-traducionais de histonas, que são o foco deste tópico. Para melhor compreensão, é importante destacar que é comum o uso de abreviações para se referir a aminoácidos específicos e a modificações específicas. Nessas abreviações, apresenta-se a família da histona, a posição do aminoácido e a modificação ocorrida, nessa ordem. H3K4me2, por exemplo, se refere à histona H3, à posição do aminoácido lisina-4 (K4) e à dimetilação (me2). Portanto, infere-se que houve uma dimetilação na lisina-4 da histona H4.

Existem inúmeros tipos de modificações de histonas, a exemplo da metilação, acetilação, fosforilação, ubiquitinação, sumoilação e ribosilação. No entanto, serão abordados neste livro os principais e mais esclarecidos tipos de reações.

Acetilação de histonas

A acetilação de histonas consiste na adição de um grupo acetil (CH_3CO-) a, geralmente, um resíduo de lisina da cauda de uma histona. A reação, que é reversível, ocorre mediada pelas enzimas HAT, as *histone acetyltransferases*, enquanto a reação inversa, de desacetilação, é catalisada pelas *histone deacetylases*, ou HDAC.

Na acetilação, a adição do grupo acetil pelas HAT neutraliza a carga positiva das histonas, enfraquecendo a interação entre as histonas e o DNA, uma vez que este tem carga negativa. Com esse enfraquecimento, o DNA se estrutura na cromatina de maneira mais livre e "aberta", estando mais acessível à maquinaria transcricional da célula, incluindo a RNA polimerase e fatores transcricionais, o que, consequentemente, favorece a expressão dos genes associados às regiões com histonas acetiladas. É possível apontar que a acetilação de histonas é comumente relacionada à ativação de genes.

Por outro lado, a reação inversa, a desacetilação, ocorre por meio da retirada do grupo acetil pelas HDAC. Essa enzima apresenta o efeito oposto, já que aumenta a afinidade entre o DNA e as histonas e, assim, compacta a cromatina, tornando a região menos acessível a fatores transcricionais e desfavorecendo a expressão gênica. Isto posto, nota-se que a desacetilação é comumente associada à repressão de genes. Essa dinâmica de acetilação e desacetilação de histonas resulta na hiper ou hipoacetilação, sendo relacionadas à expressão e à repressão de genes, respectivamente.

É relevante, inclusive, destacar como as reações de acetilação e desacetilação ocorrem de fato, sendo ambas reações de transferência. Na acetilação, o grupo acetil é transferido da acetilcoenzima A para a lisina de uma proteína histona por meio das HAT. As lisinas acetiladas geralmente incluem H3K9, H3K14, H3K27, H3K36, H4K5, H4K8, H4K12 ou H4K16. Em contrapartida, na desacetilação, as HDAC removem o grupo acetil de uma lisina acetilada, o que, em reação com a água, resulta em acetato.

Além disso, é importante dizer que, embora a acetilação e a desacetilação estejam associadas à expressão e à repressão de genes, respectivamente, esses papéis nem sempre são fixos e podem se inverter. Essas exceções normalmente ocorrem em casos de interações entre diferentes modificações de histonas em aminoácidos distintos, o que acarreta resultados diferentes na cromatina.

Metilação de histonas

A metilação de histonas ocorre com a adição de um grupo metil (CH_3) em, geralmente, resíduos de aminoácidos de lisina ou arginina nas histonas

H3 e/ou H4. A reação é catalisada pelas *histone methyltransferases* (HMT) e também é reversível, sendo a reação inversa catalisada pelas *histone demethylases* (HDM). Os impactos da adição do metil à histonas variam de acordo com o local em que a reação ocorreu, isto é, a posição do aminoácido de determinada histona em que a metilação ocorreu, além de que a quantidade de metis adicionados também pode variar, podendo ser realizadas di ou trimetilações.

No geral, a metilação nos aminoácidos H3K4, H3K36 e H3K79 é característica de genes ativos associados, enquanto nos aminoácidos H3K9, H3K27 e H4K20 é característica de genes inativos ou pouco expressados e de cromatina condensada (Quadro 1).

Como exposto na Figura 10, a metilação de histonas pode tanto favorecer a expressão quanto a repressão de genes, por meio da acessibilidade ou não da cromatina aos fatores transcricionais. A modificação pode ocorrer em diferentes locais da cromatina, diferentes aminoácidos e diferentes histonas. Dessa forma, informações acerca de onde a reação da modificação ocorreu são necessárias para inferir seus efeitos na regulação da expressão gênica.

Outras modificações das histonas

Os mecanismos das modificações de histonas são complexos e, com o passar do tempo, têm sido cada vez mais compreendidos, sendo a acetilação e a metilação os mais conhecidos dentre muitos outros. A fosforilação, por exemplo, relaciona-se com o controle de diversos processos celulares, como transcrição de genes, reparo de DNA e progressão do ciclo celular, provavelmente por meio da interação com outras modificações de histonas e do recrutamento de proteínas. A ubiquitinação, adição da proteína ubiquitina, por sua vez, tem grande importância na manutenção da estabilidade do genoma. Ainda há muito o que estudar diante da vasta complexidade e diversidade de modificações pós-traducionais em histonas.

Remodelamento de cromatina

Em geral, existem dois grandes mecanismos que regulam e interferem no grau de condensamento da cromatina e, consequentemente, afetam sua

Quadro 1 Alterações de metilação descritas nas histonas H3 e H4 em seus respectivos resíduos de lisina (K) – monometiladas (me1), dimetiladas (me2) ou trimetiladas (me3)

Histona/ posição/ modificação	Localização	Efeito	Enzima
H3K4me2		Ativação genética	Conjunto1, MLL, Conjunto7/9, SMYD3, LSD1, JAR1D1A
H3K4me3	5' fim dos genes transcricionalmente ativos	Ativação genética	Conjunto1, MLL, Conjunto7/9, SMYD3, JAR1D1A
H3K9me	Eucromatina	Silenciamento de genes	G9a; Suv91, StB1, PRD14, CLL8, GLP, Suv39h1, Suv39h2
H3K9me2	Eucromatina	Silenciamento de genes	G9a; Suv91, StB1, PRD14, CLL8, GLP, Suv39h1, Suv39h2, JMJD2A
H3K9me3	Promotores e heterocromatina, região codificadora do gene	Silenciamento e ativação de genes	G9a; Suv91, StB1, PRD14, CLL8, GLP, Suv39h1, Suv39h2, JMJD2
H3K27me1	Heterocromatina	Ativação genética	
H3K27me2/3	Cromossomo X inativo, genes homeóticos	Silenciamento de genes	EZH2
H3K36me	Promotor	Não está bem caracterizado	JHDM1A
H3K36me2	Perto de quebras de fio duplo, para reparo	Silenciamento de genes	NSD1, JMJD2A, JHDM1A
H3K36me3	3' fim dos genes ativos. Marca éxons	Ativação genética	JMJD2A
H3K79me2		Ativação genética	Ponto1L
H3K79me3		Ativação genética	Ponto1L
H4K20me1	Regulação do ciclo celular, presente em promotores ativos	Ativação genética	SET8/PR-Set7
H4K20me2	Heterocromatina, marca origem para replicação, resposta a danos no DNA	Silenciamento de genes	NSD1, Suv4-20h1, Suv4-20H2, Set8/ PR-SET7
H4K20me3	Heterocromatina, em promotores	Silenciamento de genes	NSD1, Suv4-20h1, Suv4-20H2, Set8/ PR-SET7

Fonte: Nag et al. (2018).

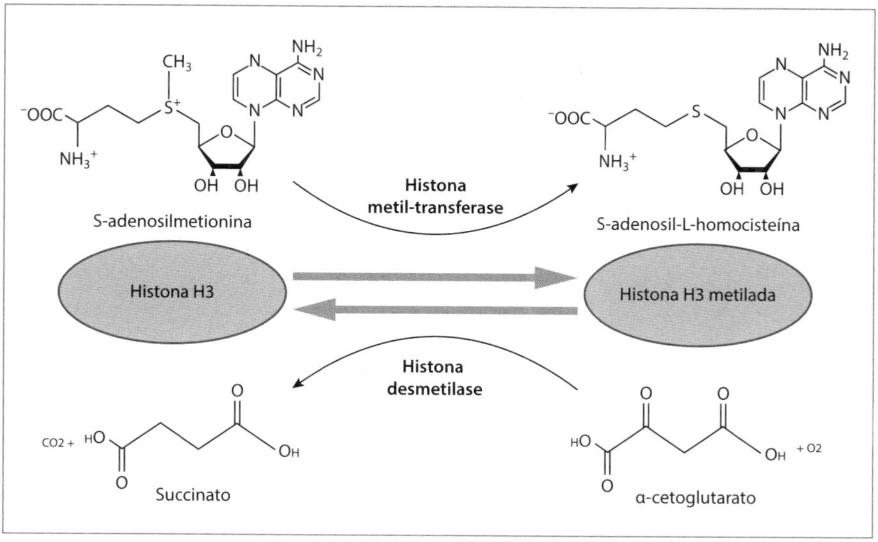

Figura 10 A reação da metilação em um aminoácido ocorre pelas histonas metiltransferases que catalisam a transferência do grupo metil de uma S-adenosilmetionina (SAM) para uma lisina. A reação inversa, a desmetilação, ocorre por meio das desmetilases de histonas, que retiram o grupo metil da histona metilada e o transferem para outra molécula, nesse caso, o alfa-cetoglutarato.

Fonte: Rajan, et al. (2020).

acessibilidade à maquinaria transcricional celular: as modificações de histonas, esclarecidas no tópico anterior, e os remodeladores de cromatina dependentes de trifosfato de adenosina (ATP). Estes atuam na configuração da cromatina por meio da interferência na plasticidade dos nucleossomos.

Por intermédio desses remodeladores, chamados também de complexos macromoleculares regulatórios (CMR), os nucleossomos podem ter sua posição alterada ao longo da dupla fita, bem como ter seu núcleo de histonas removido ou sofrerem mudanças nos tipos dessas proteínas que compõem os grupamentos. Dessa forma, os CMR podem contribuir tanto para o empacotamento dos nucleossomos quanto para o acesso de elementos transcricionais ao genoma, podendo ser favoráveis ou não à expressão gênica.

Os CMR são formados por múltiplas subunidades com uma ATPase-translocase central, que pertence à família de helicases, cuja função principal é separar as duas fitas do DNA. A enzima promove a hidrólise do ATP a fim de utilizar a energia gerada para sua atividade de translocase, que corresponde à capacidade de se mover bidirecionalmente pelo DNA. Além disso, a organização dos elementos flanqueadores, ou seja, das unidades proteicas que cercam a unidade catalítica comum, determina as quatro subfamílias principais de CMR existentes. Há ainda domínios de leitura epigenética, que reconhecem especialmente modificações pós-traducionais em histonas por meio de bromo e cromodomínios. As subfamílias de CMR são: SWI/SNF (*Switching deficient/Sucrose non-fermenting*), ISWI (*Imitation switch subfamily*), CHD (*Chromodomain - Helicase - DNA binding*) e INO80 (*Inositol requiring-80*).

O complexo SWI/SNF afasta os nucleossomos ou até mesmo remove as histonas de trechos reguladores de genes, tornando, geralmente, a cromatina da região afetada mais acessível e disponível para transcrição. Os domínios especiais de leitura epigenética desse complexo reconhecem as regiões de lisinas acetiladas atuando nesses locais, estimulando a configuração aberta da cromatina e a aproximação da maquinaria de transcrição celular. Contudo, apesar de a maior parte de sua ação estar relacionada a facilitar a transcrição, há registros de uma possível supressão da expressão gênica.

Em contrapartida, a subfamília ISWI atua aproximando os nucleossomos e levando-os à compactação, fazendo com que a região se torne menos acessível à maquinaria transcricional celular e, consequentemente, menos transcricionalmente ativa. Esse processo ocorre por meio da tração da dupla fita, em que a energia oriunda da hidrólise do ATP quebra as interações entre o DNA e as histonas, provocando a movimentação de pares de base e aproximando os nucleossomos. As atividades desses CMR contribuem para a manutenção do potencial de autorrenovação de células-tronco, reprimindo genes de diferenciação celular. Além disso, a interação do complexo ISWI com a coesina contribui para a formação das alças de DNA e na manutenção da estrutura da cromatina.

Em relação aos elementos da subfamília CHD, o CHD1 contribui facilitando a transcrição do DNA e tornando-o mais acessível em regiões com histonas metiladas. Além disso, também está associado com outros fatores de iniciação que facilitam a elongação e o *splicing* do DNA. Do mesmo modo, CHD3/4 facilita o acesso às histonas acetiladas via complexos proteicos maiores que desempenham atividade de desacetilase. No entanto, ainda não se sabe se essa atividade contribui facilitando a expressão gênica.

Além da atuação na exposição ou não do DNA, os CMR também estão envolvidos na montagem e edição do nucleossomo. Os complexos ISWI e CHD colaboram com chaperonas de histonas, como NAP1 (*nucleosome assembly protein*) e NASP (*nuclear autoantigenic sperm protein*), para formar essas estruturas no DNA recém-sintetizados atrás da forquilha de replicação. As chaperonas são responsáveis pela formação de um pré-nucleossomo, onde as histonas são agregadas ao DNA em processo de enovelamento. ISWI e CHD convertem o pré-nucleossomo em nucleossomo padrão e regulam o espaçamento entre eles.

A subfamília INO80 desempenha um papel fundamental tanto nos deslizamentos e consequentes espaçamentos dos nucleossomos que facilitam a expressão gênica quanto na edição dos nucleossomos, removendo uma histona específica e adicionando uma histona semelhante ou variante. Um dos subtipos dessa subfamília, o SWR1, cria regiões específicas na cromatina onde a variante de histona H2A.Z substitui a histona H2A. Os nucleossomos que têm a unidade diferente são estruturalmente semelhantes, porém menos estáveis e localizam-se a jusante de trechos reguladores, como os de início da transcrição (*Transcription Start Site* – TSS), permitindo o acesso a essas regiões e a subsequente transcrição. Outras modificações epigenéticas também regulam a presença de histonas diferentes, como a hiperacetilação de H3K56, que reduz o número total de proteínas H2A.Z. O grupo acetil altera a especificidade do substrato de SWR1, provocando sua remoção.

Cada tipo de célula em desenvolvimento monta seus subtipos específicos de complexos reguladores para formação de seu programa de transcrição. A desregulação na organização e função desses grupos proteicos pode levar a doenças de desenvolvimento ou cânceres, devido à expressão inadequada dos genes.

Dada a função dos complexos reguladores, cada tipo de célula em desenvolvimento monta seus subtipos específicos para formação de seu programa de transcrição. A desregulação na organização e função desses grupos proteicos pode levar a doenças de desenvolvimento ou cânceres, devido à expressão inadequada dos genes.

Os padrões de metilação (do DNA) podem ser influenciados pelo posicionamento dos nucleossomos. Assim, há maior concentração da metilação no DNA que abrange as histonas que no trecho franqueador, indicando a região como local de preferência das DNMT. A metilação torna-se, portanto, presente em maior frequência em éxons, dado que os nucleossomos são mais abundantes nesses trechos do que em íntrons, sugerindo participação na regulação do *splicing*.

Inversamente, o grupamento metil também pode influenciar no padrão de posicionamento dos nucleossomos, uma vez que a hipermetilação do promotor recruta esse conjunto para o local de início da transcrição (TSS), inibindo, portanto, seu uso. A própria região de transcrição das histonas também pode ser alvo de modificações, provocando redução de sua expressão em casos patológicos. Além da regulação da expressão gênica de forma direta, alterando a afinidade de elementos transcricionais, a metilação pode alterar a formação dos nucleossomos, ou seja, a agregação das histonas, apesar de não haver consenso entre o favorecimento ou não desse processo.

O acesso à cromatina também pode ser afetado pelos seus dobramentos, ou *loops*, que são uma forma de organizar o DNA e regular sua disponibilidade. Entre os elementos que influenciam nessa disposição, estão a coesina e a CTCF. A coesina corresponde a um complexo proteico que participa da estabilização de alças entre as regiões reforçadora e promotora do gene. Já a CTCF é uma proteína que atua no complexo isolador, contribuindo para o bloqueio de elementos promotores e ativadores de determinado gene por posicionar-se entre ambos. Nota-se que um isolador não inibe o promotor ou o ativador, que seguem livres para comunicar-se com outras regiões, e sim inibe estes de se comunicarem com o gene. Além de sua participação na expressão gênica, CTCF também pode ser associada ao *splicing* alternativo.

A capacidade de dimerização de CTCF pode provocar o aparecimento de alças (*loops*), as quais podem ser intra ou intercromossômicas, capazes de causar ativação ou repressão transcricional. Dentre os processos regulados pela proteína CTCF, por exemplo, a metilação pode ser inibida pela desativação da DNMT1 via poli(ADP-ribose) polimerase (PARP1), assim como a desmetilação pode ser estimulada por sua interação com a enzima TET (*Ten Eleven Translocation*). Já a metilação nas regiões de CTCF pode bloquear sua ação isoladora, ou seja, permitindo o contato promotor-reforçador e o consequente processo de transcrição. Há ainda uma correlação simétrica entre o posicionamento dos nucleossomos e das proteínas CTCF, indicando um possível mecanismo de fixação, além de sua interação também com os CMR SWI/SNF.

Já a participação de saRNA pode alterar o estado transcricional da cromatina, estimulando-a, por meio da ativação de RNA (*RNA activation (RNAa)*) em promotores-alvo. Os saRNA induzem o desenvolvimento de NDR (*nucleosome-depleted region*), por meio do recrutamento dos complexos reguladores, e o acúmulo de RNAPII ao redor ou em seus próprios locais de adesão.

RNA não codificante

Os RNA não codificantes (ncRNA) são moléculas de RNA que não têm capacidade de codificar uma proteína. É importante destacar que por muito tempo a parte do DNA responsável pela transcrição dessas moléculas ficou conhecida como "DNA lixo" por não se ter conhecimento da função desses RNA. O avanço da biologia molecular e das pesquisas permitiu a descoberta das funções dos ncRNA e alterou esse entendimento.

As moléculas de ncRNA não codificam proteínas, uma vez que para ocorrer a tradução do RNA mensageiro pelos ribossomos e formação da proteína é necessária a existência de um códon de início e um códon de parada, e é justamente por esse motivo que os ncRNA não codificam proteínas, pois não apresentam um *frame* de leitura (ORF – *Open Reading Frames*) ou por conterem poucos ORF, isto é, uma sequência que contenha os códons de início e de parada disponíveis para serem traduzidos pelos ribossomos. Evidências emergentes sugerem que alguns lncRNA apresentam pequenos ORF, com capacidade de codificar pequenas proteínas que agem na regulação de vários processos biológicos. Ademais, é relevante ressaltar que a maior parte das funções dos ncRNA é desconhecida.

Os genes não codificadores de proteínas podem ser subdivididos em genes de pequenos RNA não codificantes (micro-RNA, RNA de interferência, RNA que interage com Piwi) e genes de longos RNA não codificantes. Os diferentes tipos de ncRNA serão estudados neste capítulo.

Micro-RNA

Os microRNA (miRNA). como o próprio nome sugere, são pequenas moléculas não codificantes de RNA com comprimento médio de 22 nucleotídeos. Essas pequenas moléculas são de vital importância em inúmeros processos biológicos e a sua expressão aberrante está associada a diversas doenças humanas.

Os miRNA podem ser classificados como intragênicos (localizados dentro dos genes), tendo seu processo de formação realizado a partir de íntrons, embora uma quantidade menor também possa ser originada a partir de éxons. Além disso, eles também podem ser intergênicos (entre genes), sendo transcritos que independem de um gene hospedeiro, ou seja, não são controlados pelo promotor do gene hospedeiro, uma vez que apresentam seus próprios promotores.

Os miRNA são transcritos de miRNA primários longos (pri-miRNA) pela ação da RNA-polimerase II ou III. Os transcritos produzidos são processados ainda no núcleo da célula pela proteína RNase III nuclear Drosha, que cliva o Cap 5' e a cauda poli-A desse pri-miRNA, resultando em uma estrutura em formato de "grampo de cabelo" (*hairpin*) chamada pré-miRNA. Os pré-miRNA são transportados para o citoplasma da célula pelo complexo exportina-5. No citoplasma a proteína RNase III Dicer vai processar os pré-miRNA, removendo a alça da estrutura em formato de grampo de cabelo, originando um miRNA de fita dupla, que passa por um processo de desenrolamento utilizando a energia proveniente das moléculas de ATP. Posteriormente, a fita guia do miRNA, que ainda tem duas fitas, associa-se ao complexo de silenciamento induzido por RNA (RISC, do inglês RNA-*induced silencing complex*), formando o miRNA maduro, enquanto a outra fita é degradada (Figura 11).

O miRNA atua inibindo a síntese proteica, que ocorre quando o mRNA se liga ao mRNA alvo e impede sua tradução ou promove a remoção da cauda poli-A do mRNA. O miRNA pareia com o mRNA alvo e, por ação de nucleases presentes no RISC, o mRNA alvo é degradado, no entanto pode ocorrer o bloqueio da tradução da molécula de mRNA, e assim o mRNA será encaminhado ao citoplasma e sua degradação será feita por proteínas cito-

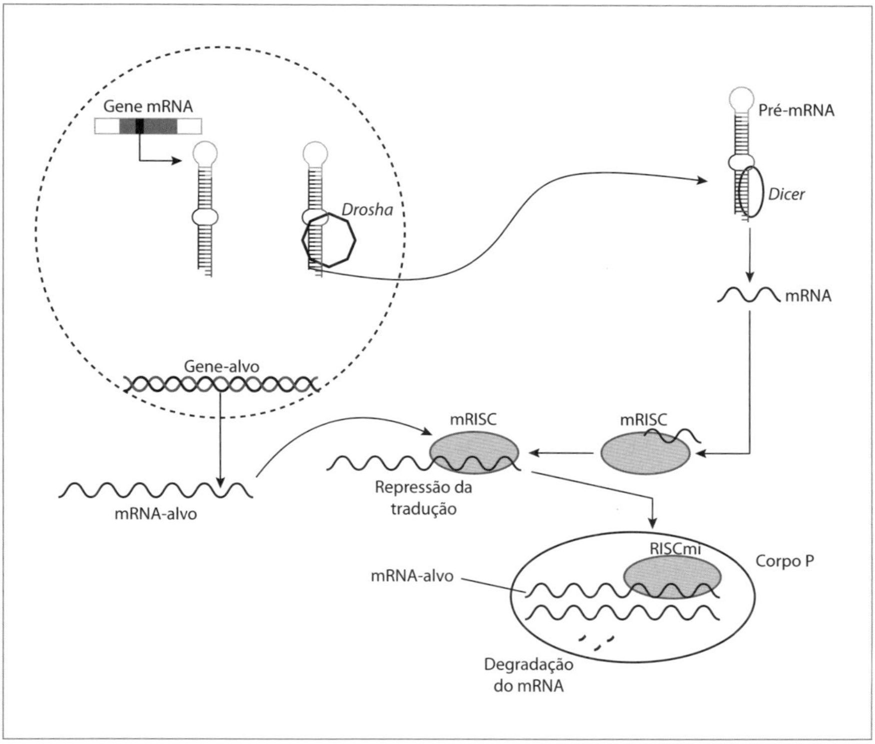

Figura 11 Síntese de miRNA e possíveis mecanismos de influência nos mRNA-alvo. O precursor do miRNA (pré-miRNA) é gerado por meio da transcrição pela RNA polimerase II no núcleo celular, sofrendo posterior processo pela enzima Drosha e sendo transportado para o citoplasma. Lá, passa por uma etapa adicional de processamento mediada pela enzima *Dicer*. Após a separação das fitas, o miRNA maduro associa-se a um complexo conhecido como complexo de silenciamento induzido pelo RNA-*induced silencing complex*, RNA (RISC), que inclui a proteína Argonauta (Ago). Esse complexo desempenha um papel crucial na regulação da expressão gênica, inibindo a produção de proteínas através do bloqueio da tradução ou da indução da manipulação dos mRNA-alvo, muitas vezes localizadas em estruturas celulares especializadas e chamadas corpos P.

Fonte: adaptada de Zaha, et al. (2014).

plasmáticas. O miRNA identifica o mRNA alvo por uma sequência de nucleotídeos presente na região 5' do mRNA, no entanto a ligação ocorre na região 3' do mRNA.

Nesse sentido, fica evidente que os miRNA são importantes reguladores da expressão gênica, atuando em diversas funções regulatórias, como diferenciação e proliferação celular, sendo fundamentais nos processos epigenéticos.

RNA de interferência

A interferência promovida por RNA (RNAi) é um mecanismo de silenciamento gênico pós-transcricional (*post transcription gene silencing* – PTGS) que contribui para a defesa do organismo contra moléculas de RNA estranhas.

O mecanismo do RNAi pode ser dividido em fase de iniciação e de execução. Na fase de iniciação, o RNA de cadeia dupla (dsRNA), formado a partir de diversos agentes como vírus de RNA, transpósons ou transgenes que foram expressos de forma aberrante, é processado pela proteína *Dicer*, formando pequenas moléculas de RNA interferentes (siRNA).

Na fase de execução os siRNA gerados pela proteína Dicer se associam à proteína Argonauta e são incorporados ao complexo RISC, processo que ocorre no citoplasma da célula. O siRNA de fita dupla é desenrolado e apenas uma fita permanece ligada ao complexo RISC, enquanto a fita complementar é degradada. O siRNA, agora possuindo apenas uma fita, direciona o RISC para a molécula de RNA produzida pelo corpo estranho, e, devido ao fato do pareamento ser geralmente exato, as moléculas do mRNA alvo são clivadas e destruídas.

Destarte, fica evidente que a interferência promovida pelo RNA é um mecanismo que atua na regulação da expressão gênica e contribui para o combate a moléculas nocivas de RNA.

RNA de interação PIWI

Os RNA que interagem com a proteína PIWI (piRNA) têm tamanho de 24 a 32 nucleotídeos. Os precursores do piRNA são transcritos nos *loci* genômicos denominados aglomerados de piRNA, que originam lncRNA, que são processados e formam os piRNA. Os piRNA primários são clivados pela proteína Zucchini (Zuc), e o fragmento 5' formado se liga à proteína PIWI, que será cortada por uma exonuclease. Após o corte, a enzima Hen1 metila a extremidade 3' e na sequência os piRNA são enviados novamente ao núcleo para realizar suas funções.

Os piRNA protegem o genoma das células gonadais promovendo o silenciamento dos transpósons na linhagem germinativa, uma vez que os transpósons podem promover a quebra da fita dupla do DNA, interromper sequências de codificações e promover expressões indesejadas. Para evitar esse processo, os piRNA exercem sua função guiando as proteínas PIWI, que se ligam aos transpósons, impedindo sua transcrição por meio da metilação de histonas ou da modificação de histonas. As moléculas de piRNA são de fundamental importância no controle epigenético.

RNA não codificante longo

O RNA não codificante longo (lncRNA), como o próprio nome sugere, é definido como uma molécula de RNA que não é traduzida em proteína, e o termo longo se refere a seu comprimento maior ou igual a 200 nucleotídeos.

As moléculas de lncRNA são transcritas pela RNA-polimerase II e são semelhantes aos mRNA com cap 5' e cauda poli-A, contudo, sem ORF. Os lncRNA podem ser classificados de acordo com a posição em relação aos genes codificadores de proteínas em:

- Intergênicos (lincRNA), localizados entre dois genes.
- *Sense*, sobrepõem-se a um ou mais éxons de um gene e são transcritos a partir da mesma fita.
- *Antissense*, sobrepõem-se a um ou mais éxons de um gene e são transcritos pela fita oposta.
- Intrônicos, provenientes de um íntron e (5) bidirecionais. O gene e o lncRNA são expressos juntos, no entanto, em fitas opostas.

Os lncRNA abarcam diversas funções biológicas e podem ser classificados, de acordo com sua função, em quatro grupos principais: (1) *Signals*, participam da ativação de genes regulando a expressão gênica; (2) *Decoys*, promovem a supressão gênica, por meio da ligação e captura de moléculas, principalmente de proteínas ou de RNA, removendo ou afastando essas moléculas de seu alvo; (3) *Guides*, promovem a modificação do perfil de expressão gênica, recrutando enzimas modificadoras da cromatina que regulam a expressão gênica, as enzimas recrutadas se ligam e direcionam as proteínas para os genes-alvos; (4) *Scaffolds*, recrutam proteínas e formam complexos de ribonucleoproteínas que atuam geralmente na cromatina, servindo de apoio para essas proteínas e estabilizando os complexos de sinalização.

Apesar de não se ter muito conhecimento sobre o assunto, os estudos sugerem que os lncRNA apresentam um nicho extenso de funções no desenvolvimento, metabolismo celular e rearranjo do genoma, sendo de grande importância nos processos epigenéticos, por exemplo, na inativação do cromossomo X em fêmeas de mamíferos.

REFERÊNCIAS

1. Alberts B, Johnson A, Lewis J, Morgan D, Raff M, Roberts K, et al. Fundamentos da biologia celular. 4.ed. Ardala Elisa Andrade, tradutora. Porto Alegre: Artmed; 2017.
2. Alharbi AB, Schmitz U, Bailey CG, Rasko JEJ. CTCF as a regulator of alternative splicing: new tricks for an old player. Nucleic Acids Res. 2021 Jun 28;49(14):7825-38.
3. Ali D, Grote P. Beyond the RNA-dependent function of LncRNA genes. Elife. 2020;9:e60583.
4. Ambrosi C, Manzo M, Baubec T. Dynamics and context-dependent roles of DNA methylation. J Mol Biol. 2017 May;429(10):1459-75.
5. Banerjee T, Chakravarti D. A peek into the complex realm of histone phosphorylation. Mol Cell Biol. 2011 Dec 1;31(24):4858-73.
6. Black JC, VanRechem C, Whetstine JR. Histone lysine methylation dynamics: establishment, regulation, and biological impact. Mol Cell. 2012 Nov;48(4):491-507.
7. Buitrago D, Labrador M, Arcon JP, Lema R, Flores O, Esteve-Codina A, et al. Impact of DNA methylation on 3D genome structure. Nat Commun. 2021 May 28;12(1):3243.
8. Chen Z, Li S, Subramaniam S, Shyy JYJ, Chien S. Epigenetic regulation: a new frontier for biomedical engineers. Annu Rev Biomed Eng. 2017 Jun 21;19(1):195-219.
9. Chodavarapu RK, Feng S, Bernatavichute YV, Chen PY, Stroud H, Yu Y, et al. Relationship between nucleosome positioning and DNA methylation. Nature. 2010 May 30;466(7304):388-92.
10. Choudhuri S. From Waddington's epigenetic landscape to small noncoding RNA: some important milestones in the history of epigenetics research. Toxicol Mech Methods. 2011 Apr 16;21(4):252-74.
11. Clapier CR, Iwasa J, Cairns BR, Peterson CL. Mechanisms of action and regulation of ATP-dependent chromatin-remodelling complexes. Nat Rev Mol Cell Biol. 2017 May 17;18(7):407-22.
12. Fonseca AC. Caracterização de rearranjos cromossômicos citogeneticamente equilibrados associados a quadros clínicos [tese]. São Paulo: Universidade de São Paulo; 2015.
13. Geley S, Müller C. RNAi: ancient mechanism with a promising future. Exp Gerontol. 2004 Jul;39(7):985-98.
14. Hargreaves DC, Crabtree GR. ATP-dependent chromatin remodeling: genetics, genomics and mechanisms. Cell Res. 2011 Mar;21(3):396-420.
15. Hermans-Beijnsberger S, Van Bilsen M, Schroen B. Long non-coding RNAs in the failing heart and vasculature. Non-coding RNA Res. 2018 Sep;3(3):118-30.
16. Jones PA. Functions of DNA methylation: islands, start sites, gene bodies and beyond. Nat Rev Genet. 2012 Jul;13(7):484-92.

17. Kumar V, Thakur JK, Prasad M. Histone acetylation dynamics regulating plant development and stress responses. Cell Mol Life Sci. 2021 Feb 27;78(10):4467-86.
18. Lohman TM, Tomko EJ, Wu CG. Non-hexameric DNA helicases and translocases: mechanisms and regulation. Nat Rev Mol Cell Biol. 2008 May;9(5):391-401.
19. Mattick JS, Makunin IV. Non-coding RNA. Hum Mol Genet. 2006 Apr 15;15(1):R17-29.
20. Mattiroli F, Penengo L. Histone ubiquitination: an integrative signaling platform in genome stability. Trends Genet. 2021 Jun;37(6):566-81.
21. Nag M, De Paris K, Fogle JE. Epigenetic modulation of CD8+ T cell function in lentivirus infections: a review. Viruses. 2018 Apr 28;10(5):227.
22. Nasir A, Naureen Z, Ali A, Ali Z, Shahbaz M, Bibi S, et al. Nutrigenomics: epigenetics and cancer prevention: a comprehensive review. Crit Rev Food Sci Nutr. 2022;60(8):1375-87.
23. Nelson DL, Cox MM. Princípios de bioquímica de Lehninger. 6.ed. Porto Alegre: Artmed; 2014.
24. O'Donnell KJ, Meaney MJ. Epigenetics, development, and psychopathology. Annu Rev Clin Psychol. 2020 May 7;16(1):327-50.
25. Ozata DM, Gainetdinov I, Zoch A, O'Carroll D, Zamore PD. PIWI-interacting RNAs: small RNAs with big functions. Nat Rev Genet. 2018 Feb;20(2):89-108.
26. Portela A, Esteller M. Epigenetic modifications and human disease. Nat Biotechnol. 2010 Oct;28(10):1057-68.
27. Poyton MF, Feng XA, Ranjan A, Lei Q, Wang F, Zarb JS, et al. Coordinated DNA and histone dynamics drive accurate histone H2A.Z exchange. Sci Adv. 2022 Mar 11;8(10).
28. Quinn JJ, Chang HY. Unique features of long non-coding RNA biogenesis and function. Nat Rev Genet. 2015 Jan;17(1):47-62.
29. Rajan PK, Udoh U-A, Sanabria JD, Banerjee M, Smith G, Schade MS, et al. The role of histone acetylation-/methylation-mediated apoptotic gene regulation in hepatocellular carcinoma. Int J Mol Sci. 2020 Nov 24;21(23):8894.
30. Rowley MJ, Corces VG. Organizational principles of 3D genome architecture. Nat Rev Genet. 2018 Dec;19(12):789-800.
31. Sahu RK, Singh S, Tomar RS. The mechanisms of action of chromatin remodelers and implications in development and disease. Biochem Pharmacol. 2020 Oct;180:114200.
32. Schmitz RJ, Lewis ZA, Goll MG. DNA Methylation: shared and divergent features across eukaryotes. Trends Genet. 2019 Nov;35(11):818-827.
33. Schmitz SU, Grote P, Herrmann BG. Mechanisms of long noncoding RNA function in development and disease. Cell Mol Life Sci. 2016 Mar 23;73(13):2491-2509.
34. Tyagi M, Imam N, Verma K, Patel AK. Chromatin remodelers: we are the drivers!! Nucleus. 2016 Jul 3;7(4):388-404.
35. Wang B, Hu Y. Promoter-targeted small activating RNAs alter nucleosome positioning. In: RNA activation. Singapore: Springer; 2017. p.53-61.
36. Watson JD, et al. Biologia molecular do gene. 7.ed. Porto Alegre: Artmed; 2015.
37. Williamson WD, Pinto I. Histones and genome integrity. Front Biosci (Landmark Ed). 2012;17(3):984-95.
38. Wu X, Zhang Y. TET-mediated active DNA demethylation: mechanism, function and beyond. Nat Rev Genet. 2017 Sep;18(9):517-34.
39. Yu Y, Xiao J, Hann SS. The emerging roles of PIWI-interacting RNA in human cancers. Cancer Manag Res. 2019 Jun;11:5895-5909.
40. Zhu J, Fu H, Wu Y, Zheng X. Function of lncRNAs and approaches to lncRNA-protein interactions. Sci China Life Sci. 2013 Oct;56(10):876-85.

Capítulo **12**

Epigenética e doenças reprodutivas

Jones Bernardes Graceli
Marcelo dos Santos
Marlon Ramos Rosado Machado
Maria Clara de Castro e Caetano
Ruan de Oliveira Ribeiro
Juliana Ribeiro de Oliveira
Vinícius de Pádua Sanders Medeiros

"Sábio é aquele que conhece os limites da própria ignorância."
Sócrates

CONVERSA COM O LEITOR

A saúde sexual tem sido fonte de preocupação quando abordamos os cuidados com a saúde reprodutiva. Atualmente, mais de um quinto dos casais recorre à reprodução assistida, e existem relatos da literatura que apontam uma tendência de declínio considerável em nossa eficiência reprodutiva tanto masculina quanto feminina. Esse evento não está presente apenas na população humana, mas também em diferentes espécies animais. Os registros de indivíduos intersexo, de reversão sexual, da diminuição da espessura da casca dos ovos e a ineficiência reprodutiva têm sido frequentes em populações de aves, mamíferos, peixes e répteis ou até mesmo casos atípicos de partenogênese.

Diante dessa realidade assustadora, temos um mundo que, nas últimas décadas, foi invadido por uma série de compostos invisíveis capazes de se infiltrar em nossos corpos silenciosamente. A modernização do mundo nos trouxe esses compostos em materiais plásticos, embalagens, alimentos e até mesmo em produtos de higiene pessoal. Os microplásticos e interferentes endócrinos, pesticidas, agrotóxicos, metais pesados, produtos de higiene pessoal, maquiagem, protetores solares, como esses compostos são conhecidos, têm o poder especial e preocupante de desregular o sistema endócrino do nosso corpo, seja imitando os hormônios naturais, enganando os receptores hormonais ou liberando interferentes endócrinos nos organismos vivos. Diversas pesquisas já mostraram que a presença desses compostos está relacionada com alterações no equilíbrio hormonal de maneira duradoura, impactando na saúde metabólica e reprodutiva. E mais: os efeitos da exposição a esses compostos podem ser transmitidos para as gerações futuras.

A presença de microplásticos e de outros interferentes endócrinos no meio ambiente é hoje uma realidade. A desregulação metabólica provocada pela contaminação ambiental e de alimentos, embalagens e medicamentos contribui para o ganho de peso, puberdade precoce, redução na qualidade dos espermatozoides, ovário policístico e infertilidade, dentre outras perturbações endócrinas.

O modo como esses compostos atuam nas células vai muito além do que imaginávamos. Ao se acumular no organismo, esses compostos podem alcançar o núcleo celular e desencadear mudanças epigenéticas e, consequentemente, alterações na funcionalidade dos genes. O impacto é amplo: predisposição a doenças inflamatórias, obesidade, disfunções reprodutivas e até mesmo câncer. O mais impressionante é que essas mudanças epigenéticas podem se perpetuar nas próximas gerações, gerando um "legado tóxico". Em mães grávidas, por exemplo, a contaminação afeta diretamente o desenvolvimento epigenético do feto, predispondo-o a uma vida de riscos metabólicos e hormonais.

Este capítulo mostrará como a epigenética pode interferir na regulação e no funcionamento dos sistemas endócrinos, afetando significativamente nossa saúde sexual e reprodutiva.

BASES CIENTÍFICAS

Fatores ambientais e saúde sexual e reprodutiva

A epigenética é a interface pela qual o ambiente pode modular a expressão gênica sem alterar a sequência do DNA. Fatores ambientais, como dieta, estresse e exposição a toxinas, desempenham um papel crítico na saúde reprodutiva, modulando processos celulares essenciais e impactando a fertilidade e o desenvolvimento das próximas gerações. Essas interações ocorrem por meio de mecanismos epigenéticos como a metilação do DNA, modificações de histonas e expressão de RNA não codificantes (ver Capítulo 11).

O processo de determinação e diferenciação sexual, que é altamente regulado e sensível, pode ser alterado, especialmente em face da exposição da gestante aos interferentes endócrinos presentes na água, alimentos, medicamentos e produtos de uso cotidiano. Para se ter uma ideia, temos mais de 11 milhões de produtos químicos fabricados pelo homem, e cerca de 3 mil são de uso cotidiano.

A ideia de que esses produtos químicos poderiam causar alteração na fertilidade ou na determinação e diferenciação sexual veio após diferentes relatos. Por exemplo, o consumo de bebidas alcoólicas foi associado à diminuição do volume do sêmen produzido. Outra observação feita é a de que a exposição à fumaça do tabaco, associada ou não ao consumo de álcool, está associada à redução da contagem, motilidade e morfologia anormal dos espermatozoides. Entretanto, a real influência que o consumo de álcool e tabaco pode ter sobre os padrões epigenéticos é desconhecida, sendo necessário que as pesquisas explorem mais esse tema para maior esclarecimento.

Sabe-se que a dieta é fundamental para a manutenção de padrões epigenéticos normais, principalmente em períodos críticos como o desenvolvimento embrionário, a puberdade e na gestação. Nutrientes envolvidos no metabolismo como folato, metionina, colina, vitaminas B6 e B12 são cruciais para o fornecimento de grupos metil utilizados na metilação do DNA. Uma dieta deficiente nesses nutrientes pode levar a alterações epigenéticas permanentes, afetando o funcionamento dos sistemas reprodutivos masculino e feminino.

Por exemplo, estudos mostram que a desnutrição materna durante a gestação pode programar disfunções epigenéticas no eixo hipotálamo-hipófise-gonadal (HHG) da prole, resultando em distúrbios como baixa contagem espermática ou irregularidades no ciclo menstrual. Já uma dieta rica em gorduras saturadas e açúcares está associada à obesidade, e pode promover alterações epigenéticas em genes reguladores da inflamação e da resistência à insulina, contribuindo para a síndrome dos ovários policísticos (SOP) nas mulheres e infertilidade masculina nos homens.

Além disso, intervenções dietéticas pré-concepção, como o consumo de antioxidantes, têm sido apontadas como estratégias para melhorar a qualidade de óvulos e espermatozoides, devido a sua capacidade de prevenir danos epigenéticos induzidos por estresse oxidativo. Assim, a dieta atua tanto como fator de risco quanto de proteção epigenética, dependendo de sua composição.

O estresse crônico, por sua vez, é um fator ambiental que provoca alterações epigenéticas significativas, impactando diretamente a saúde sexual e reprodutiva. O aumento persistente dos níveis de glicocorticoides em resposta ao estresse pode levar à metilação aberrante de genes envolvidos no eixo HHG, desregulando a produção de hormônios como estrógeno, progesterona e testosterona.

Em estudo, foi visto que mulheres expostas a estresse crônico apresentam maior incidência de anovulação, abortos espontâneos e ainda depressão pós-parto. Alterações de infertilidade são vistas muitas vezes devido à modulação epigenética de genes relacionados à receptividade endometrial. Em homens, o estresse pode reduzir a qualidade espermática ao alterar a expressão de genes epigeneticamente regulados na espermatogênese.

Além disso, estudos com modelos animais sugerem que o estresse materno durante a gravidez pode induzir alterações epigenéticas em genes do eixo HHG nos descendentes, aumentando o risco de infertilidade ou doenças reprodutivas e metabólicas em gerações futuras. Essas descobertas reforçam a necessidade de abordar o estresse como fator-chave na preservação da qualidade da saúde reprodutiva, incluindo intervenções baseadas em terapia cognitivo-comportamental (TCC) e práticas de meditação.

As toxinas ambientais, por sua vez, representam uma ameaça significativa à saúde sexual e reprodutiva, em grande parte devido a sua capacidade de desregular padrões epigenéticos em células germinativas e tecidos reprodutivos. Substâncias como pesticidas, metais pesados e disruptores endócrinos (p. ex., bisfenol A, ftalatos e dioxinas) podem interferir nos mecanismos epigenéticos, comprometendo a fertilidade e aumentando o risco de doenças reprodutivas. E ainda, para aumentar a complexidade dos fatos, não se sabe ao certo como "todos" esses compostos se comportam na forma de mistura de contaminantes ambientais nos genes que controlam a função reprodutiva, estudos ainda estão em desenvolvimento, mas os resultados não são animadores em relação à eficiência reprodutiva na espécie humana e em animais.

O bisfenol A (BPA), amplamente utilizado em plásticos, foi associado à hipometilação de genes relacionados à função gonadal e ao desenvolvimento uterino. Em homens, a exposição crônica ao BPA tem sido ligada à diminuição da qualidade espermática, enquanto em mulheres há uma correlação com irregularidades menstruais e endometriose.

Outro exemplo preocupante é a exposição aos pesticidas organofosforados, que tem sido associada a alterações epigenéticas que afetam a espermatogênese, resultando em infertilidade masculina. Além disso, estudos indicam que as toxinas podem gerar efeitos transgeracionais, nos quais as alterações epigenéticas induzidas por toxinas em uma geração são transmitidas para descendentes subsequentes, mesmo sem exposição direta.

A redução da exposição a essas substâncias, por meio de regulamentações ambientais mais rígidas, com fiscalização e mudanças nos hábitos de consumo, é essencial para mitigar esses impactos e proteger a saúde reprodutiva.

Implicações na saúde sexual e reprodutiva

Segundo a Organização Mundial da Saúde (OMS), infertilidade é a incapacidade de conseguir uma gravidez após 12 meses ou mais de relações sexuais regulares sem uso de contraceptivos. Anormalidades genéticas desempenham um papel indiscutível na infertilidade masculina, sendo causas comuns da síndrome de Klinefelter (e mosaicos 47, XXY), azoospermia do cromossomo Y e fibrose cística. Contudo, esse papel corresponde apenas a 30% dos casos de infertilidade e subfertilidade no homem, a maior parte sendo classificada como idiopática, cujas causas não são totalmente esclarecidas (cerca de 50%) e ou não foram totalmente estudadas. Nesse contexto, as alterações epigenéticas vêm-se destacando e desempenham funções primordiais, pois participam tanto da função espermática quanto do potencial de fertilização masculina. Durante a espermatogênese, é essencial que os mecanismos de metilação e acetilação do DNA, remodelação ou remodelamento da cromatina, modificações das histonas e/ou outras *heat shock protein* estejam com expressões fisiológicas durante o desenvolvimento gonadal e formação dos espermatozoides.

A obesidade é definida pela OMS como acúmulo anormal ou excessivo de gordura que apresenta risco à saúde. E, embora a obesidade se relacione com a infertilidade masculina, poucos estudos investigaram os efeitos das doenças metabólicas na epigenética e a maneira como elas afetam a qualidade e quantidade do esperma. Em ratos, a dieta paterna rica em gordura compromete o metabolismo da glicose e a homeostase energética por duas gerações. Essa transmissão se daria pela alteração nos padrões de metilação e pela expressão de pequenos trechos de RNA não codificante. Já em humanos, os padrões de metilação de DNA foram notadamente diferentes entre indivíduos obesos e não obesos. E, ainda que não se tenha visto maior capacidade de fertilização, a perda de peso induzida por cirurgia bariátrica foi associada à remodelação da metilação do DNA.

Com relação à infertilidade feminina, a principal causa metabólica está relacionada com a síndrome dos ovários policísticos (SOP). A SOP é uma anormalidade endócrina na qual as mulheres apresentam tecido adiposo hipertrofiado e alterações na sensibilidade insulínica, levando a desordem no controle metabólico e, consequentemente, no funcionamento do eixo hipotálamo-pituitária-gonadal (HPG). Estudos já mostraram que mulheres com SOP apresentam diferentes padrões de metilação de DNA no tecido adiposo subcutâneo, quando comparadas às mulheres sem a comorbidade (grupo controle), sendo identificados sítios de metilação CpG relacionados a 30 genes diferencialmente expressos. A infertilidade feminina na SOP está relacionada com a interrupção da maturação folicular ou dificuldade de ovular levando à oligovulação ou anovulação, marca característica da síndrome.

Outra causa significativa da infertilidade feminina é explicada pela endometriose, condição caracterizada por um processo inflamatório crônico dependente de estrogênio causada pela movimentação retrógrada do tecido endometrial derramado na cavidade abdominal inferior. Esse processo envolve células progenitoras endometriais mal programadas, que apresentam anormalidades epigenéticas específicas capazes de alterar a expressão gênica de fatores de crescimento. Dentre essas alterações, a superexpressão do fator de ligação Gata-6 leva à transformação da célula do estroma endometrial em um fenótipo endometriótico, qual seja, a superexpressão do fator esteroidogênico 1, levando à produção excessiva de estrogênio, e exacerbação atípica de inflamação. Além dos padrões de metilação do DNA, a hipoacetilação de histonas em células estromais endometrióticas também foi relatada no tecido endometriótico, comparados aos tecidos do endométrio normal. Essas alterações impactam a proliferação celular e a resposta ao estrogênio, o que indicaria um papel na doença. Recentes estudos ainda relataram miRNA participando da patogênese da endometriose por meio da moderação da inflamação, proliferação, angiogênese e remodelação tecidual.

É animador saber que, futuramente, poderemos diagnosticar a endometriose pela simples detecção de determinados miRNA, cujo mapeamento propiciará intervenções mais assertivas para controlar o curso da doença, além de se revelar um meio mais eficaz e menos danoso para diagnóstico que a laparoscopia.

Essas descobertas apontam para a necessidade de uma abordagem integrada à saúde reprodutiva, que considere a interação entre fatores ambientais e epigenéticas. Políticas públicas voltadas para a promoção de dietas equilibradas, o manejo do estresse e a regulamentação de toxinas são estratégias essenciais para garantir a saúde reprodutiva de indivíduos e populações. Além disso, intervenções epigenéticas direcionadas, como terapias baseadas em suplementos ou farmacogenômica, oferecem um horizonte promissor para mitigar os efeitos dos fatores ambientais na saúde sexual e reprodutiva.

Epigenética transgeracional

A influência dos fatores ambientais nos padrões epigenéticos não se limita ao indivíduo diretamente exposto. Alterações epigenéticas em células germinativas, induzidas por dieta inadequada, estresse ou toxinas, podem ser transmitidas às próximas gerações, perpetuando riscos à saúde reprodutiva. Estudos com modelos animais demonstraram que tanto a hipermetilação quanto a hipometilação de genes-chave relacionados ao desenvolvimento gonadal podem persistir por até três gerações, destacando a importância das mudanças ambientais como fator preventivo.

Durante a formação dos gametas e no desenvolvimento inicial do embrião, a maioria das marcas epigenéticas é apagada para permitir o restabelecimento de um padrão epigenético adequado. No entanto, algumas marcas conseguem escapar desse processo, permanecendo intactas e sendo transmitidas à próxima geração.

Um exemplo bem documentado em humanos é o "Estudo do Inverno Holandês", ocorrido durante a Segunda Guerra Mundial. Em meados de 1950, uma severa fome atingiu os Países Baixos, e mulheres grávidas expostas à desnutrição tiveram filhos com específicas alterações nos padrões de metilação, atingindo genes associados ao metabolismo e ao crescimento. Fruto dessas alterações, os descendentes diretos das mulheres afetadas pela desnutrição apresentaram maior risco de doenças como obesidade, diabetes tipo 2, hipertensão e doenças cardiovasculares (DCV) ao longo da vida.

O mais impressionante é que os netos dessas mulheres também mostraram indícios de efeitos metabólicos adversos, sugerindo que as marcas epigenéticas resultantes da fome podem ter sido transmitidas por pelo menos duas gerações. Isso ilustra como os fatores ambientais extremos podem deixar "memórias epigenéticas" persistentes, que influenciam a saúde e a biologia de gerações subsequentes.

Em termos evolutivos, a epigenética pode oferecer um mecanismo de adaptação rápida ao ambiente, permitindo que organismos ajustem sua fisiologia e comportamento em resposta a mudanças ambientais antes que mutações genéticas sejam fixadas.

O poder transgeracional da epigenética revela como o ambiente e os comportamentos de uma geração podem impactar a saúde e o desenvolvimento de gerações futuras, criando uma ponte entre herança genética e fatores ambientais. Isso reforça a necessidade de ações preventivas e mudanças de estilo de vida que possam beneficiar não apenas o indivíduo, mas também seus descendentes.

PERSPECTIVAS

O desenvolvimento da linhagem germinativa feminina e masculina constitui-se em processos complexos e de múltiplas etapas que ocorrem sob estrito controle regulatório. Essa ordem está sujeita a erros que podem se direcionar ao processo de infertilidade.

A infertilidade feminina pode ser determinada por distúrbios tubários, como o bloqueio da trompa de Falópio, os distúrbios uterinos (como endometriose ou útero septado) e os distúrbios do sistema endócrino que afetam os hormônios sexuais e os distúrbios dos ovários (incluindo síndrome do ovário policístico, oogênese e distúrbios foliculares).

A infertilidade masculina pode ter causas comparáveis às da infertilidade feminina, tendo como exemplo a obstrução do trato reprodutivo, distúrbios do sistema endócrino e insuficiência gonadal, levando a espermatozoides anormais, número reduzido ou ausentes.

No campo da epigenética, existem diversas áreas que requerem uma pesquisa mais aprofundada para obter melhor compreensão dos mecanismos subjacentes à metilação e desmetilação do DNA gonadal, e como eles contribuem para a infertilidade masculina e feminina.

Embora, já seja sabido que um ambiente não fisiológico durante o período gestacional, durante a primeira infância e durante a puberdade, pode ocasionar alterações epigenéticas que afetam a formação, o desenvolvimento e maturação gonadal e hormonal futura, prejudicando o desempenho reprodutivo masculino e feminino, por exemplo, desequilíbrio nutricional, uso de drogas lícitas e ilícitas, estresse e exposição a poluentes ambientais etc.

As intervenções epigenéticas, embora forneçam informações sobre a patogênese da doença, biomarcadores para diagnóstico de doenças e estratificação de risco, podem ter potencial para consequências não intencionais e aumentar o risco de resultados inesperados, tais como reações adversas a medicamentos, anomalias de desenvolvimento e câncer.

Além disso, estudos recentes indicam que a repercussão na reedição nas células neuronais pode ocasionar a doença de Alzheimer, a doença de Parkinson, a doença de Huntington e outras enfermidades que impactam o sistema nervoso central. Portanto, compreender os processos subjacentes à metilação e desmetilação do DNA podem auxiliar no desenvolvimento de tratamentos eficientes para as doenças genéticas e podem ter implicações significativas para a fertilidade e a saúde reprodutiva atual e futura.

Porém, embora as alterações epigenéticas sejam potencialmente reversíveis, ainda é necessário aprofundar a investigação em modelos de estudo humano neste tema para minimizar os riscos associados às terapias epigenéticas, com o objetivo de buscar desenvolver intervenções seguras e eficazes para a melhora da saúde reprodutiva humana.

REFERÊNCIAS

1. Adamczyk M, Wender-Ozegowska E, Kedzia M. Epigenetic factors in eutopic endometrium in women with endometriosis and infertility. Int J Mol Sci. 2022;23(7):3804.
2. Bulun SE, Yilmaz BD, Sison C, Miyazaki K, Bernardi L, Liu S, et al. Endometriosis. Endocr Rev. 2019;40(4):1048-79.
3. Czukiewska SM, de Sousa Lopes SMC. Fetal germ cell development in humans, a link with infertility. In: Semin Cell Dev Biol. Elsevier; 2022. p.58-65.
4. Donkin I, Barrès R. Sperm epigenetics and influence of environmental factors. Mol Metab. 2018;14:1-11.
5. Gunes S, Esteves SC. Role of genetics and epigenetics in male infertility. Andrologia. 2021;53(1):e13868.
6. Jazayeri M, Alizadeh A, Gilani MAS, Eftekhari-Yazdi P, Sharafi M, Shahverdi A. Underestimated aspects in male infertility: epigenetics is a new approach in men with obesity or diabetes: a review. Int J Fertil Steril. 2022;16(3):132.
7. Kokosar M, Benrick A, Perfilyev A, Fornes R, Nilsson E, Maliqueo M, et al. Epigenetic and transcriptional alterations in human adipose tissue of polycystic ovary syndrome. Sci Rep. 2016;6(1):22883.
8. Krzastek SC, Smith RP, Kovac JR. Future diagnostics in male infertility: genomics, epigenetics, metabolomics and proteomics. Transl Androl Urol. 2020;9(Suppl 2):S195.
9. Lamothe S, Bernard V, Christin-Maitre S. Gonad differentiation toward ovary. Ann Endocrinol (Paris). 2020;81(2-3):83-8.
10. Leisegang K, Sengupta P, Agarwal A, Henkel R. Obesity and male infertility: mechanisms and management. Andrologia. 2021;53(1):e13814.
11. Pisarska MD, Chan JL, Lawrenson K, Gonzalez TL, Wang ET. Genetics and epigenetics of infertility and treatments on outcomes. J Clin Endocrinol Metab. 2019;104(6):1871-86.
12. Raja MHR, Farooqui N, Zuberi N, Ashraf M, Azhar A, Baig R, et al. Endometriosis, infertility and microRNA's: a review. J Gynecol Obstet Hum Reprod. 2021;50(9):102157.
13. Sharma R, Harlev A, Agarwal A, Esteves SC. Cigarette smoking and semen quality: a new meta-analysis examining the effect of the 2010 World Health Organization laboratory methods for the examination of human semen. Eur Urol. 2016;70(4):635-45.
14. Singh A, Rappolee DA, Ruden DM. Epigenetic reprogramming in mice and humans: from fertilization to primordial germ cell development. Cells. 2023;12(14):1874.
15. Smolarz B, Szyłło K, Romanowicz H. Endometriosis: epidemiology, classification, pathogenesis, treatment and genetics (review of literature). Int J Mol Sci. 2021;22(19):10554.
16. Stener-Victorin E, Deng Q. Epigenetic inheritance of polycystic ovary syndrome: challenges and opportunities for treatment. Nat Rev Endocrinol. 2021;17(9):521-33.

Índice remissivo

A

B

C

D

E

F

G

H

I

J

L

M

Q

R

S

T

U

V

X

Z